생태기행

❸ 수도권

생태기행

❸ 수도권

| 김재일 지음 |

자연과 인간의 더불어 삶
생태기행 ❸ 수도권

지은이/김재일
펴낸이/김종삼
펴낸곳/도서출판 당대

제1판 제1쇄 인쇄 2001년 5월 21일
제1판 제1쇄 발행 2001년 5월 26일

등록/1995년 4월 21일(제10-1149호)
주소/서울시 마포구 연남동 509-2, 3층 121-240
전화/323-1316 팩스/323-1317
전자주소/dangbi@chollian.net

ISBN 89-8163-068-2
　　　89-8163-052-6 (세트)

머리말

줄팽이는 줄에서 풀려나가는 순간부터 제자리를 잡기 위해 이리저리 헤매고 돌아다닌다. 자기 삶의 오랜 모색이 지나서야 줄팽이는 비로소 자리를 잡고 맴을 돌기 시작한다. 사람들의 인생살이도 그와 같을 것이다.

그 동안 교직생활, 문필활동, 출가생활, 역사문화운동, 종교운동, 언론운동, 환경운동… 그리고 백수건달 시기까지, 결코 간단하지 않았던 줄팽이 같은 삶의 역정이 있었다. 자연귀의(自然歸依)는 지천명(知天命)에 이르러서야 가까스로 찾아낸 나의 소명이었다.

그러나 지천명에 이르러서 만난 자연은 신비도 기적도 아니었다. 만약 그런 것이 있었다면, 신비란 다만 내가 늦게 안 정보요, 기적이란 다만 내가 늦게 배운 지식에 지나지 않았다. 아니, 자연이 주는 진정한 의미와 가치는 오히려 그런 호사스런 이름과는 거리가 멀었다.

이 글은 자연으로 가는 길목에서 만난 친구들과 나눈 담소적 지혜를 받아 적은 것이다. 이 기록은 자연으로 허허로이 돌아가려는 사람들에게 작은 징검다리이다.

기(氣)는 만물을 존재케 하는 힘이다. 기가 빠져 기운생동(氣韻生動)하지 않으면 이미 생명은 다한 것이다. 줄이 끊어진 연은 연이 아니듯이, 그물코가 뚫린 그물은 이미 그물이 아니다. 우리 산천은 환경파괴로 생태계의 그물코가 뚫려 이미 기를 크게 잃고 있다. 자연환경을 파괴하는 것은 산천의 기를 죽이는 일이다.

생태기행은 이곳저곳 다니면서 생태계의 그물을 살피고, 뚫린 그물코를 기워서 자연의 죽은 기를 살려내는 일에 다름 아니다. 생태관광을 '자연 보기'라고 한다면, 생태기행은 보다 구체적이면서 총체적인 '자연 읽기'이다.

겸재 정선의 〈장안도〉는 북악에서 장안을 내려다보고 그린 그림이다. 그 그림 속에는 거리도 집도 보이지 않는다. 온통 산과 숲만이 화폭에 그득하다. 겸재가 살던 당시 서울의 모습이 실제로 그랬던 것이다. 세계 어느 도시와 견주어도 손색이 없었던 생태도시 서울! 그런데 지금은 '환경이 나쁜 도시'라는 오명을 쓰고 있다. 우리 후손들이 도무지 그림이 안 되는 도시로 망가뜨려 놓은 것이다.

내가 아는 한 사람은 영혼을 본다고 한다. 영혼은 생명이 죽는 순간 뿌연 연기처럼 몸을 빠져나가는데, 생명을 죽이는 도살장이나 생선횟집 부근은 육신을 빠져나가는 영혼들로 해서 안개처럼 자욱하다고 한다. 북악에 올라 내려다보면 서울도 그럴 것이다. 생태계 파괴로 억울한 죽음을 당한 자연생명의 영혼들로 해서 서울은 온통 오리무중(五里霧中)일 것이다.

안타깝게도 이제 도시에서는 풋풋한 고향냄새를 느낄 수 없다. 도시에서 태어나고 자랐건만 도시가 더 이상 고향이 아니다. 그 누구인들 죽어가는 도시를 고향으로 여기겠는가. 이렇듯 자연이 낯설면 고향도 객지이고 만다. 하지만 자연이 살아 있으면 낯선 얼굴도 낯익은 눈으로 만날 수 있다. 고향은 사람들이 만들어간다.

비록 아직은 여리지만 우리에게 전혀 희망이 없는 것은 아니다. 흔히 '회색도시'의 대명사로 일컬어지던 서울을 한번 둘러보라. 곳곳에 자연의 가냘픈 맥박이 살아 있다. 그 살아 있는 자연생명에 눈길을 주는 것으로 시작하여 여리고 가냘픈 희망을 튼실하게 키워나감으로써 우리의 고향이 정녕 고향이 되게 해야 하지 않겠는가.

감동은 오로지 개인적인 체험이다. 그러기에 같은 사물에 대해 느끼는 감동의 크기도 각기 다를 수밖에 없다. 그러나 좀더 큰 감동을 얻기 위해서는 사전 학습이 필요하다.

그림을 잘 그리려면 그림을 보는 법부터 배워야 하고, 글을 잘 쓰려면 좋은 글을 많이 읽어야 한다. 좋은 숲을 만나려면 숲을 보는 법을 알아야 한다. 자신의 고향을 생태적 고향으로 만들려면 그곳에 사는 자연생명을 읽어낼 줄 알아야 한다. 생태적 지혜의 눈높이를 가져야 한다.

현대는 지혜를 밀어내고 지식이 들어앉고, 다시 그 지식을 밀어내고 정보가 들어와 앉아 주인 행세를 하는 전도몽상(顚倒夢想) 시대이다. 생태기행은 바로 이 전도몽상의 시대를 뚫고 지혜의 시대로 돌아가는 일이다.

그러나 생태기행은 거창한 전문성이나 심오한 철학을 요구하지 않는다. 전문적 지식이나 단편적 정보가 오히려 생태적 안목을 흐리게 하는 경우가 있기 때문이다. 자연 돌아보기는 자연에 대한 고마움을 갖고, 자연에 대해 이해하려는 자세 하나면 된다.

생태기행은 굳이 무리를 지어 다니지 않아도 된다. 가족들이 산책하듯이 소풍 가듯이 생태기행을 갈 수 있다. 관련된 자료를 갖고 다니며 자연생태를 공부하고, 아름다움도 느끼며, 더러는 환경 살리기도 생각하면서 수도권의 자연을 돌아볼 수 있도록 이 글을 썼다.

지난 1993년부터 지금까지 매월 한 차례씩 시민들과 함께 서울을 중심으로 수도권의 자연과 문화를 돌아보고 있다. 앞으로도 계속할 것이다. 이 일은 잃어버린 고향을 되찾아주고, 누구에게나 자기가 사는 곳을 고향일 수 있게 해줄 것이라고 믿기 때문이다.

나의 생태맹을 깨치게 해준 두레생태기행의 여러 연구원들과 옆에서 도와준 학부생 간사들 그리고 늘 뒷일을 마다하지 않았던 조채희 간사장 등 여러 분들의 도움이 컸다. 그 나머지는 모두가 자연이 내게 준 것들이다.

마포 한강변에서

김재일

3권 수도권 | 차례 |

광릉수목원 숲길

홍릉수목원

요즘도 생물 선생님은 아이들 앞에서 먹이사슬 피라미드를 그려놓고 '생존경쟁'이니 '약육강식'이니 '적자생존'이니 하는 말을 자주 쓰는지 모르겠다. 10여 년 전 국어선생 노릇 할 때만 해도 그런 낱말들이 옆교실에서 자주 들려오곤 했다.

생존경쟁, 약육강식, 적자생존… 그때나 지금이나 여전히 들으면 섬뜩해지는 단어들이다. 그 단어에는 대결과 정복과 시장논리에 익숙해 있는 서구인들의 사고가 묻어 있다. '오직 하나뿐인 지구'를 '오직 강한 자만이 살아남는 곳'으로 보는 것에는 언뜻 살의(殺意)마저 느껴진다. 정말 그렇다면 약자는 벌써 이 지구상에서 멸종되고 없어졌을 것이다. 하지만 질곡의 자연사(自然史)에서 지금껏 살아남은 것은 강자가 아니라 오히려 약자들이다. 약자가 강자보다 개체수도 더 많고 종도 더 다양하다.

아니, 이 우주의 실상은 약자도 강자도 없이 서로 어우러져 사는 곳이다. 생명은 위가 뾰족한 세모꼴 먹이사슬로 존재하는 게 아니라 무시무종(無始無終)의 둥근 무위(無爲)로 존재하는 것이다. 스스로 태어나고 스스로 존재하다가

이 그윽한 숲길이 지난날에는 청량리역 앞에서
이곳 홍릉수목원까지 이어졌다고 한다.

스스로 사라질 뿐이다. 오직 두려운 것은 스스로가 아닌, 인
간의 자연환경 파괴로 무위의 오랜 틀이 깨지고 있다는 사
실이다.

생태기행은 적자생존을 관찰하러 가는 것이 아니다. 만
물공존을 체험하러 가는 것이다. 서로 어우러져 살아가는
아름다운 세상을 배우러 가는 것이다.

이번 걸음은 도심 속의 봄을 찾아 천장산(天藏山)으로 간
다. 천장산 하면 서울 토박이들도 잘 모를 것이다. 청량리
홍릉수목원이라고 해야 알아듣는다.

조선왕실의 능지 천장산

북한산-천장산-배봉산을 잇는 산줄기는 해방 직후까지만
해도 푸른 띠를 이루며 서울의 동쪽 울타리 역할을 했다.
그러나 지금은 계속되는 택지개발로 마디마디 잘려나가 도
심 속의 녹색섬이 되었다.

천장산에 자리한 홍릉수목원은 청량리역에서 약 1.5킬로미터 거리에 있다. 도심이라 번잡하고 걷기에도 조금은 먼 듯싶지만, 천장산의 역사산책이라 생각하면 걸어서 10여 분 거리는 그리 먼 거리도 아니다.

명성황후의 홍릉이 금곡으로 천장될 당시만 해도 홍릉숲〔陵林〕이 청량리까지 내려와 있었다고 한다. 그래서 나이 드신 분들은 아직도 청량리를 홍릉이라고 부른다. 청량리역 앞에서 홍릉수목원에 이르는 깊고 그윽했던 숲길은 지금 이름만 '홍릉길'로 남아 있다.

천장산은 일찍이 조선왕실의 능지였다. 연산군의 생모인 폐비 윤씨와 그의 왕비 신씨가 묻혔고, 중기에 이르러서는 숙종과 장희빈 사이에서 난 경종이 이곳에 묻혔다. 경종의 의릉은 지금도 사적지로 남아 있다. 그리고 왕조 말기에는 명성황후 민비, 영친왕의 생모 엄비, 왕세자 진(晉)이 들어와 누웠다. 명성황후의 홍릉(洪陵)은 3·1운동이 일어나던 해 고종이 승하하자 남양주 금곡으로 천장되고 지금 천장산 기슭에는 그 흔적만 남아 있다. 엄비의 묘 영휘원과 왕세자의 묘 숭인원은 수목원 바로 못미처 길가에 있다. 약 1만 6천 평의 능원 안에는 갖가지 꽃과 나무들이 있어서 홍릉수목원 가는 길에 한 번쯤 들러볼 만하다.

영휘원을 나오면 산림청과 홍릉식물원 정문이 보인다. 그 삼거리에 세종대왕기념관이 있다. 영휘원과 같은 담을 쓰는 세종기념관은 1956년 한글날에 세워졌다. 기념관 안에는 세종의 업적을 보여주는 각종 유물이 전시되어 있으며 자연환경과 관련된 유물은 수표, 측우기, 해시계가 있다.

보물 제838호 수표(水標). 하천의 수위를 측정하는 표석으로 높이 약 3미터에 3척·6척·9척 단위로 표시되어 있으며, 그 수위에 따라 갈수(渴水)·평수(平水)·대수(大水)의 정도를 정한다.

이중 수표는 원래 청계천 수표교에 있었는데, 청계천이 복개되면서 수표교는 장충공원으로 옮겨가고 수표는 이곳으로 옮겨졌다.

하얀 껍질이 인상적인 자작나무

홍릉 삼거리에 산림청 정문이 있고, 홍릉수목원은 그 안에 있다. 홍릉수목원은 홍릉이 천장되고 난 뒤인 1922년에 조선총독부에 의해 임업시험장으로 처음 문을 연 우리나라 최초의 수목원이다. 한국전쟁중에 큰 피해를 입었으나 60년대 중반부터 다시 손을 보기 시작해서 오늘에 이르고 있다. 현재 수목원에는 목본 1,200여 종, 초본 800여 종 등 총 2천여 종의 식물이 자라고 있다.

정문에 있는 관리실은 낙엽송으로 지은 통나무집이다. 좌우로 매끄럽게 다듬은 통나무담도 눈길을 끈다. 정문 안으로 들어서면 산림청건물이 저만큼 앉아 있고 진입로 좌

수목원 정문. 홍릉수목원은 산림청 산하 임업연구원에 속해 있다. 60년대까지만 해도 30만 평 규모였으나 지금은 약 13만 평 규모이며, 그중 일반에게 개방된 공간은 3만여 평 규모이다.

우로 은행나무와 무궁화가 줄지어 있다. 들어가면서 왼쪽으로 제1수목원이 있고 오른쪽으로는 나무데크(판재 板材) 관찰로가 깔린 제2수목원이다. 그리고 나무데크를 가운데 두고 좌우에 소나무, 전나무, 구상나무, 비자나무, 반송, 백송, 섬잣나무, 솔송나무, 낙우송, 분비나무 등 각종 침엽수가 자리하고 있으며 일본에서 들여온 삼나무를 비롯하여 메타세쿼이아, 스트로브잣나무도 심어져 있다. 나무데크를 따라가면 산림과학관이 나온다. 1999년에 마련한 과학관 안에서는 식물표본실, 종자표본실, 곤충표본실, 목재표본실 등 다양한 전시물을 볼 수 있다.

관찰데크(왼쪽)와 자작나무(오른쪽)

과학관 주차장 앞에 자작나무 한 그루가 늘씬하게 서 있다. 자작나무는 이 수목원에서 소나무나 참나무류만큼이나 많다. 자작나무는 빙하기가 끝나고 가장 먼저 대륙에 나타난 나무라고 한다. 그런 까닭인지 러시아 같은 추운 지방이 고향이다. 우리나라에서 보는 자작나무는 거의가 외국에서 들여왔다. 그래서 덩치 큰 자작을 볼 수 없지만, 원산지에서는 지름이 1미터씩이나 자란다고 한다. 상상이 잘 안 된다.

자작나무는 흰 수피가 가장 인상적이다. 그래서 한자로 백화(白樺), 백수(白樹), 백단수(白檀樹)라고 한다. 종이가 발명되기 전에는 이 나무껍질을 벗겨 글도 쓰고 그림도 그렸는데, 경주 천마총에서 나온 천마도도 바로 자작나무 껍질에다 그린 그림이다.

공해를 먹는 환경나무 은사시

제4수목원은 활엽수를 주제로 하고 있다. 참나무 6종을 비롯하여 망개나무, 헛개나무, 풍개나무, 고로쇠나무, 개살구나무 등 67종의 활엽수가 있다. 그중 V자형으로 자란 갈참나무가 가장 우뚝하다.

참나무류는 정조관념(?)이 별로 없어 저들끼리 교배가 잘되어 잡종을 많이 만드는 편이다. 떡갈나무말고는 대부분 덩치가 좋아, 환경만 좋으면 지름이 1미터까지 자란다. 옛사람들은 흉년이 들면 참나무들이 도토리를 많이 단다고 믿었다. 참나무의 꽃피는 시기와 모내기 시기가 같기 때문에, 모내기철에 가물면 벼농사에는 지장이 많지만 참나무는 꽃 수분이 잘되어 열매가 그만큼 많이 맺힌다는 것이다.

　제4수목원이 끝나는 곳에는 어린 느티나무 두 그루가 식재되어 있다. 산림청이 밀레니엄나무로 선정해 심은 나무이다. 흔히 민족의 나무라고 하는 소나무를 제치고 산림청이 느티나무를 밀레니엄나무로 선정한 데는 그럴 만한 이유가 있었을 것이다.

　소나무는 100년 가기가 쉽지 않지만, 느티나무는 은행나무와 함께 수백 년을 가는 장수목이면서 소나무만큼이나 대중적이다. 시골의 정자나무에서부터 궁궐의 삼공수에 이르기까지 우리나라 어딜 가나 만날 수 있다. 사시장철 푸르른 소나무에 비해 느티나무는 봄날 연둣빛 신록, 여름날 짙은 녹음, 가을날 주홍빛 단풍으로 다양한 자태를 보여준다. 또 소나무보다 수관이 좋아 여름날 시원한 그늘로써 사람들에게 봉사하는 미덕을 갖추었다. 다른 나무에 비해 병치레도 적고 재질이나 강도 면에서도 소나무에 뒤지지 않는다. 심재는 구분이 확실하고 색조 또한 아름답다. 소나무보다 나무결이 아름답고 잘 썩지 않으며 가공하기도 쉬워, 고급가구재에서부터 조각재에 이르기까지 사용범위도 소나무에 뒤지지 않는다.

　밀레니엄 화단 뒤로 통나무집 두 채가 있는데, 하나는 우리 낙엽송으로 지은 것이고 또 하나는 알래스카 소나무로 지은 집이다. 낙엽송(일본잎갈나무)은 우리나라 용재수 가운데 가장 많이 심는 수종이다. 키가 크고 줄기가 곧아서 한때는 전봇대로 많이 썼으나, 최근에는 통나무집을 짓는 데 많이 쓰이고 있다. 가공만 잘하면 몇십 년은 끄떡없다고 한다.

갈참나무

낙엽송 통나무집. 그 옆에 늘씬하게 잘 자란 은사
시나무가 보인다.

그 옆에 은사시나무 한 그루가 늘씬하게 자랐다. 일반 포
플라보다 중금속 흡수능력이 3배나 뛰어나다는 나무이다.
최근 은사시나무의 이러한 능력을 바탕으로 공해를 먹는 나
무를 개발했다. 은사시나무에 올챙이 유전자를 주입하여 땅
속의 오염된 중금속과 공기중의 자동차 매연을 흡수하고 정
화하게 한 것이다. 바로 이곳 산림청에서 연구했다고 한다.

숲은 생명의 태실

통나무집 뒤로 마로니에 쉼터가 자리하고 있다. 거기 튼실
하게 자란 마로니에 몇 그루가 나무의자를 에워싸고 있다.
마로니에 하면 대학로를 생각하지만, 우리나라 칠엽수는 원
산지가 일본이다. 봄꽃도 아름답지만 늦가을에 매달리는 밤
톨 같은 열매도 예쁘다.

연구원 잔디에 분재처럼 놓여 있는 잘생긴 반송은 수령
이 90년 되었다고 한다. 반송은 환경의 영향으로 이상(異

狀)으로 성장한 게 아니라 독특한 유전형질을 지닌 소나무의 한 종류인데 주로 우리나라와 중국, 일본에만 분포하는 지역적 특성을 갖고 있다. 일반 소나무보다 생장속도는 느린 편이다. 반송과 유사한 것으로서 가지가 아래로 처지는 처진소나무가 있는데, 이는 유전과 환경의 복합적인 영향으로 나타난 형질이라고 한다.

반송

　마로니에 쉼터 옆으로 그윽한 침엽수원이 있다. 숲에 오면 언제나 기분이 상쾌해진다.

　교과서에 이런 실험내용이 들어 있다. 여기 쥐와 나무가 있다. 쥐와 나무를 각기 다른 밀폐공간에 따로 두면 양쪽 모두 죽는다. 둘 다 숨을 쉬지 못하기 때문이다. 그러나 쥐와 나무를 밀폐공간에 함께 넣어두면 둘 다 살 수 있다. 나무가 내는 산소로 쥐가 숨을 쉬고, 쥐가 내는 이산화탄소로 나무가 숨을 쉴 수 있기 때문이다. 둘은 서로 도와가면서 살아가는 것이다.

　외계는 무한히 열린 공간이지만, 공기가 없기 때문에 지구는 거대한 밀폐공간에 떠 있는 것이나 다름없다. 밀폐된 지구에 온갖 생명체들이 살아갈 수 있는 것은 동물과 식물이 바로 이처럼 공생하고 있기 때문이다. 숲은 우리를 존재케 하는 생명의 태실(胎室)이다.

봄의 꽃밭을 돋보기로 들여다보는 즐거움

쉼터 위쪽으로는 침엽수원과 초본원이 있다. 초본원에는 1평 남짓한 공간을 마련하여 금낭화, 엉경퀴, 으아리, 참반디, 짚신나물, 이삭여뀌, 개미취, 노루오줌, 질경이, 소리쟁이, 냉초, 원추리, 승마, 진범, 우산나물, 쪽, 참나리, 오이풀, 초롱꽃, 관중, 곰취, 밀나물, 산마늘…을 심어놓았다.

수목원 봄꽃은 5월 중순을 넘어가면 늦고, 가을꽃은 10월을 넘기면 보기 드물다.

금낭화는 봄꽃치고는 좀 늦게 핀다. 주로 산지의 풀밭이나 바위가 많은 곳에서 볼 수 있는데, 꽃모양이 주머니를 닮아 며느리주머니라고도 한다. 일정한 간격을 두고 방울처럼 매달린 꽃이 여간 청초하지 않다. 가끔 꽃집에 나와 인기를 끌곤 한다.

봄꽃이 지나가고 초여름이 되면 으아리의 하얀 꽃이 핀다. 으아리는 덩굴식물이지만 겨울이면 줄기가 대개 말라죽기 때문에 초본처럼 보인다. 한방에서는 위령선이라고 해서 뿌리를 캐서 풍병에 쓴다.

금낭화(왼쪽)와 으아리(오른쪽)
으아리의 종류는 다섯 가지이며 5~6장의 작고 정갈한 꽃잎은 수평으로 퍼진다.

으아리꽃이 필 무렵이면 인동(忍冬)덩굴에도 꽃이 핀다. 한자말과 달리 온전한 상록수는 아니다. 다만 늦게 난 잎이 그대로 겨울을 나기 때문에 그런 이름이 붙었다. 하얗게 핀 꽃이 나중에 노랗게 바뀐다고 해서 금은화라 불렀다. 붉은 것은 따로 붉은 인동이라고 부른다. 인동차는 열을 내리는 효과가 있어서 역시 한방에 썼다.

꽃밭에 와서는 돋보기를 들고 다니며 꽃 속을 관찰해 보는 것도 흥미롭다. 수꽃의 수술꽃밥 속에 생기는 낱알 모양의 세포를 꽃가루〔花粉〕라 하는데, 이 꽃가루가 암꽃술 머리에 옮겨져 열매를 맺게 한다. 비유하자면 화분은 남자의 정자 같은 것이다. 그 안에는 양질의 단백질과 탄수화물, 지방, 비타민 등이 골고루 들어가 있다. 꽃가루는 이 지상에 존재하는 최고의 식품으로, 서양에서는 전설 속의 모든 신들이 이것을 먹고 살았다고 한다.

초본원 위쪽에 어정(御井)이 있다. 홍릉을 옮기기 전까지는 제례에 썼던 우물이다. 이곳 어정과 사방댐 지역은 습해서 솔이끼, 우산이끼 같은 이끼 몇 종류가 관찰된다. 돋보기

인동덩굴은 금은화(金銀花)라고도 부른다.

제례에 사용했던 우물, 어정(御井)

를 갖고 들여다보면 맨눈으로는 보지 못하는 신비의 세계가 펼쳐진다. 이끼는 토양을 비옥하게 하고 동식물이 살아갈 수 있는 환경을 만들어주며 새들이 둥지를 트는 데도 요긴하게 쓰인다. 공기중의 수분을 직접 흡수하는 특성 때문에 대기오염의 지표가 되기도 한다.

어정 주변에 이끼원을 조성하면 참 좋을 텐데. 일본 교토에 있는 서방사(西芳寺)라는 절은 1년 내내 푸른 이끼가 장관을 이룬다. 그래서 아예 절이름을 이끼절[苔寺]로 바꾸기까지 했다. 관광객들이 이 절의 이끼를 보기 위해 줄을 잇는다고 하니 이곳에도 이끼원 하나쯤은 있어도 좋지 않을까 싶다.

홍릉터로 가는 나무계단길 왼쪽에 수국백당나무와 불두화가 나란히 심어져 있다. 백당나무는 무성화와 유성화가 동시에 피어 있지만, 불두화는 무성화만 피는 원예품종이다. 따라서 수국백당은 열매를 맺지만 불두화는 열매를 맺을 수 없는 석녀(石女) 식물이다. 그래서 불두화는 꺾꽂이로 번식시킨다.

홍릉 옛터 주변에는 여유공간이 있어서 잠깐 앉아서 쉴 수도 있다. 주변 숲을 돌아보면 위층에는 소나무, 참나무, 음나무, 마가목, 산벚나무 등이 자라고 아래층은 산개나리, 흰진달래, 미선나무, 댕강나무 같은 희귀종을 비롯하여 관목 여러 종류가 자리잡고 있다.

미선나무는 열매가 부채를 닮아서 이름이 '미선'(美扇)이다. 세계적으로 1속 1종밖에 없는 희귀종인지라 본 사람이 그리 많지 않을 것이다. 그러나 '흰 꽃 피는 개나리'를 연상

불두화는 수술·암술이 모두 퇴화하여 없는 꽃을 피운다.

하면 된다. 사방으로 늘어진 가지며 마주나
는 잎이며 잎보다 먼저 피는 꽃이 개나리를
빼닮았다.

수목원이나 식물원에 들어와 보호를 받고
있는 위기종이나 희귀종을 보면 마음이 아프
다. 우리나라 특산의 경우는 더욱 그렇다. 이
런 식물이 우리나라에서 사라지면 그것은 곧
지구에서의 멸종이기 때문이다. 지금과 같은
속도로 생태계가 파괴된다면 앞으로 100년 후에는 지구의
생물종이 지금의 2/3가 사라진다고 한다. 그리고 다시 100
년 후, 다시 또 100년 후 이 지상에 얼마만큼의 종이 살아남
을 수 있을까. 그 마지막 생존 종 가운데 인류가 과연 포함될
수 있을까.

지구의 자연사가 그러했듯이, 지구에 종말이 온다고 해
도 불씨종 하나만 살아남아도 먼 훗날 온갖 종의 분화를 볼
수 있을 것이다. 하지만 그 불씨종이나마 그때까지 살아남
을 수 있을는지….

물푸레나뭇과의 낙엽관목인 미선나무 열매.
미선나무는 전세계에 1속 1종밖에 없는 희귀
종이다.

조경인의 숲을 지나 너무도 호젓한 산길로

그윽한 숲길을 계속 따라가면 조경인의 숲에 이른다. 늘씬
한 소나무 아래 기념표석이 있고 갖가지 모양으로 가꾼 구
상나무에다 향나무, 해당화, 감나무, 대추나무 등의 조경수
가 주변에 심어져 있다.

조경인의 숲 위쪽에 자리한 제9수목원은 천장산의 옛 모
습이 가장 많이 남아 있는 지역이다. 한때 솔잎혹파리에게

조경인의 숲에서는 갖가지 조경의 멋을 느낄 수 있다.

크게 시달리긴 했으나, 건강을 되찾은 아름드리 소나무들을 보는 눈이 즐겁다.

제9수목원에서 수생식물원에 이르는 길은 사뭇 호젓한 산길이다. 이 시끄러운 도심의 야산에도 이리 호젓한 산길이 있다는 것이 도무지 믿어지지 않는다. 까마득하게 잊고 살아온 그 옛날 고향집 가는 오솔길 같다.

집을 나서 자연을 찾아가는 것은 단순한 공간 이동이 아니다. 묵은 생각으로부터의 떠남이다. 때로 숲길은 타인의 세계에서 자기 세계로 돌아가는 사색의 길이 된다. 번다(煩多)에서 적멸(寂滅)로 건너가는 명상의 길이다.

그러나 이 지역은 아직 일반인들에게 개방되지 않고 있다.

다시 활엽수원으로 내려오면 새들의 소리가 요란하다. 부드러운 관목과 어깨를 겨루는 교목 사이를 날아다니며 봄을 노래하고 있다. 덩치 좋은 참나무 몇 그루에서는 딱따구리들이 휘파람을 불고 있다. 도심 속의 섬인데도 천장산엔 조류가 많이 산다. 65종이 서식하고 있는 것으로 보고되고 있으며 여름이면 뻐꾸기, 파랑새, 꾀꼬리까지 깃들인다.

천장산 홍릉숲도 한국전쟁 때 엄청난 비극을 겪었다. 울울창창하던 숲이 잿더미가 되었다. 여기저기 눈에 띄는 노거수들은 그때 용케 살아남은 나무들이다. 말은 없지만, 나무들도 참혹했던 그때를 잊지 못할 것이다. 전쟁은 인간이 평화롭지 못하면 자연도 평화가 될 수 없음을 우리에게 가르쳐주었다.

그러나 다행이다. 전쟁이 스쳐간 잿더미로 맨 먼저 돌아온 것은 꽃과 나무와 곤충과 새들이었다. 그때 총부리를 겨누던 사람들은 반백 년이 넘도록 아직 돌아오지 못하고 있는데, 그들만이 인간을 용서하고 먼저 돌아와 저렇게 자연을 이루었다.

우리는 숲을 거닐며 이제 남을 용서하는 법을 배워야 한다.

조팝나무의 하얀 꽃

풀꽃들의 시샘

풀꽃들이 필 때면 대개의 관목들도 시샘해서 꽃을 피운다. 특히 조팝나무는 잎이 채 돋기도 전에 서둘러 꽃부터 피운다. 꽃 핀 모양이 조밥을 떠올리게 한다고 조팝나무라고 지었다지만, 새하얀 색깔은 노란 조밥과 거리가 멀다. 조팝나무와 이름이 비슷한 이팝나무도 이밥(쌀밥) 같은 희고 작은 꽃이 핀다. 꽃색깔이 눈처럼 희다고 영어이름도 'snow flower'이다. 하지만 키는 조팝나무와 달리 20미터나 되는 키다리 교목이다. 콩깍지 같은 열매는 겨울까지 치렁치렁 달려 있다.

언젠가 아이들을 데리고 산에 가서 나무 패는 일을 시켰더니 따라온 몇몇 학부모가 뒤에서 수군거렸다. "다치면 어쩌려고 저런 일을 시키지요?" "우리가 뭐 일하러 왔나요?" 마치 그런 거 배워서 어따 써먹겠냐는 투의 눈길도 보냈다.

나무는 그냥 보기만 해서는 친해지기 어렵다. 이름 외운다고 자연공부가 되는 게 아니다. 톱으로 잘라도 보고 도끼

삼지구엽초(위)와 표고재배장(아래)

로 쪼개도 보아야 한다. 시골 가서 나무도 해보고 아궁이에 장작불도 지펴봐야 한다.

낮은 능선을 돌아나오면 온실이 있다. 동백, 황칠, 후박, 팔손이, 굴거리, 녹나무, 먼나무 같은 난대식물이 자라고 있다.

그리고 약초원에서는 삼지구엽초, 산자고, 반하, 황기, 천궁, 익모초, 당귀 등이 자란다.

삼지구엽초는 이름 그대로 줄기가 셋으로 갈라지고 그 끝에 잎이 아홉 장 달린다. 한방에서는 가을에 줄기와 잎을 그늘에서 말려 약으로 쓰는데, 이름하여 음양곽이다. 음양곽은 배당체와 알칼로이드 등이 함유되어 있어서 치한, 보정, 강장 등에 좋다고 한다.

약초원 한가운데는 수피가 참으로 미학적인 서어나무 몇 그루가 우뚝 잘 자라 있고 그 가까이에는 고산식물원과 표고버섯재배장도 있다.

교통
청량리에서 홍릉길을 걸어서 간다. 종로에서 134번이나 720번 좌석버스를 타면 수목원 앞까지 간다.

기타
매점은 있지만 식당은 없다. 정문 밖에 식당이 여럿 있다.
수목원(02-961-2716/2873) 세종대왕기념관(969-8851). 수목원 입장료는 무료이지만, 세종대왕기념관은 어른 1800원, 청소년 1200원이다.

광릉숲과 왕숙천

허공에 아스라이 솟은 큰 나무 아래 서면 외경심이 든다.
만약 하늘의 신이 내려온다면 지상의 키 큰 나무를 타고 내
려올 것이다. 그리고 세상의 살아 있는 것들도 하늘나라로
올라갈 때는 모두가 키 큰 나무 아래로 모일 것이다. 아마
우리의 당나무나 솟대신앙도 이런 소박한 생각에서 비롯되
지 않았을까.

이번 걸음은 서울 근교에서 나무가 가장 울창한 광릉숲
으로 떠난다.

물 맑고 강숲 그윽한 이궁의 명당수

올림픽대로에서 강동대교를 건너 곧장 달리면 퇴계원이고,
그곳에서 장현으로 가다 보면 오른쪽으로 밤섬 유원지가
차창 밖으로 지나간다. 한때는 물 맑은 유원지로 찾는 이들
이 많았으나, 환경이 망가지면서 썰렁해졌다.

밤섬을 지나면 내각리이다. 내각리 궐리마을은 태조 이
성계가 아들 태종에게 삐쳐서 이궁(離宮)을 짓고 머물던 마
을이다. 유적은 흔적도 없고, 지금은 왕숙천(王宿川)이라는

베어스타운이 있는 주금산(813m)에서 발원하는
한강의 가지내[支川] 왕숙천

이름만 역사로 남아 흐르고 있다.

장현을 지나면 능내 삼거리 부평다리 아래로 왕숙천이
흐른다. 예전에는 물 맑고 강숲 그윽한 이궁의 명당수였으
나, 상류 쪽에 골프장과 스키장이 들어서고 도시로부터 염
색공장들이 쫓겨오면서 순식간에 폐강이 되고 말았다. 게다
가 홍수피해를 줄인답시고 시멘트로 호안을 정비해서 수질
악화를 더욱 부채질했다. 한때는 오염도가 한강 본류의 10
배나 웃돌았으나, 최근 환경단체들이 핏발 선 눈으로 들락
거린 덕분에 다행히 자연환경이 되살아나고 있다.

부평다리 아래로 원앙 몇 마리가 돌아와 눈맛을 부드럽
게 해주고 있다. 쌩쌩 내달리는 길가의 차량소음에도 아랑
곳하지 않고 저들끼리 즐겁다. 왕모래와 자갈이 깔린 강가
에도 꼬마물떼새, 알락할미새, 검은댕기해오라기 등이 돌아
와 있다.

강과 마을을 오가는 알락할미새는 제비보다 먼저 올라오

는 여름철새이다. 이름에 걸맞게 얼굴과 몸통은 호호백발이
며 뒷머리와 날개 깃은 검은색이다. 여느 할미새와 마찬가
지로, 물가에 앉아서 끊임없이 꽁지를 까딱거리고 하늘을
날 때는 마치 파도 타듯 한다. 맑은 물이 있는 도시 변두리
와 시골을 좋아해서, 4월 무렵이면 숲이나 집 근처에다 마
른풀로 밥공기를 닮은 둥지를 틀고 5월이면 5개 안팎의 알
을 낳는다.

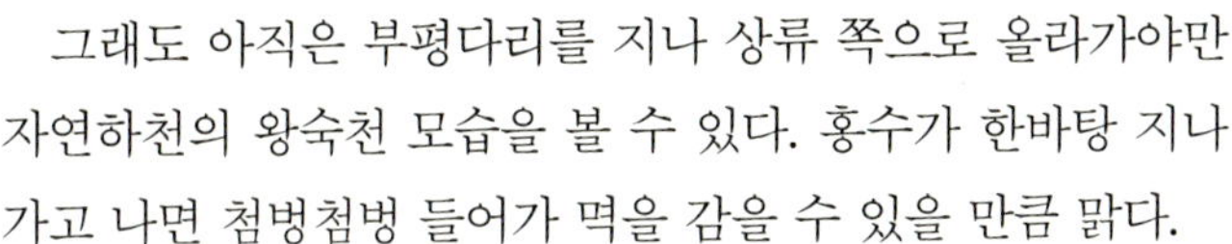

알락할미새

　그래도 아직은 부평다리를 지나 상류 쪽으로 올라가야만
자연하천의 왕숙천 모습을 볼 수 있다. 홍수가 한바탕 지나
가고 나면 첨벙첨벙 들어가 멱을 감을 수 있을 만큼 맑다.

　광릉숲을 지나온 봉선천과 왕숙천 본류가 만나는 합수지
역에는 버들치, 종개, 갈겨니, 피라미, 새코미꾸리, 퉁가리
가 서식하고 부평다리 아래쪽에서는 각시붕어, 붕어, 참붕
어, 미꾸리, 메기가 산다. 그러나 개체수는 보잘것없다. 한
때 몰지각한 사람들이 배터리를 짊어지고 왕숙천 구석구석
을 누비며 물고기들을 마구잡이로 지져댔기 때문이다.

왕숙천 어도

봉선사 전나무숲길의 운치

광릉 가는 길은 부평다리 밑으로 나 있다. 봉선사까지는 2 킬로미터, 주위의 풍광을 감상하면서 걷기에 딱 알맞은 거리이다.

생태기행이라 해도 이왕 내친걸음이면 봉선사도 한 번 돌아보면 좋을 것이다. 주차장과 유흥음식점이 있는 시설지구 옆으로 오솔길 같은 길이 나 있다.

봉선사는 고려 때 창건되었으나, 조선 예종 원년(1469)에 광릉의 원찰로 새롭게 중수된 절이다. 일제 강점기에는 김성숙을 비롯해 한용운, 손병희, 김법린이 이 절을 드나들며 독립의 의지를 불태웠고 해방 후에는 춘원 이광수의 팔촌 아우이자 당대 학승인 운허스님이 주석하였다. 들머리에 춘원의 시비가 세워져 있는 것도 그런 인연 때문이다.

왕실의 원찰이었던 만큼 예전에는 사역(寺域)도 상당했을 터이지만 그 동안 많이 줄어들었다. 들머리도 모두가 개인소유로 넘어가 유흥음식점들이 턱 밑까지 들어서 있다.

절집에 오면 내셔널 트러스트(National Trust) 운동이 생각난다. 어떤 특정 지역이 개발되지 못하도록 여러 사람들이 십시일반으로 돈을 모아 그 지역의 임야를 매입하는 운동이다. 대개의 사찰림이 오늘날까지 비교적 잘 지켜져 온 것도 산간의 사찰이 일종의 내셔널 트러스트 역할을 해왔기 때문이다.

물론 그 반대의 사례도 있다. 서울과 수도권의 경우, 능원의 숲은 비교적 잘 보존되어 있는 데 비해 사찰림은 많이 파괴되었다. 숭유배불 이데올로기만의 결과는 아니다. 해방

후 삼성동 봉은사를 비롯한 도시의 사찰소유
임야들이 상당 부분 개인소유로 넘어가 끊임
없이 파괴된 것이 그것을 뼈아프게 증명해 준
다. 요즘 심심찮게 거론되고 있는 사찰 주변
의 환경파괴는 한국 불교사적 관점에서 살펴
볼 필요가 있다.

최근에 봉선사 앞에다 연못을 몇 개 팠다.
붉은귀거북이 떼거리로 들어와 있는 걸 보니
아무래도 방생연못으로 판 모양이다. 이왕이
면 우리 토종을 방생하면 좋지 않겠는가.

봉선사를 나오면 봉선천을 따라 1킬로 남
짓하게 전나무들이 그윽한 숲길을 만들고 있
다. 몇 시간이고 걸어가도 좋을 만큼 그윽하
고 운치 있는 숲길이다.

하지만 언론매체에서 '환상적인 드라이브
코스'라고 함부로 떠들어대는 바람에 휴일이
면 이 숲길이 주차장이 되어버리곤 한다. 원
래 이 지역은 하마(下馬)의 영역이었다. 옛사람들은 가마나
말을 타고 가다가도 이곳에 이르면 내려서 걸어갔다. 그렇
게 해서 지켜온 광릉의 숲을 우리는 어떻게 대접하고 있는
지…. 매연을 내뿜으며 달리는 자동차들을 볼 때마다 자괴
감이 든다. 자동차 매연과 인파에 시달려 이 숲길도 이제
노쇠가 역력하다. 훗날 이 숲이 망가진 다음 어떤 나무가
다시 숲길을 만들어줄지, 다른 나무가 얼른 떠오르지 않을
정도로 전나무가 천연덕스럽게 잘 어울리는 숲길이다.

타고 가던 가마와 말에서도 내려 걷던 전나무숲

전나무는 서늘하고 다습한 산지 계곡을 좋아한다. 덩치도 크거니와 나무꼴이 참 멋지며, 같은 침엽수인 소나무에 비해 후덕하다. 소나무는 자기 그늘 아래 다른 나무가 들어오는 것을 별로 좋아하지 않지만, 전나무는 키 작은 관목과 풀꽃들을 허허롭게 거두어들인다.

선조들의 생태지혜가 돋보이는 광릉숲

숲길을 걷다 보면 조선 제7대 세조와 그의 왕비가 묻힌 광릉을 만난다. 등극과정에서 빚은 무리수 때문에 평가절하되었지만, 세조는 조선 초기 흐트러진 왕권을 강화하면서 국방에서부터 문화에 이르기까지 국기를 튼실하게 다진 유능한 왕이었다.

해발 600미터의 죽엽산 남쪽기슭에 자리한 광릉은 그가 살아 있을 때 직접 선택한 묘지라고 한다. 세조는 조선의 역대 임금 중 산천유람을 가장 많이 다닌 왕으로 기록되고

생태탑에서 바라본 광릉일대

있다. 이 능이 조선왕릉 가운데 자연생태가 가장 잘 보전되어 온 것도 산천의 미래를 내다볼 줄 아는 그의 안목 덕택이 아니겠는가. 오늘날의 광릉수목원이 있게 된 것도 그의 덕분이다. 산 자도 지키기 어려운 숲을 그는 죽어서도 지켜준 지혜로운 왕이었다.

오늘의 광릉숲이 있기까지 당시의 제도와 조정의 노력도 잊어서는 안 된다. 이 숲을 위해 우두머리로 현령(縣令)을 두고 실무자로 능참봉을 두었다. 참봉은 20여 명이나 되는 산직(山直)과 수백 명의 군정(軍丁)을 부려 숲을 가꾸었다. 그러고도 모자라 마을마다 두두인이라는 책임자를 두었다고 한다.

광릉도 소나무와 전나무숲으로 그윽하게 둘러싸여 있다. 능 주변의 솔숲을 보면 옛사람들의 생태적 지혜가 엿보인다. 솔숲은 독특한 방향물질을 내뿜어 곤충들이 꼬이는 것을 막아준다. 따라서 곤충-개구리-뱀으로 이어지는 먹이사슬이 솔숲에서는 쉽게 형성되지 않는다는 것을 옛사람들은 진작부터 터득했던 것이다. 특히 봉분 북쪽에 굳이 솔숲을 조성하는 뜻은 사신사상(四神思想)에 닿아 있다. 소나무 목피의 갈라진 모양이 마치 거북 등과 같다고 해서 북쪽의 현무(玄武) 자리에 솔숲을 조성한 것이다.

우리나라의 유일한 천연학술보존림

광릉수목원은 광릉을 나와 전나무 숲길로 좀더 들어가면 있다. 수목원이 앉은 곳은 소리봉 기슭이며 그곳의 봉선천 계곡 건너에는 광릉이 앉은 죽엽산이 있다. 행정상으로는

포천땅이지만 서울에서 시내버스가 오가는 가까운 거리인
지라, 서울사람들에게는 여간 큰복이 아닐 수 없다.

　광릉수목원의 숲은 1468년에 광릉이 들어서면서 보호림
으로 지정되어 그 동안 풀 한 포기도 함부로 훼손할 수 없
도록 법으로 잘 보호되어 왔다. 일제시대인 1913년에는 시
험림으로 지정되고 1929년에는 임업시험장이 들어섰지만,
일반의 관심을 끌기 시작한 것은 1987년에 수목원이 조성
되고 산림박물관이 세워지면서부터다.

　소리봉과 광릉수목원은 우리나라에서 유일한 천연학술
보존림 지역이다. 보존림에는 숲의 1차 생산자인 식물 2800
여 종이 살고 있다. 자생종이 1900여 종이며 도입종도 960
여 종이나 된다고 한다. 전체 식물종 중 목본류는 1700여
종 안팎이며, 초본류는 1100여 종이다. 이런 식생조건에서
동물 2800여 종이 들어와 살고 있다.

　수목원과 식물원의 구분은 명확하지 않다. 그러나 현실

수목원 임도. 수목원은 봉선천 계곡 저쪽 소리봉
(536미터) 기슭에 있다. 소리봉 일대의 숲면적은
2240ha이며, 그중 시험림 지역 1740ha를 제외
하고 나머지 500ha 정도가 수목원 지역이다.

적으로 보면, 수목원은 교목과 관목 등 주로 목본식물에 비중을 두고 식물원은 초본식물에 비중을 두고 있다.

이곳 수목원은 크게 산림박물관, 각종 수목원, 산림욕장으로 나누어져 있으며, 침엽수원을 비롯하여 15개의 전문 수목원을 갖추고 있다.

정문을 들어서면 다리 건너 왼쪽에 통나무로 지은 임산물전시장이 있고, 그 앞 삼거리에서 오른쪽으로 들면 우선 만목원을 만난다. 만목(蔓木)은 다래, 머루, 으름, 칡 같은 덩굴식물을 가리키는 말이다. 이곳엔 50여 종의 덩굴식물이 조성되어 있는데, 대개 덩굴식물은 다른 나무들에 비해 토양이 척박해도 잘 자란다.

만목원에 오면 '식물인간'(植物人間)이라는 말이 생뚱맞게 떠오른다. 스스로 아무것도 선택할 수 없는 무의식상태를 식물인간이라고 하지만, 그건 식물을 모르는 사람들의 이야기이다. 식물도 엄연히 자기선택이 있다. 가지와 잎은

임산물전시장

햇빛이 많은 쪽으로 내밀고 뿌리는 물기가 많은 쪽으로 뻗친다. 눈이 없어도 땅속에서 바위를 만나면 그것을 타고 넘어갈 줄 안다. 추우면 잎을 떨구고 날씨가 풀리면 새순을 내민다. 오히려 인간보다 더 지혜롭다. 자연의 질서에 순종할 줄 아는 미덕과 지혜를 가졌다.

손의 감촉이 가슴으로 전해지는 맹인식물원

만목원을 지나면 수생식물원으로 탐방로가 이어져 있다. 봉선천의 하천부지에다 연못을 조성하여 창포, 부들, 가시연꽃, 노랑어리연꽃, 독미나리, 수련, 연꽃, 매자기, 나도겨풀 등 수생식물을 심었다.

요즘 창포가 귀해졌다. 예전에는 연못이나 도랑가에서 흔히 볼 수 있었으나, 점차 사라져 이제는 수목원이나 식물원에 와야 볼 수 있다. 그나마 꽃창포를 창포로 잘못 알고 있는 이들이 태반일 것이다. 창포는 여러해살이 초본식물이다. 외줄기 잎이 물속뿌리 끝에서 모여나와서 70센티까지 자라며, 잎처럼 생긴 꽃대 가운데서 열매 같은 꽃이 핀다. 주맥이 있는 잎을 손으로 만져보면 독특한 향이 묻어나는데, 화학향에 길들여진 요즘 사람들은 이 창포향을 오히려 역겨워한다.

화목원에는 여러 종류의 무궁화에다 매자나무, 매화나무, 명자나무, 복숭아, 모란, 자목련, 철쭉 등이 식재되어 있다. 꽃이 아름다운 나무들이다.

매자나무에 담황색 꽃이 늘어지게 피어 있다. 매자나무는 우리나라 특산종이어서 학명도 '*Berberis koreana Palibin*'이

다. 낙엽 지는 활엽관목이며 줄기 여러 개가 무리지어 올라
온다. 어린 가지에 난 2~3개의 날카로운 가시에는 회녹색
잎 네댓 장이 모여 있다.

관목원을 지나오면 맹인식물원을 만난다. 이름 그대로,
시각장애인들을 위해 조성해 놓은 곳이다. 안내판의 나무
이름과 해설이 점자로 되어 있다.

이곳에는 공작단풍, 개비자나무, 노간주나무, 대추, 누리
장나무, 소태나무, 정향나무, 수수꽃다리, 작살나무, 초피나
무 등이 심어져 있다. 일반인들도 눈을 감고 손으로 나무를
만져보면 느낌이 새로울 것이다. 손의 감촉이
가슴으로까지 전해지면, 그때 비로소 눈에 보
이지 않던 나무들이 새롭게 보일 것이다.

산림박물관 옆으로 온실로 된 난대식물원
이 있다. 녹나무, 차나무, 신이대, 통달목, 종
려나무 같은 우리나라 남도에서 볼 수 있는
난대수종과 야자수, 커피나무, 해고 같은 외국
에서 들여온 열대식물이 함께 전시되어 있다.

관상수원에 군계일학처럼 솟아 있는 덩치
좋은 계수나무 또한 빼놓을 수 없다.

계수나무는 어릴 때 불렀던 〈반달〉 동요 속
에 나오는 바로 그 나무이다. 어른 아이 할 것
없이 대개가 처음 볼 것이다. 하지만 대부분
몇 번 고개를 갸우뚱거리다가 나무 꼭대기를
힐끗 쳐다보고는 실망한 눈빛으로 발걸음을
돌리고 만다. 도무지 달나라와 방아 찧는 토

계수나무는 낙엽 지는 활엽교목이며 짙은 회
갈색의 나무껍질은 세로로 얇게 갈라진다. 사
랑마크를 닮은 초록 잎을 뒤집어보면 흰색이
다. 꽃은 잎겨드랑이에서 1개씩 피고, 가을이
면 굽은 원추형 열매가 달린다.

생태탑

끼가 연상되지 않는 나무의 외모와 우람한 덩치 때문일까.

계수나무는 중국과 일본이 원산이다. 일제강점기에 일본에서 많이 들여와 심었다. 그래서 옛 전설이나 문학작품 또는 사서(史書)에 나오는 계수나무는 어떤 특정한 나무를 지칭했다기보다 좋은 나무에 대한 무작위 통칭이 아니었나 싶다.

산림박물관은 국산 화강암과 점판암으로 마감한 돌집이다. 그리고 잣나무와 낙엽송 목재로 마무리한 내부는 총 5개의 전시실과 자료실, 표본실, 시청각실, 특별전시실로 이루어져 있으며 각 전시실은 주제별로 '산림자원과 기술' '산림과 인간' '세계의 임업' '한국의 임업' '한국의 자연'으로 나뉘어 있다.

박물관 뒤쪽으로는 생태탑까지 임도가 나 있는데, 그 길을 따라 생태탑에 올라서면 광릉 일대가 한눈에 바라보인다. 멀리 포천 쪽의 높고 낮은 산줄기가 겹겹이 펼쳐져 있다. 하지만 아쉽게도 이 지역은 일반인 출입금지 구역이다.

박물관 앞 저만큼 떨어진 곳에 국토녹화기념비가 우뚝 서 있다.

전국을 여행하다 보면 우리의 숲이 매우 건강해졌다는 느낌을 받는다. 비행기에서 내려다보면 그대로가 녹색바다다. 그 동안 정부와 국민이 식목과 육림에 애쓴 결과이다. 세계인들도 우리나라를 육림녹화에 성공한 나라로 주목하고 있다. 그러나 그 찬사에는 부끄럽고 어두운 그늘이 드리워져 있다. 세계에서 우리나라만큼 숲을 망가뜨리는 나라도 없기 때문이다. 특히 동남아의 열대림은 거의 우리나라 기업들이 베어내고 있다. 건축재에서 가구재에 이르기까지 우리가 쓰는 목재의 대부분이 그곳에서 베어낸 나무들이다.

언젠가 인도네시아 주재 우리 근로자들이 반군들에게 납치된 적이 있었다. 그때 그들은 몸값과 함께 숲을 베지 말라고 요구했다. 숲은 그들이 후손을 낳아 기르고 의식주를 해결하고 그리고 죽어 묻히는 곳이다. 숲은 그들의 생사를 거머쥐고 있다. 우리가 그 숲을 망가뜨리는 것은 그들에게 선전포고를 하는 것과 다를 바 없다.

이런저런 생각을 하면 걷는 발걸음이 무겁다.

박물관 앞 광장 한쪽에 현신규 박사의 흉상이 서 있다. 현 박사는 토종 수원사시나무와 미국산 은백양나무를 교배시켜 은사시나무를 내놓은 세계적인 임목육종학자이다. 이곳에서는 활엽수원에 가면 현사시나무를 볼 수 있다.

현신규박사상

광릉숲의 꽃잔치

다시 숲속으로 들면 풀꽃들이 곳곳에 무리지어 피어 있다. 보고서에 따르면 광릉숲의 풀꽃은 모두 494종이다. 그 가운데는 '광릉' 자가 붙은 식물도 있다. 광릉갈퀴, 광릉제비꽃, 광릉고사리, 광릉용수염, 광릉말털이슬, 광릉쥐오줌풀, 광릉요강꽃, 광릉물푸레나무 등 14종이나 된다. 이 모두가 광릉에서 처음 발견되었거나 광릉숲에 자생하는 식물이다.

미나리아재빗과의 동의나물(왼쪽), 양귀비과의
피나물군락과 그 꽃(오른쪽)

꼭두서니. 가시가 많고 층층이 잎이 돋아난다.

5월의 광릉숲에서는 연일 꽃잔치가 벌어진다. 탐방객들을 위해 일부러 조성해 놓은 관찰지역이 아니더라도 곳곳에서 화사한 봄꽃을 만날 수 있다.

앵초, 금낭화, 기린초, 패랭이꽃, 까치수염, 하늘말나리, 매발톱, 꿀풀, 며느리발톱, 꼭두서니, 범부채, 참으아리, 씀바귀, 엉겅퀴, 둥굴레, 짚신나물, 범의귀, 홀아비꽃대, 하늘나리, 원추리…. 이름들을 헤아리다 보니 그 또한 꽃만큼이나 아름답고 재미있다. 또 동의나물, 피나물, 갈퀴나물, 기름나물, 돌나물, 장이나물, 바디나물, 윤판나물… 같은 식용하는 풀꽃에는 나물이라는 이름을 붙였다.

동의나물과 피나물은 꽃 모양과 색깔과 꽃 피는 시기가 비슷해서 따로 있으면 흔히 혼동하지만, 동의나물은 미나리아재빗과에 속하고 피나물은 양귀비과로 성씨가 전혀 다른 남남이다. 그리고 동의나물은 햇볕이 잘 들고 영양분이 많

은 습지 주변에 살고, 피나물은 깊은 산속 숲그늘에 떼거리
로 모여산다. 잎도 동의나물은 5장이고, 피나물은 4장이다.
줄기를 자르면 피 같은 붉은 즙이 나온다 하여 피나물이다.

외국수목원에는 만주자작을 비롯하여 서양측백, 구주적
송, 독일가문비, 칠엽수, 스트로보잣나무 등이 식재되어 있
다. 그중 만주자작은 우리 나무라 해도 좋을 것이다. 백두산
을 오르다 보면 원시림으로 자생하는 만주자작을 쉽게 만
날 수 있다. 그곳 원주민들의 귀틀집들도 모두 이 나무로
지어놓았다.

만주자작은 키가 20미터에 이르며, 껍질은 파라핀 성분이
있어서 미끌미끌하고 얇은 껍질이 흰 종이처
럼 가로로 벗겨진다. 잎 가장자리가 불규칙한
톱니처럼 생겼고 원통 모양의 열매는 밑으로
처져 있다. 일반 자작나무는 어린 가지가 갈색
이지만 만주자작은 어린 가지도 흰색이다.

활엽수원은 수목원 안에서 나무를 가장 다
양하게 관찰할 수 있는 곳이다. 눈에 익은 참
나무류에서부터 자작나무, 너도밤나무, 두충
나무, 가래나무, 느티나무, 때죽나무, 은사시
나무 등이 그득하게 어울려 있다. 발걸음을 멈
추고 이 나무 저 나무 아는 척이라도 해주면
좋으련만, 탐방객들은 그저 알은체도 않고 지
나간다. 기실은 아는 게 없기 때문일 터이다.

　…청명 한식에 나무 심으러 가자. 무슨

낙엽 지는 활엽교목 만주자작나무

나무 심을래. 십리 절반 오리나무, 열의 갑절 스무나무,
대낮에도 밤나무, 방귀뀌어 뽕나무, 오자마자 가래나무,
깔고앉아 구기자나무, 거짓없어 참나무, 그렇다고 치자나
무, 칼로 베어 피나무, 네편 내편 양편나무, 입맞추어 쪽
나무, 양반골에 상나무, 너하고 나하고 살구나무, 이 나무
저 나무 내 밭두렁에 내나무… (민요 〈나무타령〉)

옛사람들은 따로 교육을 받지 않아도 이 정도쯤은 알고
살았다. 요즘은 과일나무를 빼고 나무이름 열 가지 아는 사
람이 드물다. 휴일이면 북한산이 뭉개지도록 몰려드는 등산
객도 그런 데는 철저하게 무식하다. 하긴 대학에서 4년 동
안 생물학을 전공했다는 대학생들도 '그 나물에 그 밥'이다.
그만큼 자연과 담을 쌓고 있다는 이야기이다.

 탐방로 옆의 때죽나무가 3~5송이씩 뭉쳐진 흰 꽃을 화
사하게 드리우고 있다. 그 모습이 마치 종과 같아 영어로는
'스노 벨'(snow bell)이라 한다. 꽃이 지고 가을이 되면 땅콩
같은 열매가 그 자리에 달랑달랑 매달린다. 짙은 갈색의 줄
기는 수피가 트지 않고 매끈해서 초심자들도 쉽게 구분한
다. 예전에는 여름날 설익은 열매를 으깨서 강물에 풀어 물
고기를 잡곤 했다.

크낙새가 다시 찾아올 그날은

광릉숲의 조류상은 사라진 크낙새가 말해 주듯이 일반인들
에게 출입이 허용되면서 많이 줄어든 것 같다.

 광릉 하면 많은 이들이 크낙새를 떠올린다. 한때 일본 대

마도에도 살고 있었으나 일찍 멸종되고, 이제 우리나라에만 남아 있는 세계적인 희귀조이다. 70년대까지만 해도 광릉 숲길 어디서나 크낙새 소리를 들을 수 있었지만, 그 뒤 빠른 속도로 개체수가 줄더니 이젠 아예 보이지 않는다.

크낙새가 광릉숲을 떠난 것은 자연생태계의 변화 때문이다. 조류학자들은 우리 숲의 고유성 변질을 가장 개연성이 있는 이유로 꼽고 있다. 토종식물의 위기가 토종곤충의 위기를 불러오고 다시 크낙새 같은 고유한 조류의 위기를 불러왔다는 주장이다.

크낙새는 딱따구리 종류 가운데 몸집이 가장 크다. 몸길이가 무려 40센티가 넘는다. 사촌 격인 까막딱따구리는 온통 검은색이지만 크낙새는 하얀 배와 빨간 머리가 매우 인상적이다. 크낙새는 주로 전나무와 소나무 같은 침엽 노거수에 둥지를 튼다. 봄날이면 여기저기서 '클락 클락' 울면서 둥지 틀기에 바쁠 터인데, 지금은 박물관 전시장에 박제된 채 꼼짝도 하지 않고 있다.

멸종된 것인지, 서식처를 멀리 다른 곳으로 옮겼는지는 아직 오리무중이지만 크낙새를 보았다는 소문이 근래 들어 꼬리에 꼬리를 물고 있다. 단순한 희망사항만은 아닐 것이다. 지금보다 생태가 튼실해지면 머지않아 훠이훠이 이 숲으로 돌아올 것이다.

광릉숲에서는 맹금류인 말똥가리, 수리부엉이, 올빼미와 텃새인 딱따구리류, 박새류가 흔히 관찰된다. 봄이면 지빠귀, 찌르레기, 할미새, 유리새 종류를 중심으로 흰눈썹황금새, 검은딱새, 후투티, 꾀꼬리, 뻐꾸기, 붉은배새매, 새호리

박제로만 남아 있는 크낙새

장수하늘소(위)는 전체적으로 검은색 몸통이 짧고 노란 털로 뒤덮여 있다.
집게 모양의 주둥이가 있는 넓적사슴벌레(아래)

기, 해오라기 따위가 날아들지만 탐방객이 들락거리는 낮에는 거의가 출입금지구역으로 피난을 갔다가 아침저녁 무렵에야 내려온다.

식물의 다양성과 곤충의 다양성은 서로 함수관계에 있다. 그래서 광릉숲의 곤충도 알아줄 만큼 다양하다. 특히 식생이 잘 보존된 까닭에 도시 근교에서는 보기 드문 하늘소, 풍뎅이, 사슴벌레 같은 덩치 큰 딱정벌레류가 서식하고 있으며 장수말벌, 청띠신선나비, 물결나비, 그늘나비, 큰줄흰나비, 거위벌레, 밑들이, 길앞잡이 등 산림형 곤충도 비교적 많다.

교과서에서 배운 찌꺼기가 남아 있어서, 광릉 하면 역시 장수하늘소를 먼저 떠올린다. 그러나 장수하늘소 또한 크낙새와 같은 이유로 이 숲을 떠난 지 오래다. 게다가 몸집이 커서 생존경쟁에서 다른 곤충들에게 밀려나기도 했을 것이다. 지금은 산림박물관에 표본으로만 남아 있다.

장수하늘소는 아시아권의 딱정벌레 가운데 가장 덩치가 좋아 수컷은 무려 12센티나 된다. 더듬이는 그보다 훨씬 길어 강렬한 인상을 풍긴다. 또 턱이 잘 발달하여 이 턱으로 성충으로 나올 때 번데기방을 깨뜨리거나 먹이를 먹는다. 주로 서어나무, 신갈나무, 물푸레나무, 들메나무 같은 해묵은 노목을 좋아한다.

삼림욕장의 피톤치드 샤워

고산식물원을 돌아보고 나면 육림호로 가는 탐방로가 열려 있다. 육림호 가까이에 통나무집이 있는데, 요즘은 외국산

나무로 짓는 여느 통나무집과 달리 이 집은 우리 땅에서 난 낙엽송으로 지어 그 의미가 새롭다. 이왕이면 아까시나무로도 지어 아까시에 대한 일반의 편견을 씻어주는 것도 좋을 듯싶다.

육림호는 소리봉과 물푸레봉 골짜기 물과 약수터의 샘물이 모여서 만들어진 인공호수이다. 호수의 물은 수목원 주차장 부근에서 봉선천 본류와 합쳐진다. 이른 아침이면 이 호숫가에 각종 새들이 날아들어 아침의 오케스트라를 들려주며 또 주위에 단풍나무류가 많아서 가을이면 눈맛 좋은 풍경도 금상첨화이다.

육림호를 돌아나오면 울울창창한 침엽수원을 만난다. 침엽수원에는 우리나라 침엽수말고 외국 것도 함께 조성되어 있다. 상록수로는 소나무, 잣나무, 전나무, 리기다소나무, 방크스소나무, 향나무, 분비나무, 구상나무, 종비나무, 히말라야삼나무 등이 있고 낙엽 지는 것으로는 낙우송과 메타세쿼이아가 있다. 그리고 키 작은 눈잣나무, 눈향나무, 눈주목과 울릉도에서 건너온 솔송나무와 섬잣나무도 있다. 한가운데 작은 동산에는 높이 18미터의 우람한 잣나무가 심어져 있다.

침엽수는 모양이 서로 비슷해서 초심자는 자주 헷갈린다. 어린 나무일 때는 더더욱 그렇다. 종류 면에서는 소나무-곰솔-리기다-잣나무가 많이 헷갈리고, 전나무-분비나무-구상나무-주목-비자나무에서 자주 헷갈린다. 하지만 줄기와 잎의 한두 가지 특징만 알아두면 구별이 한결 쉬워진다.

곰솔은 '흑송'이라는 별명에서 드러나듯이 여느 소나무보

비자나무(위)와 주목열매(아래)

다 잎과 가지와 줄기의 색깔이 진하며, 잎은 소나무보다 길고 억세다. 겨울눈도 소나무는 붉고 곰솔은 회백색이며 곰솔은 주로 바닷가에서 자란다.

전나무 잎은 상대적으로 길고 뾰족하지만, 분비나무와 구상나무 잎은 뒤쪽이 은녹색이고 길이가 짧고 끝이 부드럽게 마감되어 있다. 그리고 구상나무는 분비나무의 잎보다 길이가 짧고 비자나무는 가지가 제멋대로 뻗어나가서 주목보다도 나무 꼴이 거칠다. 줄기는 비자나무는 빛 바랜 연붉은색이지만 주목 줄기는 완연한 적갈색이다. 또 비자 열매는 파랗고 주목 열매는 빨갛다.

우리 나무는 아니지만, 눈에 익은 것으로는 히말라야삼나무가 있다. 삼각형의 나무꼴이 수려하여 한때 학교운동장과 관청 주변에 많이 심어서 어릴 때부터 익숙한 나무이다. 흔히 '히말라야시드'라고 부르는데 '개잎갈나무'라는 우리말도 있다.

만목원과 수생식물원 사이의 후문을 통해 봉선천 위에 걸려 있는 육림교를 건너면 삼림욕장이 나온다. 봉선천을 건너면서부터는 죽엽산 기슭이다.

삼림욕장은 1989년 7월에 처음 개장되어 해마다 5월 말부터 10월까지 개방되고 있다. 풀 코스는 8킬로미터나 되지만, 자기 체력에 맞는 코스를 정해 돌아볼 수도 있다. 혼잡을 피하기 위해 일방통행으로 되어 있는 산책로를 따라가면 '조각이 있는 숲' '시가 있는 숲' '만남의 숲' '힘 기르는 숲' '명상하는 숲' '독서하는 숲' 등을 만난다.

나무는 이 지상의 생명체 가운데 수명이 가장 길다. 이처

럼 나무가 쉽게 병들지 않고 수백 년을 끄떡 없이 살 수 있
는 이유 중 하나는 자기방어 물질인 피톤치드(fitontsid)를
갖고 있기 때문이다. 피톤치드는 식물이 각종 박테리아로부
터 자신을 보호하기 위해 끊임없이 발산하는 휘발성 물질이
다. 숲에 들어갔을 때 나는 특유의 숲냄새가 바로 피톤치드
이다. 그 성분은 인간에게도 매우 유효해서 심폐기능을 강
화시켜 주고 담을 제거해 주며 노폐물 분비를 도와주는 강
장효과가 높으며 피부미용에도 좋다는 보고서가 나와 있다.

삼림욕이란 숲속에 들어가 바로 그 피톤치드로 샤워를
하는 것이다. 피톤치드는 활엽수보다 침엽수에서 그리고 시
기적으로는 초여름과 늦가을에, 하루중에는 오전 10~12시
에 더 많이 발산된다. 또 흐린 날보다 맑고 바람 없는 날씨
일 때가 더 많은 양이 발산되며, 같은 나무라도 계곡 가까
이 있는 나무가 더 많은 피톤치드를 발산시킨다.

삼림욕을 할 때는 땀 흡수가 잘되는 간편한 복장이 좋다.

조용한 걸음으로 거닐거나 잡사를 잊어버리고 편안하게 쉬는 게 효과적이다. 그리고 적어도 3시간 이상은 숲속에 있어야 피톤치드를 체감할 수 있다.

수목원 숲길

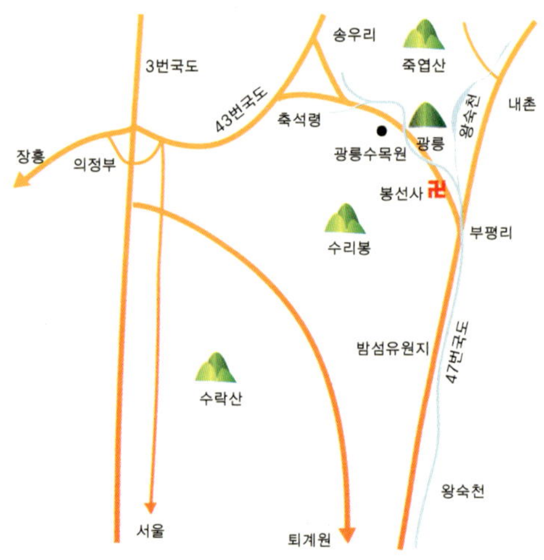

교통
청량리역 앞에서 광릉내로 가는 시내버스가 자주 있다. 전철로 의정부역까지 가서 21번버스를 타도 된다. 승용차는 가능한 자제하는 것이 좋다.

기타
봉선사 들머리와 축석령 가는 길목에 식당촌이 있다. 장급여관도 함께 있다.
수목원(031-540-1114/1024/1032) 입장은 사전예약제이며, 매주 월요일과 공휴일 다음날은 문을 열지 않는다. 입장료는 어른 700원, 아이 500원.

길동생태공원

한때 외국의 공원이 우리 달력의 단골소재였던 적이 있다. 낯선 양식건물과 드넓은 잔디밭, 여기저기 듬성듬성 서 있는 키 큰 나무 몇 그루, 그 아래 조용히 놓여 있는 나무의자, 그 주변에 깔린 낙엽이나 화사한 꽃밭, 의자에 앉아 연담을 나누는 노랑머리와 파란 눈의 남녀…. 이런 달력의 풍경에서 그 시대 사람들의 꿈을 엿볼 수 있다. 일년 열두 달 자고 새고 그런 사진을 신주 모시듯 벽에다 걸어놓고 아이 어른 할 것 없이 쳐다보고 염원했으니, 우리 아이들이 그들을 닮아가지 않을 수 없고 우리 집들이 그들을 닮지 않을 수 없고 우리 공원들이 그들을 모방하지 않을 수 없었다.

지난 반세기 동안 만들어온 우리 공원들은 자연생태나 우리 정서라고는 그 어디에서도 찾아볼 수 없는, 천편일률의 달력공원이었다. 이제 반세기 만에 공원에 대한 생각이 조금씩 바뀌고 있다. 기존의 공원보다 생태적이고 교육적이며 자연에 좀더 가까운 새로운 개념의 생태공원이 등장하기 시작했다.

우리의 생태공원은 여의도의 샛강생태공원에 이어 강동

1997년 여의도 샛강생태공원에 이어 1999년에 생긴 길동생태공원의 여름. 전체 면적이 약 2만 4천 평 규모이다.

구 길동에 들어섰고 현재 몇 군데에서 만들고 있다. 지방도 시에서도 앞다투어 생태공원을 속속 조성하고 있다.

하지만 따지고 보면 생태공원이라는 새로운 개념의 공원도 기실은 우리 스스로 생각해 냈다기보다 외국의 새로운 흐름을 본뜬 것이다. 무엇이든 그렇듯이, 외국의 새로운 것이라면 무조건 유행처럼 따르는 폐단은 공원조성에서도 예외는 아니다. 그러다 보니 그냥 놔둬야 할 곳도 생태공원을 만든답시고 마구 삽질을 해서 뒤집어놓는 어처구니없는 일들이 전국에서 왕왕 벌어진다.

자연 그대로의 습지

길동생태공원은 성산봉 기슭에 자리잡고 있다. 다른 야산들에 비해 성산봉은 겨울에도 물이 질퍽거리는 분지를 갖고 있어서 생태계가 매우 튼실한 편이었다. 그런데 어느 날 갑자기 큰길이 나면서 아늑하던 분지가 동강나 버렸다. 동강

난 분지에다 서울시가 공원녹지확충 5개년계획에 따라 조
성한 것이 지금의 길동생태공원이다. 예전에 비해 생태상황
은 크게 바뀌었지만, 빌딩숲이 아닌 생태공원이 들어선 것
만으로도 얼마나 다행인지 모른다.

길동생태공원은 서울의 다른 지역 생태공원보다 여건이
비교적 좋다. 4차선 도로가 나 있기는 하지만, 남한산성이
있는 청량산 식솔들과 녹지로 이어져 있어서 생태상황이
양호한 편이다. 그리고 이곳은 공원 전체의 절반 정도를 광
장지구-습지지구-산림지구-초지지구-저수보지구 순으로
탐방코스를 정하여 탐방객들이 돌아볼 수 있게 해놓았다.

관리사무소 앞에 마련된 광장지구에는 나무로 만든 관찰
판벽에 세워져 있다. 거기에 여러 개의 창이 나 있어서 탐
방객은 몸을 노출시키지 않고 공원의 요소요소를 전망해
볼 수 있다.

길동생태공원의 가장 뛰어난 특징 가운데 하나는 습지가
충분히 확보되어 있는 점이다. 그것도 인공습지가 아니라
자연 그대로의 습지이다. 습지만 찬찬히 둘러봐도 반나절이
후딱 갈 정도로 이것저것 볼 거리가 풍부하다. 다만 습지
(wetland) 하면 갯벌, 하천, 호수, 늪까지도 포괄하는 넓은
개념이기 때문에 이곳은 '늪'이라는 말이 더 잘 어울릴 듯하
다. 늪은 진흙바닥에 민물이 얕게 괴어 수생식물이 서식하
고 있는 곳을 가리킨다.

늪지에는 총 400미터에 가까운 나무로 된 관찰데크가 놓
여 있어 탐방객들이 동식물 관찰하는 데 도움이 된다.

늪은 그 어떤 곳보다 생물종이 많이 보존되는 곳이어서

골풀(위)과 방동사니(아래)

생물종의 다양성을 확보하는 데 있어서 매우 중요하다. 게다가 늪의 식물들은 이 공원의 수질을 정화해 주는 역할까지 맡고 있다.

이곳 늪지에는 가래, 갈대, 개구리밥, 갯버들, 검정말, 골풀, 나사말, 꽃창포, 마름, 말즘, 물닭개비, 물억새, 물옥잠, 방동사니… 다양한 종류의 수생식물이 살고 있다. 모두가 도시에서는 보기 어려운 것들이다. 식재한 것이 더 많지만, 원래 있던 것들과 스스럼없이 잘 어울려 지낸다.

물흐름이 좋지 못한 늪인데도 수질이 비교적 좋은 것은 갈대나 부들 같은 수변식물의 공이 크다. 물의 부영양화를 더디게 하고, 또 물 속에 공기를 공급해 주는 공기펌프 기능을 갖고 있기 때문이다.

고랭이는 잎이 없고 줄기만 있지만 그 종류는 여러 가지다. 줄기가 삼각형인 송이고랭이와 세모고랭이가 있고, 줄기가 둥근 올챙이고랭이와 큰고랭이가 있다. 다만 올챙이고랭이와 송이고랭이는 잔 이삭자루가 없는 것이 특징이다. 골풀도 잎이 없고 원기둥형 줄기만 있다.

말즘도 가랫과 식물이다. 줄〔線〕 형태의 잎이 모두 물 속에 잠겨 있고 잎자루가 따로 없으며 가장자리에 주름이 져 있다. 따로 잎을 가진 것은 가래라고 하는데, 가래는 물 속에 잠긴 타원형의 잎과 물 위에 뜬 잎이 있다. 그리고 애기가래는 잎이 가래보다 좁고 길다.

택사과 식물로는 택사, 질경이택사, 벗풀 등이 있다. 잎자루와 잎이 뚜렷하게 구분되는 것은 질경이택사이고, 잎자루와 잎의 구별이 분명치 않은 것은 택사이다.

풀숲에 숨어 잘 보이지는 않지만, 송사리 같은 물고기도 여러 종 살고 있다. 송사리는 물 위에 떠서 다니기를 좋아하는 민물고기인데, 농약과 수질오염으로 농촌에서도 점차 그 모습을 찾아볼 수 없게 되었다.

장구애비, 소금쟁이, 물장군, 물자라, 물매암이, 게아재비, 물방개도 이 늪지의 식솔이다. 수서곤충 가운데는 잠자리처럼 어린 시절을 물 속에서 살다가 어른이 되면 밖으로 나오는 것도 있지만, 대개는 날개를 달고 다시 물 속으로 들어가 일생을 마친다.

장구애비도 그러하다. 대형 종에 속하는 장구애비는 물장군을 닮아 앞발이 강하고 게아재비를 닮아 숨관이 길다. 게아재비처럼 빨대 같은 입으로 사냥감의 체액을 빨아먹는데, 수영실력이 변변치 못해서 물풀 사이에 숨어 있다가 지나가는 먹이를 포획하는 잠복형이다.

수서곤충의 상당수가 물 밖에다 알을 낳는데, 물장군도 그중 하나이다. 물장군은 부부의 가사분담이 철저한 것으로 정평이 나 있다. 암컷이 알을 낳아 거품으로 덮어두면 알이 부화할 때까지 수컷이 돌본다. 수컷의 주된 가사는 알이 강한 햇빛과 바람에 건조되지 않도록 연신 물로 적셔주는 일이다. 수컷의 보살핌으로 부화한 새끼들은 본능적으로 물을 찾아 뛰어들지만, 때를 기다렸다는 듯이 물 속의 물고기들이 날름날름 잡아먹는다. 하지만 이런 시절도 잠시, 몸집이 커지고 앞발에 근육이 붙으면 물장군은 원수 갚듯이 물고기 사냥에 나선다. 물장군은 마치 육체미를 자랑하는 사람의 근육처럼 강한 앞발을 갖고 있어서 퍽 인상적이다.

생김새가 물장군과 게아재비의 중간쯤 되는 장구애비

청개구리(위)는 턱 밑에 울음보가 하나밖에 달려 있지 않아 깩, 깩, 깩 하고 단음으로 운다. 산개구리올챙이(아래)

그리고 갈색 등에 세로로 연한 줄이 있는 아무르산개구리와 참개구리, 청개구리, 두꺼비 같은 양서류 몇 종도 눈에 띈다. 봄이 되면 올챙이들이 깨알처럼 쏟아져 나와 아이들의 호기심을 모을 것이다.

청개구리는 생김새가 앙증맞아서 사람들의 귀여움을 독차지하는데다 여느 개구리와 달리 사람을 별로 무서워하지 않는다. 시골에서는 곤충을 쫓아 방안까지 뛰어들기도 하는 개구쟁이다. 다른 개구리는 덩치가 커서 나뭇가지에 올라가지 못하지만, 청개구리는 발가락에 점액질이 있어서 나무줄기를 타고 올라가 잎사귀에도 냉큼 올라앉는 재주꾼이다. 그리고 다른 개구리와 마찬가지로 물 속에서 태어나지만, 청개구리는 어른이 되면 물보다 바깥을 더 좋아한다.

이렇듯이 길동의 습지는 서울의 비오톱(Biotop)이 된다. 다만 이 습지가 인근지역과 네트워크화되어 있지 않은 점 한 가지가 아쉽다. 현재로서는 불가능한 일이겠으나 징검다리 식으로나마 둔촌동 습지-고덕동 습지-한강 둔치와 연결된다면 생태적 효과가 나아질 것이다.

버드나무꽃의 화려한 아름다움

습지지구에 이어서 산림지구가 나온다. 산림지구는 일반 탐방객이 들어가지 못하는 통제구역이 많지만, 산자락으로 나 있는 탐방로에서도 숲속의 나무가족들을 충분히 살펴볼 수 있다.

봄이면 노린재나무의 새 가지 끝에 작고 귀여운 꽃이 핀다. 하얀 꽃이 핀 노린재나무군락은 마치 눈 덮인 듯 아름

답다. 그러나 가을이면 파란 열매가 익기 때문에, 꽃만 보고
는 열매를 상상할 수 없어 가끔 헷갈린다. 비교적 햇빛이
많이 드는 곳이면 어디서나 쉽게 볼 수 있는 노박덩굴도 있
다. 봄에 싹이 트면 나물로도 먹으며 봄이 무르익을 때 누
르스름한 초록빛 꽃이 핀다. 하지만 10월에 노란 열매가 익
기 전까지는 다래덩굴과 흔히 혼동한다.

　늪과 연못 주변에는 버드나무가 자라고 있다. 버드나무
의 어린 가지는 녹색이지만 굵어지면서 회갈색으로 바뀐다.
피침형의 초록색 잎은 털이 없으며 꽃은 잎보다 먼저 묵은
가지의 겨드랑이에서 핀다. 버드나무꽃이 얼마나 아름답고
화려한지 아는 사람들은 안다. 돋보기로 들여다보면 무척이
나 요염하다.

　나무 알기는 여름보다 겨울이 적나라해서 적기이다. 겨
울에 만나는 숲은 우리를 또 다른 사색의 길로 안내한다.
숲을 바라보면 겨울 풀꽃들의 속내를 도무지 알 수 없다.
서리가 내려도 단 한 번도 억울하다 소리치지 않고 풀꽃들
은 대지 위에 그냥 쓰러진다. 삭풍 끝에 눈보라가 휘몰아쳐
도 나무들은 고고하게 참고 견딘다.

노린재나무(왼쪽)는 털이 없고 가장자리가 톱
니처럼 생긴 타원형의 잎이 어긋난다.
노박덩굴(가운데)은 암수 딴 나무에 꽃이 피는
덩굴식물이다.
무척이나 아름답고 화려한 버드나무꽃(오른
쪽). 수꽃은 위쪽이 검은색이고 암꽃은 붉은색
이다.

앵초과의 여러해살이풀꽃 좁살꽃(위), 백합과
의 여러해살이풀꽃 산부추(가운데), 돌콩(아래)

이 삭막한 죽음의 도시에서도 그렇게 살아가는, 저 숲을 닮은 사람들이 어딘가에 있을 것이다. 겨울숲에 가면 그 모습을 닮고 싶어진다.

이 공원에서 볼 수 있는 풀꽃들은 원래 서식하던 것보다 외부에서 들여와 식재한 것이 더 많다. 처음 공원을 조성할 때 조경업체가 200여 종의 식물을 심었다고 하지만, 그간 서식조건에 맞지 않은 식물들 상당수가 죽어나갔다. 나무나 풀이 다음에도 스스로 꽃 피우고 열매 맺고 싹틔울 수 없으면 그래서 인간의 손길이 계속 닿아야만 살아갈 수 있다면, 그런 것들은 심지 않는 것이 좋다.

뛰어난 조경사일수록 손을 적게 댄다는 말이 있다. 종의 다양성만 생각한 지나친 인공식재는 이곳의 고유성과 자연성을 크게 떨어뜨린다. 늘 염두에 두어야 할 것은 인간의 욕심이 자제될 때만 자연이 제대로 살아난다는 사실이다.

개망초꽃의 공덕

이제 공원과 주변에서 관찰되는 풀꽃들은 조금씩 선택적으로 안정을 찾아가는 추세이다. 각시붓꽃, 관중, 기린초, 노루귀, 둥굴레, 방가지똥, 복수초, 산국, 섬초롱, 쑥, 엉겅퀴, 여뀌, 원추리, 종지나물, 하늘매발톱, 자귀풀, 좁쌀냉이, 참나리, 층층잔대, 할미꽃…이 자생 또는 식재되어 학생들이 꽃이름을 익히는 데 큰 도움을 주고 있다.

봄에 피어서 여름까지 가는 엉겅퀴는 지칭개보다 꽃이 크다. 여름에 노란 꽃이 피는 좁쌀꽃은 볕이 잘 드는 습지에 자라며 잎은 마주난다. 숲속 초원에서 자라는 산부추는

국화과의 여러해살이풀꽃 엉겅퀴(왼쪽)와 쑥(오른쪽)

가을에 꽃이 핀다.

이른봄이면 맨 먼저 고개를 내미는 것이 쑥이다. 쑥은 대표적인 약용식물이자 옛사람들의 삶의 애환이 서린 구황식물이었다. 또 귀화식물은 아니지만 원래 이곳에 자생했던 돌콩, 새팥, 토끼풀이 다른 곳에서 옮겨다 심은 풀꽃들을 위협하며 텃세를 부리고 있다.

이 공원에도 토끼풀, 소리쟁이, 서양민들레, 서양등골나물, 미국자리공, 미국가막사리, 미국쑥부쟁이 같은 귀화식물이 많이 들어와 있다. 옆으로 도로가 나면서 더 많이 들어왔을 것이다. 날로 번지는 귀화식물을 어떻게 할 것인가 하는 점도 공원측이 풀어야 할 화두이다. 특히 눈총받는 망초와 개망초는 1세기 전에 서구문물과 함께 이 땅에 들어와서 '나라를 망하게 한 꽃'〔亡草〕이라는 누명을 쓰게 되었지만 '나라가 망할 즈음에 들어온 꽃'이라는 게 더 정확할 것이다. 살아서는 소〔牛〕를 살찌우고 죽어서는 땅을 기름지게 해주는 공덕도 생각해 달라는 듯이 고개를 치켜들고 지나가는 탐방객들을 바라보고 있다.

아이들에게 보여주기 위해 표고버섯 재배대도 마련되어

길동생태공원의 겨울. 각종 겨울 프로그램을 짜서 훌륭한 겨울생태의 교육장으로 만드는 노력이 필요하다.

있다. 그리고 산지에는 영지버섯, 구름버섯, 치마버섯, 말똥버섯 등 갖가지 버섯이 있다.

대개의 공원들은 겨울에 텅 빈다. 이곳도 겨울에는 찾는 이들의 발걸음이 썰렁할 정도로 뚝 끊어진다. 겨울생태에 대한 시민들의 잘못된 인식에도 문제가 있지만, 겨울 프로그램이 충분히 마련되어 있지 않은 것이 더 큰 이유일 것이다. 나무들의 겨울눈 알기, 낙엽 주워 나무이름 알기, 산새 이름 익히기, 곤충들의 빈집과 겨울 번데기 찾기, 풀씨 거두기 등 프로그램을 얼마든지 마련할 수 있다. 프로그램을 다양하게 짜서 겨울에도 생태가 살아 있음을 보여줄 수 있으면 좋으련만.

그렇다. 겨울에도 이끼는 썩 좋은 관찰대상이 된다. 이곳에서는 이끼가 별로 눈에 띄지 않지만, 습한 곳에 바위들을 두면 겨울에도 파란 이끼들을 볼 수 있을 것이다.

겨울의 자연은 또 다른 신비의 모습을 보여준다. 애초부터 자연과 담을 쌓아온 사람들이야 사철 내내 관심이 없겠지만, 자연을 가까이해 온 사람들은 생명체들의 겨울나기가 얼마나 눈물겹도록 감동적인지 알고 있다. 아이들에게도 그걸 가르쳐주어야 한다.

초지지구 앞 물가에는 봄이면 동의나물을 비롯한 수변식물 몇 종이 고개를 내민다. 초지지구의 주된 목표는 풀꽃보다는 곤충류의 다양성을 확보하는 데 두는 게 효과적이다.

쌍살벌이 설계한 생태건축

계절에 따라 공원 안팎에서는 많은 곤충을 관찰할 수 있다. 각다귀, 길앞잡이, 네발나비, 노린재, 밀잠자리, 뱀허물쌍살벌, 부전나비류, 뿔나비, 쌍살벌, 애매미, 왕바다리, 왕팔랑나비, 잎벌레, 좀사마귀, 사마귀, 자나방, 제주나방, 참나무혹벌, 호박벌을 비롯하여 늑대거미, 긴호랑거미, 무당거미, 호랑거미, 염낭거미 같은 거미류도 여러 종 살펴볼 수 있다.

정확한 조사는 아직 이루어지지 않고 있으나, 산지를 빼고는 서울지역에서 곤충이 가장 많이 나타나는 곳이 아닌가 싶다. 무엇보다도 습지와 초지와 산지를 두루 갖추고 있기 때문이다.

흔히 벌 하면 꽃을 찾아다니며 꿀을 모으는 부지런한 곤충 정도로 생각하지만, 그 절반 가량은 육식성이다. 등검정쌍살벌도 메뚜기나 나비 같은 초식성 곤충의 유충을 잡아먹는 육식성 벌이다. 독침을 2개 갖고 있다고 해서 '쌍살'이라는 이름이 붙었고 등이 검다고 '등검정' 자가 붙었다. 같은 지역에 서식하는 다른 동족을 노예로 부리는 특이한 사회구조를 가진 것으로 알려져 있다.

쌍살벌은 나뭇가지에다 집을 매달아 짓는다. 벌집의 크기는 자기 몸집에 비례한다고 한다. 턱없이 넓은 평수를 욕심내지 않는다. 벌은 집에 빗물이 차면 입으로 습기를 빼내고, 더우면 날갯짓으로 집의 온도를 내린다. 그리고 식물의 섬유질(펄프)로 만든 천연종이의 집을 짓고 산다. 자연에서 재료를 얻어 집을 짓고 집이 허물어져도 쓰레기를 전혀 남기지 않는다. 바로 이것이 생태건축이다.

중국청남색잎벌레(위)와 뱀허물쌍살벌 집(아래)

좀사마귀(위). 좀사마귀는 주위의 색깔과 맞추어서 갈색, 황갈색, 주황색 따위의 보호색을 띤다. 앞발에 흰 점이 있어서 누구나 쉽게 구별해 낸다.
붉은머리오목눈이(아래). 참새보다 덩치가 작으며 온몸이 갈색이다.

가을이 되면 온갖 풀벌레소리가 날마다 오케스트라를 연주하지만, 생태공원이라 풀밭에 마냥 앉아서 귀뚜라미 소리 한가하게 들을 수 있는 자유가 제한된다는 게 좀 아쉽다. 조사가 목적이 아닌 생태기행에서 꼭 곤충을 채집해야만 맛은 아니다.

산림지구와 초지지구 주변에서는 참새, 박새, 딱새, 멧새, 동고비, 붉은머리오목눈이, 어치, 직박구리, 까치, 멧비둘기, 꿩, 쇠박새, 오목눈이, 노랑턱멧새 등이 관찰된다. 여름이면 제비, 뻐꾸기, 꾀꼬리, 솔부엉이도 날아들고 이따금 육식성 조류 황조롱이도 앉았다가 간다.

사람들의 발걸음이 뜸해지는 늦가을부터 이른봄까지는 새들을 관찰하기에 좋다. 붉은머리오목눈이는 주로 초지나 관목 숲에서 흔하게 볼 수 있는 텃새인데, 황새를 따라가다가 가랑이가 찢어졌다는 뱁새가 바로 이 새이다. 주로 씨앗을 먹기 때문에 부리는 짧고 굵으며 꼬리는 몸에 비해 좀 긴 편이지만 할미새처럼 까딱거리지는 않는다.

낙엽 진 겨울에 오면 나무 위에 높다랗게 올려 있는 까치집들을 볼 수 있다. 옛사람들은 까치를 유난히 좋아했다. 반가운 손님을 불러온다고 좋아해서 가을에는 과일들을 까치밥으로 남겨두었고, 마을잔치 때는 대문 밖에다 음식을 내놓고 함께 먹자고 했다. 까치를 학대하면 지랄병에 걸린다 해서 함부로 대하지 않았다. 하지만 요즘은 어딜 가나 푸대접이다.

딱새는 종류가 여러 가지이지만 하나같이 색깔이 독특하고 몸집은 작으며 눈이 크고 검어 무척 아름답다. 그리고 다리가 짧아서 몸을 곧추세워 앉고 살아 있는 곤충을 잡아 먹기 때문에 주로 단독생활을 한다는 것도 딱새류의 공통점이다. 딱새들은 낮은 나뭇가지에 앉아 있다가 사정권 안에 곤충들이 날아들면 잽싸게 날아가 부리로 낚아챈다.

그중 가장 흔한 텃새가 딱새이다. 그늘이 있는 깊은 숲보다는 햇빛 좋은 농경지 주변을 좋아한다. 그러면서도 둥지를 틀 숲도 있어야 한다. 양쪽을 충족시켜 주는 곳은 역시 농촌일 것이다. 하지만 도심 속의 섬과 같은 남산에서도 눈에 잘 띈다. 수컷이 암컷에 비해 화려하나 암컷은 부드럽고 은근한 미를 풍긴다. 가끔 꽁지를 탁탁 치는 것이 귀엽다.

검은딱새는 봄에 찾아오는 여름철새이다. 암컷은 눈에 잘 띄지 않는 보호색을 하지만 수컷은 화려한 패션을 자랑한다. 주로 서해 건너 중국 강남에서 날아오는데, 그 작은 날개로 망망대해를 어떻게 건너왔을까 싶다. 그래서 봄철 서해의 섬으로 가보면 막 바다를 건너와 가쁜 숨을 몰아쉬는 이놈들을 만날 수 있다.

그 밖에 포유류로는 들쥐, 두더지, 다람쥐, 청설모, 족제비, 너구리 등이 있는 것으로 보고되고 있다.

초지지구 앞쪽에는 초가집을 비롯하여 움집, 벌통, 퇴비장, 돌담, 석축, 밭 등 도시에서 보기 어려운 시골풍경이 마련되어 있다. 의도는 매우 좋지만 이들을 다 수용하기에는 공원면적이 좁은 것 같다. 아무리 환경 친화적 시설이라 하더라도 한정된 좁은 공간에 많은 시설물을 조성하거나 체험교육이라는 이름 아래 번잡한 이벤트성 프로그램을 마련하는 것은 오히려 생태적 수명을 단축하는 요인이 된다. 차

검은딱새. 이 밖에도 딱새, 솔딱새, 쇠솔딱새, 유리딱새, 노랑딱새, 제비딱새 등이 딱새의 종류에 속한다.

라리 외곽에 따로 마련하는 게 바람직할 것이다. 더불어 주차장이며 관리실, 광장, 창고 등의 부대공간도 줄이면 줄일수록 좋다.

진정한 생태공원이 되려면…

공원 한가운데 커다란 연못이 있다. 팻말과 안내장에는 '저수보'라고 되어 있지만, 국어사전에도 없는 조어이다. 보는 논물을 대기 위해 냇물을 막아 물을 가둔 곳을 가리킨다. 비록 인공적으로 꾸몄다고 해도 그냥 '연못'이라고 하는 게 좋을 듯하다. 연못에는 새들을 위해 통나무 말뚝, 수중섬, 물고기집 등이 마련되어 있다.

이 연못에는 이따금 쇠백로, 해오라기, 흰뺨검둥오리, 원앙, 물총새 등이 날아 앉는다. 원앙은 암수가 너무 다르게 생겼다. 그래서 처음에는 서로 다른 종인 줄 알고 따로 이름을 불렀다가 나중에 같은 종인 것을 알게 되어 원앙이라고 했다는 이야기가 있다. 원(鴛)은 수컷을 가리키고, 앙(鴦)은 암컷을 가리킨다. 원앙새는 부부애가 지극해서 옛사람들은 '짝새'라고 불렀다. 전설에서는 한 마리가 죽으면 남은 원앙이 스스로 먹이를 먹지 않고 따라 죽는다고 하나, 생태적 사실과는 거리가 멀다. 원앙은 해마다 짝을 바꾸는 바람둥이 텃새이다. 그런데도 이런 전설이 생겨난 것은 아마 조선의 봉건유교 이데올로기의 소산이 아닐까 싶다.

꼬마물떼새는 한때 알까지 낳고 살았는데 최근에는 찾아오지 않는다고 한다. 물가에 모래와 자갈밭을 조성해 놓으면 다시 돌아올지도 모르겠다.

꼬마물떼새는 물이 있는 곳이면 전국 어디서나 볼 수 있는 여름철새다. 깜찍스럽게 예쁜 자태하며 파스텔 분위기의 갈색 등, 눈부시게 하얀 가슴과 배, 까만 눈동자와 눈가의 노란 테, 보호본능을 불러일으키는 가녀린 다리, 매혹적인 울음소리… 누구나 첫눈에 반하고 마는 작은 새다. 물가의 자갈밭에 자갈 색깔 나는 알을 낳아 암수가 번갈아 품는다. 게다가 침입자가 나타나면 마치 다치기라도 한 듯이 다리를 절뚝거려 침입자의 눈길을 딴 데로 돌리게 하는 앙큼한 구석도 있다.

새들을 관찰할 수 있게 연못 주변에 관찰벽을 세 군데 마련해 놓았으나, 키 큰 식물들에 가려 제대로 볼 수 없어 탐방객들은 아쉬워한다. 하지만 새를 보기 위해 식물들을 베어낼 수는 없는 노릇이다. 조류들의 산란을 유도하기 위해서는 오히려 더 아늑하게 가려줄 필요가 있다.

연못에는 붕어를 비롯하여 정수성 물고기 몇 종이 살고 있는데, 물고기의 밀도를 조절하기 위해서는 얼룩동사리 같은 육식성 어종을 방류해도 무방할 것이다. 하지만 같은 육식종이라도 쏘가리는 물흐름이 어느 정도 있어야 하므로 물이 정체된 이곳에는 적당하지 않다.

탐방로가 끝나는 지역의 도로 쪽에 물길이 나 있어서 물이 흘러들고 있다. 좀개구리밥이 너무 번창해서 수면을 덮는 바람에 햇빛을 차단하여 오히려 수질과 탁도를 떨어뜨리고 있다. 적당히 걷어낸 다음 물가에 미나리를 심으면 수질정화에 도움이 되련만. 아니면 같은 효과를 내는 창포나 꽃창포도 좋을 것이다.

원앙(위)은 물에서 사는 물새이지만 둥지는 나무구멍에다 튼다. 원앙의 둥지는 무척 깊어서 어린 새끼들이 그 속에서 어떻게 이소(移巢)할까 궁금할 정도이다.
꼬마물떼새(아래)

밖으로 나오면 도로 옆으로 대나무 울타리와 찔레가 있다. 공원을 넘나드는 자동차 소음과 매연을 최소화시키기 위한 방편이다. 시멘트 담이나 철조 방음벽보다 효과는 떨어지지만, 친환경적이고 보기도 좋다.

생태공원은 종의 다양성을 확보하고 또 그 종들에게 맞는 환경을 만들어주는 데 성패가 달려 있다. 식물은 열매를 맺고 후계종을 낼 수 있어야 하고, 동물 역시 부화하고 새끼를 키울 수 있어야 한다. 비록 희귀종이 있고 토종이 서식한다고 해도 그곳에서 자생이 되지 않으면 생태공원이라 할 수 없다.

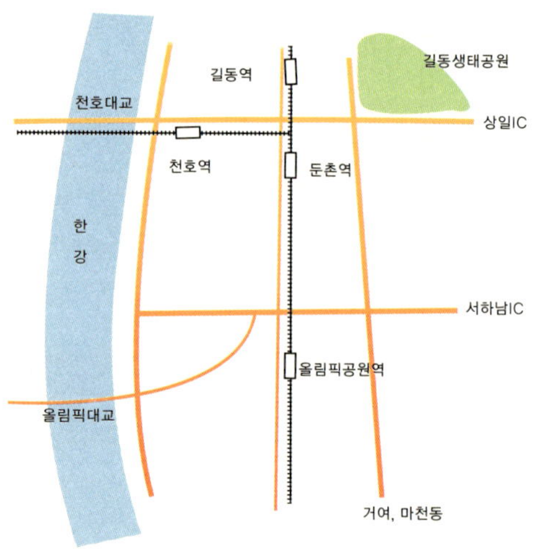

교통

5호선 강동역 4번출구로 나오면 길동생태공원 앞을 지나는 버스가 10분마다 있다. 2호선 강변역 테크노마트 앞에서도 2개 노선이 길동생태공원 앞에서 정차한다. 길동사거리에서 하남 방면으로 가면 도로변에 공원이 있다. 주차장이 있어서 승용차도 가능하지만 미리 예약해야 된다.

기타

길동사거리 주변에 식당이 많다. 식수는 준비하는 것이 좋다.

남산

흔히 '살이 끼였다' '살이 올랐다'고 한다. 살(煞)은 사물과 사물 사이의 원만치 못한 상호관계에서 생겨나 인간이 머무는 모든 공간에 함께 머물면서 질병이나 사고를 일으킨다.

자연과 인간 사이에도 엄청난 살이 존재한다. 서구의 산업혁명 이후 인간이 자연에 대해 끊임없이 해코지를 해왔기 때문이다. 생태계 파괴와 더불어 에이즈, 광우병, 암 같은 새로운 불치병들이 생기고 인간의 성기능이 저하되고 기형아가 늘어나고… 이 모두가 자연에 대한 해코지에서 생겨난 살이다. 살은 살(殺)이요, 독(毒)이다.

살은 풀어야 한다. 응어리진 것은 풀어주어야 하고 빚진 것은 갚아줘야 한다. 생태운동은 생태윤리에 따라 자연과 인간 사이사이에 맺힌 살을 풀어주는 운동에 다름 아니다.

도심을 걷다 보면 가끔 자연으로부터 살을 느낄 때가 있다. 더러는 소름이 끼치기도 한다. 남산도 살을 많이 지니고 있는 서울의 산 가운데 하나이다. 특히 남산의 근대사를 돌아보면 더욱 그렇다.

남산(南山)이라는 지명은 한양 천도 후 '도성의 남쪽 산'

자연에 대한 인간의 무례함과 오만의 징표 남산.
생태기행의 또 하나 산 교육장이다.

이라는 의미로 불리었다. 그후 여러 문헌에 목멱산(木覓山)이라는 이름으로 다시 태어난다. 그 무렵에는 숲이 울창하다는 뜻의 목밀산(木密山)이라는 별칭도 함께 갖고 있었다.

그러던 남산에 살이 타기 시작한 것은 100여 년 전부터다. 1885년 남산기슭에 일본인들의 거류가 허용되고 1908년에는 30만 평 규모의 공원이 개발되고 1925년에는 지금의 남산식물원 일대에 저네들의 신궁이 세워지고 이듬해는 국사당마저 폐쇄되었다. 해방 후에도 남산 망가뜨리기는 계속되어 집들이 좀먹듯이 산을 기어올라 왔다. 이어 케이블카, 남산도서관, 남산식물원, 외인아파트, 국립극장, 남산타워, 남산터널 등이 남산을 난도질하며 들어섰다. 그러는 동안 숲은 절반으로 줄어들고, 그나마 도시의 공해로부터 만신창이 불구가 되어 저렇게 드러누워 있다.

이런 남산을 생각하면 여우와 살구기름 우화가 떠오른다.

여우는 살구기름을 좋아했다. 그런데 살구기름에는 독이 들어 있어서 그걸 먹고 나자빠진 여우가 한둘이 아니었다. 그런데도 살구기름만 보면 여우들은 사족을 못 썼다. 늘 '먹어서는 안 되지' 하면서도 '냄새만 맡는데 어떠랴' 하며 살구기름을 탐했다. 그러다가 '맛만 조금 보는데 어떠랴' 하고 입을 짭짭대더니 '조금 먹어도 죽지는 않겠지' 하고는 쪽쪽 핥아먹었다. 종내는 '정말 맛있네' 하면서 마구 퍼먹어 여우들은 죽어갔다.

개발이라는 이름으로 남산을 파괴해 온 우리의 행태는 여우의 살구기름 맛보기와 조금도 다를 바 없다.

등잔 밑이 어두워서 그런지, 유감스럽게도 남산에 대해 아는 이들은 그리 많지 않다. 서울에 살면서 올라가 본 사람은 태반에 훨씬 못 미칠 것이다. 그중 거의 태반은 케이블카 타고 서울타워나 한 번 갔다 온 정도일 것이다. 남산 사랑하기는 남산 돌아보기에서 시작할 일이다. 남산 가는 날은 오랜 친구의 문병을 가는 기분이다.

남산의 기암절벽과 벚꽃길

남산을 제대로 돌아보려면 하루쯤은 따로 날을 잡는 것이 좋다. 한 번에 돌아보기가 힘겹다면 하루는 남산골 한옥마을-순환도로-케이블카-남산타워-산책로-식물원-분수광장 코스, 또 하루는 야외식물원-수복천-순환도로-남산타워를 돌아봐도 좋을 것이다.

지하철 충무로역에 내리면 남산골 한옥마을까지는 불과 100미터이다. 한옥마을이 앉은 자리는, 일제 때부터 몇 해

공원길을 지나면서 곳곳에서 작은 절벽과 암반
들을 만난다.

전까지 줄곧 군사시설이 있던 곳이다. 그래서인지 느껴지는
기분이 별로다. 그러나 조선 말까지만 해도 남산골은 풍치
가 좋아서 한양의 5동으로 손꼽혔던 곳이다. 맑은 물이 흐
르는 계곡에 선비들이 정자를 지어놓고 음풍농월하면서 피
서를 즐겼다. 근래 복원된 전통정원 주위는 그때의 흔적을
어렴풋하게나마 짐작케 하지만, 생태경관은 크게 망가져 볼
품이 없다. 숲도 거의가 식재림이다.

　후문으로 나가면 남산1호터널 진입로 위로 육교가 걸려
있다. 이왕이면 남산의 다람쥐가 한옥마을 숲까지 내려올
수 있게 육교 위에다 생태통로도 함께 만들면 좋았을 텐데
하는 아쉬움이 있다. 육교를 건너면 남산공원길로 이어지는
작은 계단길이 나 있고 군데군데 작은 개울이 숨어 있다.
남산의 북쪽 경사면은 일사량이 적고 습해서 이끼류가 곧
잘 관찰된다.

　공원길 도로변은 벚나무가 터널을 이루고 있어서, 봄이

창경궁 벚꽃 못지않게 곱고 화사한 남산 벚꽃길

면 그대로가 벚꽃길이다. 남산 벚꽃도 창경궁 벚꽃만큼이나 유명했다. 그러나 벚꽃을 보러 오는 상춘객은 자꾸 줄어드는 것 같다. 그만큼 사람들의 마음이 메말라간다는 증거일 것이다.

세상에서 우리 민족만큼 꽃을 좋아하는 민족도 없었을 것이다. 하지만 언제부턴가 자연과 친하게 지내면 유치하고 치졸한 것으로 여기게 되었다. 옷이나 넥타이에 꽃무늬를 넣거나 나비브로치를 달고 다니면 유행감각이 없는 사람인 양 쳐다보곤 한다. 심지어 TV의 한 프로에서 사회자가 "여자가 미치면 맨 먼저 무엇부터 할까요?" 하고 묻자 한 출연자가 "머리에 꽃을 꽂는다"고 하여 방청객들이 파안대소하는 장면을 본 적이 있다. 웃기고자 한 노릇이겠으나, 참으로 씁쓰레했다.

외딴섬과 같은 산에 생태띠를

남산의 식생은 인간의 오랜 간섭으로 자연성을 많이 잃었
다. 보고서에 따르면, 남산은 자연림과 식재림이 반반씩 차
지하고 있는데 자연림은 소나무, 신갈나무, 산벚나무로 단
순화되어 있다. 식재림은 아까시를 0순위로 해서 잣나무,
리기다소나무, 물오리나무, 현사시나무, 방크스소나무 등
수종이 다양하다. 수종이 달라지면 경관이 달라진다. 남산
의 모양이 예전 같지 않다는 것은 바로 이를 두고 하는 소
리다.

경사면 별로 보면, 남산공원길이 지나가는 북서쪽은 신
갈나무가 우점종이고 식재림이 군데군데 섞여 있으며 그
아래층으로 당단풍, 생강나무, 때죽나무, 철쭉, 진달래, 개
나리, 국수나무 등이 자리하고 있다. 남서쪽은 조림지와 자
연 솔밭이 많다.

현재 남산은 다른 산지와 생태띠가 끊어져 있어서 사람

활엽수림. 남산은 생태적으로 고립되어 있어서
식생이 매우 단순하다.

의 손길이 가지 않고는 이곳에 없는 다른 식물들이 들어올 수 없는 상황이다. 날이 갈수록 남산의 식생이 단순화되고 있는 이유도 바로 이 같은 조건에서 비롯된다. 남산의 식물들은 다른 곳으로 도망칠 수 없기 때문에 죽음의 사각 링 안에서 저네들끼리 서로 치고 받다가 힘이 약하고 개체수가 적은 종부터 죽어 나자빠질 수밖에 없다.

더러 잎 지는 활엽고목인 가죽나무도 눈에 들어온다. 가죽나무를 가중나무라고도 하는데, 한자로 가승목(假僧木)이라고 쓰는 걸로 봐서는 '가중나무'가 맞을 것 같고 참죽나무와 잎모양이 매우 비슷한 걸로 봐서는 '가죽나무'일 것도 같다. 아무튼 가죽나무는 키가 꽤 크게 자라며, 초여름 암수 다른 나무에서 초록빛 감도는 하얀 꽃이 피고 가을에 여문 열매는 이듬해 봄까지 나뭇가지에 허옇게 달려 있다.

옛 조상들은 가죽나무를 별로 쓸모 없는 나무로 여겼던 것 같다. 입각(入閣)을 하거나 과거에 급제하면, 흔히 "가죽나무 같은 쓸모 없는 인재가 성은을 입었으니 성은은 뼈가 가루가 되도록…" 운운한 내용이 왕조실록에 자주 나온다.

남산에서는 장충공원에서 남산공원길 쪽으로 자생 가죽나무들이 눈에 많이 띈다. 따뜻한 중국 남부에서 들어온 이 나무가 남산에 무리지어 자생하게 된 까닭을 '서울의 온난화'로 설명해도 좋을지 모르겠다. 지난 30년 사이에 서울의 평균기온이 무려 3도 가량 올랐으니 그럴 수도 있겠다.

곳곳에 시민들이 기념식수한 나무들이 보인다. 수종도 다양하고 관리도 비교적 잘돼 있다. 범국민운동 차원에서 나무심기를 하던 시절에 비하면 좀 호사스럽게 여겨지지만,

계속 확산시켜 나갈 일이다. 1년에 나무 한 그루 또는 꽃 한 포기 안 심는 사람은 1년에 책 한 권 사보지 않는 사람보다 더 나쁘다. 환경 운운하는 사람들 가운데도 이런 사람은 많을 것이다.

공원길에서 만나는 와룡묘(臥龍廟)는 『삼국지』에 나오는 제갈공명(諸葛孔明)의 사당이다. 노거수 몇 그루가 제법 운치 있는 골짜기를 연출하고 있다.

케이블카는 남산의 북서쪽을 오르내린다. 발 아래를 내려다보면 온통 신갈나무숲이다. 봄이면 연둣빛 신록이 덮여 녹색양탄자를 깐 듯하고, 가을이면 신갈숲 사이로 붉게 불타고 있는 당단풍들이 내려다보인다. 암벽능선에는 아래쪽에서 쫓겨온 소나무도 간간이 눈에 띈다.

케이블카에서 내리면 봉수대를 먼저 만난다. 당시로는 국경의 상황을 가장 빨리 알릴 수 있는 통신시설로, 궁궐에 앉아서도 볼 수 있는 위치에 있다. 낮에는 연기를 피우고 밤에는 불을 피워 올렸다.

남산 정상에는 1975년 완공된 전망대 겸 종합전파탑인 서울타워가 솟아 있다. 남산높이에 타워높이 236미터까지 합하여 해발 480미터의 높이로 솟아 있다. 360미터 지점에 자리한 회전전망대에서 내려다보면 시가지와 한강이 펼쳐져 있다. 비 온 뒤 쾌청한 날이면 인천 앞바다와 멀리 개성 송악산까지도 볼 수 있다.

남산은 북악, 낙산, 인왕산과 함께 서울의 내사산(內四山)이다. 풍수로는 주작(朱雀)의 자리에 앉은 한양의 안산(案山)이다. 안산은 곧 내산(內山)이다. 여자처럼 부드럽고

신갈나무. 이들은 토심이 깊고 토양이 발달한 곳에 주로 나타난다.

남산숲

편해야 한다. 그리고 남산은 다른 내사산에 비해 선이 부드
럽다. 뾰족하게 솟은 맞은편의 북악과는 대조적이다. 안산
은 곧 주안상(酒案床)이다. 주안상은 갖가지 술과 안주가
푸짐해야 하듯이, 안산은 자연생태가 튼실해야 한다. 계곡
의 물은 술잔의 술처럼 철철 넘쳐흘러야 하고 숲은 안주처
럼 다양하고 푸짐해야 한다.

　서울 시가지를 굽어볼 때마다 겸재 정선이 떠오른다. 그
가 북악에서 장안을 내려다보고 그린 장안도에는 이상하리
만치 사람도 거리도 집도 거의 나타나 있지 않다. 온통 산
과 숲만 화폭에 그득하다. 당시 서울의 실제 모습이 그랬기
때문이다. 한양은 세계 어느 도시도 견줄 수 없는 숲의 도
시였던 것이다.

　그런데, 그렇게 아름다웠던 서울이 지금은 세계 5대 '환
경이 나쁜 도시'로 전락하고 말았다. 남산에서 내려다보면,
서울의 산과 숲들은 마치 깨어진 사기그릇처럼 산산조각
흩어져 있다. 발 아래로는 아파트와 빌딩들이 남산의 단전

(丹田)까지 올라와 있다. 게다가 하늘은 황사와 스모그로 늘 흐리다. 자연은 그 시대의 거울이라고 한다. 서울의 자연이 이렇게 망가진 것은 우리 시대 사람들의 마음이 그만큼 탁해져 있음을 반증한다.

오색딱따구리와 남산제비꽃

타워 뒤쪽 숲에서 오색딱따구리가 요란스럽게 나무줄기를 치고 있다. 딱따구리가 나무구멍을 뚫을 때의 힘은 나무에 못을 박는 힘에 버금간다고 한다. 그래도 딱따구리 부리는 끄떡없으니 자연의 조화가 놀랍다.

생물학자들은 딱따구리류를 키스톤종(Keystones Spesies)으로 분류하고 있다. 생물간의 상호작용과 생물다양성 유지에 도움을 주는 종이라는 뜻이다. 그도 그럴 것이, 딱따구리가 파놓은 구멍은 다른 조류들의 썩 좋은 보금자리가 된다. 더러는 청솔모와 다람쥐까지도 그 구멍 속에 떡하니 들어가 낮잠을 잔다.

무악 쪽에서 매 한 쌍이 날아와 허공을 빙빙 돈다. 까치는 자기 땅에 들어왔다고 요란을 떤다. 매는 덩칫값을 못하고 허공에 아스라이 솟아 어디론가 사라진다. 매가 사라지고서야 까치들은 의기양양하게 제 숲으로 내려앉는다.

남산은 도심에 둘러싸여 있어서 조류상이 단순하다. 텃새로는 참새, 까치, 박새, 멧비둘기, 꿩 등이 있고 여름새로는 꾀꼬리, 찌르레기, 휘파람새, 두견이, 파랑새 등이 있다. 겨울새는 쑥새, 되새, 굴뚝새, 참매, 콩새 등이 관찰된다.

보고서마다 약간씩 차이는 있으나, 남산의 조류는 50종

오색딱따구리와 그 둥지

안팎으로 집계되고 있다. 1980년에 59종이었던 것이 무려 10종이나 줄었다는 이야기이다. 그나마 줄어든 조류들이 모두 겨울새와 여름새라는 점은 남산 생태계의 미래에 암담한 그늘을 드리운다. 네발동물은 다람쥐, 들쥐, 족제비가 살고 있으며, 1999년 여름에 방사한 고라니는 현재 행방불명이라는 소문이다.

남산은 공해바다에 떠 있는 고도(孤島) 같은 산이다. 남산이 외부 산지와 단절되어 있다는 사실은 조류보다 포유류에게 더 절망적이다. 새들은 위기가 닥치면 날아서라도 인근의 산지로 이동할 수 있지만, 네발 달린 포유류는 그것이 전혀 불가능하다. 남산 안에서 꼼짝없이 멸문(滅門)을 당해야 한다.

타워를 내려오면 남산도서관까지 숲길과 계단길이 이어져 있다. 위쪽은 느티나무와 신갈나무 군락이 보이고 아래쪽에는 아까시, 팥배나무, 산벚나무, 소나무, 때죽나무, 당단풍 등이 많이 보인다. 키 작은 나무는 진달래가 주종을 이룬다.

『동국여지승람』의 "남산팔영"(南山八詠)을 보면 '암저유화'(岩底幽花)를 노래한 대목이 나온다. 아마도 남산의 진달래와 철쭉을 두고 읊은 노래가 아닌가 싶다.

외국인들 가운데는 우리나라 꽃으로 무궁화보다 진달래를 더 쉽게 떠올리는 이들이 있다. 놀랍게도 진달래의 영어이름도 'Korean rosebay'이다. 게다가 추위에 강하고 싹이 잘 트고 토질을 가리지 않는 것은 꼭 우리의 민족성을 닮았다.

우리 민족성을 빼닮은 진달래

애기똥풀(위)
남산제비꽃(*Viola chaerophylloides*, 아래)

풀꽃으로는 봄에 피는 제비꽃 몇 종류를 비롯하여 민들레, 흰민들레, 개별꽃, 애기똥풀, 애기나리, 한라구절초, 고사리, 맥문동, 까마중, 고비, 주름조개풀, 박주가리, 메꽃, 선갈퀴, 긴잎모시풀, 맑은대쑥, 고사리 등이 관찰된다.

주로 낮은 산기슭에 많은 애기똥풀은 털이 보송보송한 연약한 줄기를 꺾으면 애기똥처럼 노란 즙이 나온다. 그래서 애기똥풀이다. 하지만 즙에 독성이 있어 곤충이 별로 달려들지 않는다.

우리나라의 제비꽃무리는 무려 48종이나 된다고 한다. 형태로는 줄기가 있는 것과 없는 것으로 나눈다. 꽃자루에 길고 하얀 털이 있는 흰털제비꽃, 잎이 동그란 알록제비꽃, 잎이 필 때 고깔처럼 말리는 고깔제비꽃, 잎이 심장 모양이고 끝이 뾰족한 졸방제비꽃, 비교적 높은 산중턱에서 무리지어 자라는 노랑제비꽃 그리고 잎자루가 긴 태백제비꽃 따위는 서울지역에서 쉽게 관찰되는 제비꽃들이다. 그 가운데 눈길을 끄는 꽃은 역시 남산제비꽃이다. 남산에서 처음 발견되었다는 남산제비꽃은 줄기가 없어서 잎이 뿌리에서 뭉쳐난다. 잎자루는 길고 새발처럼 세 갈래로 찢어져 있으며 여러 줄의 가는 꽃자루가 나와서 그 끝에 흰 꽃이 하나씩 핀다.

냉이군락도 군데군데서 관찰된다. 체구는 작지만 뿌리가 깊어서 추운 겨울에도 죽지 않고 거뜬히 견뎌낸다. 숲속에서 웃자라서 키가 무릎에 닿는다. 화려한 벚꽃 그늘에 가려 거들떠보는 이 없어도 잘만 컸다.

숲길을 내려오면 분수대, 식물원, 소동물원, 교육과학연

구원이 자리하고 있다. 이곳은 일제 때 조선신궁이 있던 자
리이다. 이곳에 안중근기념관을 세우고 백범광장을 조성한
것도 그런 연유에서다.

　남산식물원은 1968년 한 재일교포가 선인장을 기증하면
서 개장되었다. 네 동의 온실에는 아열대 관엽식물과 다육
식물이 전시되어 있으며, 식물원 옆에 작은 동물원이 함께
있어서 학생들에게 볼 거리를 제공한다. 그리고 식물원 앞
에 있는 교육과학연구원에는 별자리를 관람할 수 있는 천
체투영실, 민물고기를 키우는 수생생물실, 3천여 점의 표본
을 갖춘 곤충표본실 등이 마련되어 있다.

구월등고의 습속

남산은 서울의 동산이다. 전통적으로 후원이 여성들의 공간
이라면, 마을 뒷동산은 남자들의 공간이었다. 울 일이 생겨
도 누이는 뒤뜰에 가서 울고, 형은 뒷동산에 올라가서 울었

사색하며 걷기에 꼭 알맞은 오솔길

소월시비

다. 또래와 모여 빠끔담배를 처음 배우던 곳도 뒷동산이고 울적한 날이면 뒷주머니에 하모니카 꽂고 오르던 곳도 뒷동산이다.

외환위기로 세상살이가 힘들어지면서 남산을 찾는 가장들이 많이 늘어났다. 나무의자에 앉아 해 저물도록 묵은 신문을 뒤적이다가 돌아서는 그들의 그림자는 곧 우리 시대의 어두운 그림자이기도 하다. 그래도 그들에게 뒷동산 같은 남산이 있다는 게 어딘가.

동산은 동산(動山)이다. 이런저런 생각을 하며 걷는 오솔길이 있어야 한다. 철조망으로 둘러쳐진 동산은 동산이 아니다. 입산금지 팻말이 박혀 있는 동산은 동산 아니다. 남산이 동산으로 제 모습을 갖게 될 날은 언제쯤일까.

소월로가 지나가는 길목에 소월의 「산유화」 시비가 있다.

소월은 우리의 자연을 가장 절실하게 민족정서에 담아낸 시인이다. 그런데 시비 아래 심어놓은 꽃들은 몇 해를 지켜

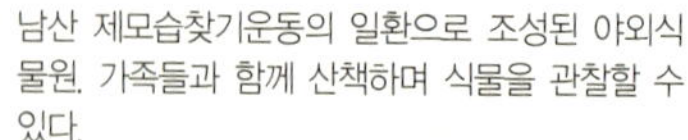

남산 제모습찾기운동의 일환으로 조성된 야외식물원. 가족들과 함께 산책하며 식물을 관찰할 수 있다.

봐도 외래종으로 철따라 바뀔 따름이다. 전통문화는 항상 그 나라의 고유한 자연환경에 뿌리를 박고 꽃핀다.

남산도서관에서 소월로를 따라 두 정거장만 가면 야외식물원을 만난다. 굳이 차를 이용하지 않고도 산책하듯 걸어서 갈 수 있는 거리다.

야외식물원은 남산 제모습찾기운동의 하나로 1994년 외인주택을 철거한 자리에 조성한 공원형 식물원이다. 식물공원이라고 부르는 게 더 잘 어울린다. 인터넷에는 13개 주제로 나뉜 공간에 총 269종의 나무와 140종의 풀꽃이 심어져 있는 것으로 소개되어 있다. 거의가 식재한 것이어서 이렇다 할 특색은 찾아볼 수 없지만, 비교적 한갓진 곳에 자리하고 있어서 가족들과 산책하거나 식물관찰하기에 좋다.

예부터 '구월등고'(九月登高)라고 했다. 가을이면 남산에 오르는 것이 민간습속이었다. 옛사람들은 그런 습속을 만들어서라도 한 해에 한 번씩은 남산을 돌아보았다. 그 슬기가 눈물겹다.

여러해살이 국화과 식물 쑥부쟁이

낙엽 지는 늦가을에도 남산식물원은 그런 대로 운치가 있다. 들국화 몇 종류는 단풍보다 늦게까지 공원에 남아 있다. 참나무라는 나무가 없듯이 들국화라는 꽃도 없다. 구절초, 쑥부쟁이, 산국, 감국 같은 산과 들에 피는 국화과 식물을 두루뭉실하게 들국화라고 부른다. 알고 보면 꽃의 족보도 참으로 복잡하다. 쑥부쟁이의 경우를 보면, 종자식물문⊃피자식물문⊃쌍떡잎식물강⊃합판화아강⊃초롱꽃목⊃국화과⊃쑥부쟁이속⊃쑥부쟁이종이다.

국화과 식물은 거의가 여러해살이며, 외모가 서로 엇비

감국

숫해서 자주 헷갈린다. 구절초 친구들은 대개 줄기 끝에 꽃이 하나 피지만, 쑥부쟁이 친구들은 가지가 많이 벌어지고 꽃이 많이 핀다. 쑥부쟁이는 습기가 많은 논밭두렁에서 흔히 볼 수 있다. 꽃 한가운데 있는 통상화는 노랗고 둘레의 설상화는 자주색이다. 또 늦가을에 노란 꽃이 피는 감국은 온몸에 짧은 털이 나 있고 줄기는 검자주색이다. 산국과 비슷하게 생겼지만, 얼마 안 되는 꽃봉오리가 뭉쳐서 핀다.

가을녘 남산을 걷다 보면 흰 꽃이 뭉게뭉게 모여 피는, 좀 낯선 들국화를 만난다. 귀화식물인 서양등골나물이다. 나무그늘에서도 잘 자라므로 남산 어디서나 쉽게 관찰된다. 들리는 말로는, 이 꽃이 특히 남산 주변에 많은 것은 용산에 주둔한 미8군을 통해 들어왔기 때문이라고 한다. 가을 늦게까지도 눈에 띈다.

가을이 깊어지면 나무는 겨울을 나기 위한 구조조정에 들어간다. 잎파랑이(엽록소)들은 뿌리 쪽으로 내려보내고 함께했던 잎들도 한 장씩 지상으로 돌려보낸다. 단풍이 드는 것은 식물이 겨울나기에 들어간다는 신호이다.

공원의 느티나무, 모과나무, 팥배나무, 조팝나무도 꽃보

느티나무, 팥배나무, 모과나무의 단풍(왼쪽에서부터)

다 아름답게 단풍이 들었다. 담쟁이도 늦가을 잔양(殘陽)에 잎사귀를 빨갛게 물들이고 있다.

느티나무는 대표적인 정자나무로 전국 어디서나 볼 수 있는 민목(民木)이다. 느티나무도 봄에 노란 꽃을 피우는데 좁쌀처럼 작아서 사람들은 별로 기억하지 못하고 대신 밝은 황갈색으로 우아하게 물드는 단풍만 흔히들 기억한다.

모과는 중국에서 들여온 과일나무이다. 나무줄기는 근육질을 느끼게 하지만 껍질의 무늬는 참으로 고상하다. 더러 비늘처럼 벗겨지는데, 마치 옷을 갈아입는 것 같다. 대개 나무의 단풍색깔과 열매의 색깔은 서로 닮는다. 모과나무 잎도 모과처럼 노랗게 물든다.

팥 같은 열매와 배꽃처럼 하얀 꽃을 피운다고 해서 그 이름이 붙은 팥배나무는 대개 꽃과 열매가 서로 닮지 않았다. 봄에 하얀 꽃이 피고 가을에 붉은 열매가 익으며, 타원형의 잎도 열매처럼 붉은 단풍이 든다. 잎은 측맥이 뚜렷하고 가장자리에 불규칙한 톱니가 나 있다.

조팝나무도 우리나라 곳곳에서 볼 수 있는 낙엽 지는 관목이다. 이른봄에 좁쌀처럼 작고 하얀 꽃이 피지만 열매는 검붉은색이다. 단풍 역시 붉게 물든다.

옛 선비들은 담쟁이가 다른 것에 기대어 자란다고 해서 소인배에다 비유했지만, 싱그러운 여름 신록과 정열적인 가을단풍을 보면 결코 소인배가 아니다.

단풍이 지고 나면 가을 열매를 보는 즐거움이 있다. 꽃을 피우는 모든 것은 열매를 단다. 그리고 식물은 열매를 통해 다시 생동한다. 하지만 꽃색깔과 열매색깔이 같은 경우는

늦가을 볕에 빨갛게 물든 담쟁이

좀작살나무의 열매, 아그배나무 열매와 부들
(위에서부터)

그리 많지 않은데, 좀작살나무는 꽃을 보고 열매를 쉽게 떠올릴 수 있는 나무이다. 여름날 피는 연보라 꽃은 가을이면 색깔이 더 짙은 보랏빛으로 익어 마치 자수정 같은 이 열매는 겨우내 정열적으로 달려 있다.

아그배나무는 이름이 특이해서 처음에는 외래종이라고 여기게 마련이다. 하지만 중부 이북에 자라는 우리 나무이다. 전라도에서는 '아기'를 '아그'라고 한다. 그래서 '아기배나무'라고 외워도 좋다. 봄에 짧은 가지에서 나온 하얀 꽃은 가을에 붉은 열매로 거듭난다. 아이들이 설익은 열매를 먹고 "아이구 배야!" 한다고 해서 아그배가 되었다는 그럴싸한 이야기가 있다.

섬개야광나무는 울릉도의 특산종이다. 역시 낙엽 지는 관목이며, 봄에 꽃이 피고 가을에 콩알만한 자주색 열매가 달린다. 한약재로 쓰고 차로도 끓여 마시는 산수유 열매도 빨갛게 익었다. 자연산은 거의 보기 드물고 예부터 민가에서 많이 재배해 오고 있다.

연못가에 부들도 가을내 익혀온 씨앗들을 바람에 날리고 있다. 그런데 어찌하랴, 아무리 둘러봐도 날아가 싹 틔울 곳이 없으니. 조경은 그럴싸하지만 이곳의 부들은 꽃병에 꽂아놓은 장식에 불과하다. 좀더 생태적으로 꾸밀 수는 없었을까, 안타까움이 앞선다.

초심자들에게도 눈에 익은 오리나무, 자작나무, 양버즘나무, 단풍나무, 산딸나무, 마가목, 대추, 찔레도 가을 잔양에 열매를 내다 말리고 있다. 소나무들도 간간이 보인다. 지난 1995년에 전국에서 옮겨온 춘양목, 안면송, 안강송, 해송이다. 그래서인지 낯설다.

서울환경의 지표종 남산솔

남산 소나무는 야외식물원 뒤편으로 올라가야 만날 수 있
다. 애국가에 나오는 남산솔은 순환도로와 이어지는 오솔길
좌우에 그득 들어차 있다. 주로 양지바른 남서쪽에 분포되
어 있지만, 이곳 솔숲을 보면 불현듯 심란해진다. 남산팔영
(南山八詠)에 '영산장송'(嶺山長松)이라고 노래했던 솔숲의
위용도 사라지고 철갑을 두른 노송도 눈에 보이지 않는다.
젊은 나무들도 병색이 완연하고 바닥엔 후계목조차 보이지
않는다.

　우리 민족의 소나무 사랑은 거의 운명적이다. 솔잎 금줄
을 치고 태어나서 솔가지로 장식한 초례청에서 혼례를 올
리고 소나무로 지은 집에 평생을 산다. 소나무로 짠 널 속
에 들어가 생을 마감한 뒤에도 도래솔이 둘러싼 무덤에 묻

그 옛날 솔숲의 위용이 아련한 남산솔밭

힌다. 이처럼 일생을 소나무와 함께하는 민족은 세상에 없을 것이다.

남산솔은 서울의 도시환경 지표종이다. 남산솔의 건강상태를 보면 서울의 자연환경을 간접적으로 짚어볼 수 있다. 어떤 임학자는 남산솔이 죽으면 서울사람들도 다 죽게 된다고까지 표현하고 있다. 남산솔을 죽음으로 내몰고 있는 주범은 대기오염과 토양산성화이다. 특히 토양산성화는 전 지역이 pH 4.3~4.7의 산도를 가리킬 만큼 매우 심각한 형편이다.

소나무는 원래 직립성이 강해서 웬만해서는 휘거나 굽지 않는데, 남산솔은 유난히 굽어 있다. 어릴 때 인간의 간섭을 많이 받은 탓이다. 소나무가 휘청거리자 참나무와 아까시 같은 활엽수가 기세등등하게 솔밭으로 들어서고 있다.

그러나 남산솔의 퇴출을 자연현상으로 보는 이들도 있다. 심지어 남산솔은 조선개국 때부터 지금까지 600년이 넘도록 특혜를 받아 과잉보호되어 왔다는 것이다. 무엇이든 과잉보호되면 자생력이 떨어지게 마련이다. 남산솔이 들으면 서운해하겠지만, 모든 숲은 천이과정을 거쳐야 한다. 남산도 자연성을 회복하려면 자연의 질서를 따라야 한다. 소나무만을 고집해서는 안 될 것이다. 소나무가 물러나야 참나무가 들어오고, 참나무가 물러나면 서어나무 같은 극상림이 남산을 덮을 것이다.

숲길을 따라 올라가면, 예전에는 물맛 좋기로 소문이 자자했던 수복천이 나온다. 하지만 지금은 나오는 양이 적다. 양이 적으면 수질이 떨어질 수밖에 없다.

수양벗나무. 봄이면 휘휘 늘어진 가지에 벚꽃이
만발한다.

숲길을 나서면 남산순환도로이다. 자동차들이 내뿜는 매연만 아니라면 호젓하니 걷고 싶은 길이다. 특히 봄날 이 숲길에서 만나는 뻐꾸기소리는 도시인들에게 잃어버린 고향을 물어다 준다. 혹자는 뻐꾸기가 뱁새 둥지에다 탁란을 하고 알을 깨고 나온 새끼뻐꾸기는 뱁새알을 둥지 밖으로 밀쳐는 '못돼먹은' 새라며 싫어하지만, 그건 편가르기 좋아하는 인간들의 잣대일 뿐 애초에 대자연의 질서에는 선악이 없다. 맹독을 가진 독사도, 병원균을 옮기는 파리도, 피를 빠는 모기도 악(惡)일 수 없다. 대자연은 불이(不二)의 법칙으로 움직인다.

그 길로 계속 올라가면 정상이다. 남산 정상은 동봉(268미터)과 서봉(274미터) 두 봉우리로 되어 있다. 서울타워가 있는 곳이 서봉이고, 동봉은 현재 미군 통신대가 있어서 출입금지구역이다.

타워 주차장에서 팔각정으로 들어오는 길목에 수양벗나

무 한 그루가 있다. 봄이면 수양버들처럼 휘휘 늘어진 가지에 벚꽃이 눈부시게 만발한다. 이창복 선생의 식물도감에도 없는 걸 보면 학명이 따로 있는 것 같은데, 일본에서 육종한 것이라는 얘기도 있다. 창덕궁에서도 그들이 심은 수양벚 한 그루를 보았다.

남산타워에서 국립극장 쪽으로 내려가면 장충공원으로 이어진다.

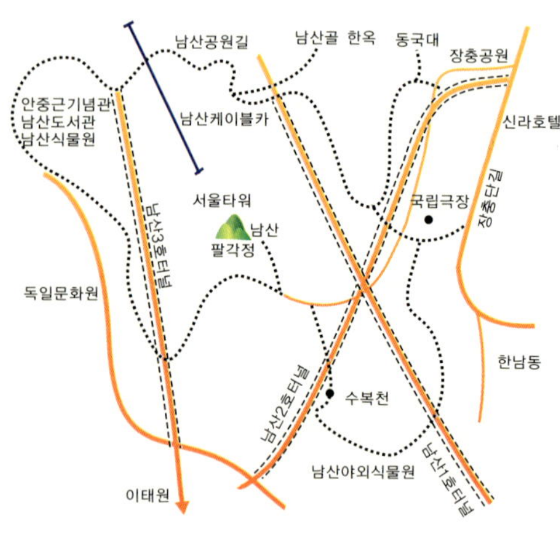

교통
지하철 3, 4호선 충무로역, 3호선 동국대입구역에 내리면 편하다. 버스는 남대문시장에서 83번, 83-1번이 시립도서관-소월길-야외식물원을 지나간다.

기타
분수광장과 남산팔각정에서 간단한 식사를 할 수 있다.
남산공원관리사무소(02-753-2563, 753-5576) 교육과학연구원(311-1220~2) 남산식물원(753-2651) 인터넷 남산사랑(http://nature.with you.net)

능원의 숲

서울은 600년이 넘는 역사의 왕도(王都)이다. 그래서 수도권에는 조선왕조와 관련된 유적이 많이 남아 있다. 동구릉, 서오릉, 헌인릉, 선정릉, 융건릉 등 왕실의 능원도 곳곳에 흩어져 있다. 총면적이 무려 415만 평에 이르는 이들 능원은 교육적·문화적 가치가 있음은 물론이려니와 여가공간이 부족한 수도권 시민들에게 친근한 공원 역할까지 하고 있다. 특히 능원의 숲은 도심공원보다 자연성이 높아 도시생태기행으로 돌아볼 만한 곳이다.

수도권 능숲의 생태상황은 거의 비슷하다. 다만 선정릉 숲은 도심 한복판에 섬처럼 놓여 있고 또 융건릉 숲은 자연성을 많이 띠고 있다는 점이 여느 능숲과 좀 다르다.

강남 선정릉

선정릉은 조선 제9대 성종의 선릉과 정현왕후의 능 그리고 그의 둘째아들이자 11대 왕인 중종의 정릉을 가리킨다. 능이 셋 있다고 해서 '삼릉공원'이라고도 부른다.

성종은 세조의 손자로, 13세의 어린 나이에 즉위하여 7년 동안 할머니 정희왕후의 섭정을 받았다. 비록 38세의 아까운 나이에 세상을 떴으나 재위기간 동안 뛰어난 업적을 남긴 왕이다. 그리고 연산군의 생모인 윤씨의 뒤를 이어 성종의 계비가 된 이가 정현왕후이다. 중종은 이복형인 연산군의 뒤를 이어 왕위에 올라 개혁사림인 조광조를 옆에 두고 왕도정치를 펴려고 했으나 훈구파의 반격으로 정치적 이상을 실현하지 못했다.

선정릉은 산책로를 따라 선릉-정현왕후릉-정릉 순으로 돌아보면 전체가 일목요연하게 들어온다. 대개의 능은 홍살문-신도-정자각-장명등-상석-봉분이 일직선상에 놓여 있지만, 선릉은 옆에 도로가 나면서 홍살문과 정자각이 제자리에서 크게 벗어나 있다. 게다가 홍살문이 한쪽에 치우쳐 있어서 눈에 잘 들어오지 않는 것이 아쉽다.

능숲에 오면 죽은 조상이 못 되고 산 후손이 된 것이 미안할 때가 있다. 산 후손들은 끊임없이 숲을 베어내지만 조상들은 죽어서도 숲을 지켜주기 때문이다.

능은 구릉지에 위치하기 때문에 능의 앞공간은 자연히 습하게 마련이다. 그래서 능림을 조영할 때 앞쪽에는 전통적으로 오리나무를 심었다. 오리나무는 뿌리에 질소를 고정시키는 박테리아와 공생을 하기 때문에 습지는 물론 토양이 척박한 곳에서도 거뜬히 살아난다.

그런데 근래 와서 이 오리나무들이 다른 나무로 대체되고 있어서 안타깝다. 봉분이나 석물들만 역사유물은 아니다. 능숲도 역사유물이다. 능원의 수종을 함부로 바꾸면 옛

오리나무 수피

숲의 모습을 찾아볼 길이 없다. 선정릉 숲에도 전에 없던 현사시나무, 아까시나무 들이 눈에 많이 띈다.

선능에 깃든 선인들의 생태사상

조선의 능은 풍수지리설에 따라 주산을 뒤로 둔 산중턱에 앉혔다. 봉분이 앉은 곳은 능역 안에서 가장 신성한 혈(穴) 같은 곳이다. 좌우에는 청룡과 백호에 해당하는 산줄기가 있고, 남쪽으로는 멀리 안산이 보이게 되어 있다. 그러나 도시개발로 선정릉은 그런 좌향이 제대로 확인되지 않는다.

묘토는 윤이 나고 물기가 없으면서도 지나치게 건조하지 않고 다섯 가지 색을 내고 고와야 이상적이라고 하였다. 그리고 봉분과 주위에는 잔디를 깔았다. 비바람으로부터 능역과 묘토를 보호하고 제례공간을 확보하며 제례 때 외에는 함부로 들어가지 못하게 하기 위함이다. 또 씨앗이 많은 잔디를 심음으로써 왕실과 후손의 창성을 이루려는 유교적 요구도 들어 있을 것이다. 물론 생태적인 요인도 있다. 잔디에는 곤충이 범접하지 않는다. 따라서 곤충을 잡아먹는 개구리가 들어올 리 없으며, 개구리가 없으니 뱀이 들어올 리 없다. 이렇듯 안전한 공간을 확보하기 위해서도 잔디밭이 필요했을 것이다.

잔디는 양지식물이라서 일조량이 적으면 병약해진다. 그래서 햇볕을 가리는 다른 식물들이 자기 영역 안으로 들어오는 것을 싫어하여 비집고 들어오지 못하게 저네들끼리 촘촘히 붙어서 산다. 잔디는 편안한 눈맛을 주지만 그런 까닭으로 해서 생태적 가치는 떨어진다.

융건릉의 소나무숲

봉분 둘레에는 병풍석을 둘렀다. 병풍석은 봉분의 흙이 무너지지 않게 하며 두더지나 뱀이 봉분에 함부로 구멍을 뚫지 못하게 한다.

봉분 뒤쪽에는 흙을 쌓아 북돋운 사성(莎城)이 있다. 비가 와도 빗물이 봉분에 직접 닿지 않고 비켜 흐르도록 하기 위한 시설이다. 사성 뒤에는 행여 산불이 나도 봉분으로 옮겨 붙지 않게 나무를 베어내고 화소(火巢)를 두었으며, 화소 뒤로는 북현무(北玄武)의 의미로서 소나무숲을 조성한다. 소나무 껍질이 거북의 등처럼 갈라졌기 때문이다.

옛사람들의 생태적 생각이 넉넉히 짐작된다.

모든 능원의 숲길은 흙길이다. 죽은 자들의 묘지에 와서야 비로소 밟아보는 반가운 흙길이다. 도시는 시멘트와 잔디로 뒤덮여 흙을 밟아볼 기회가 없다. 화분에 담을 흙도 없고, 나무 한 그루 심을 흙공간도 없다. 도시를 벗어나지 않고는 1년 내내 한 번도 흙을 밟아보기 어려운 게 도시의 환경이다.

이것은 도시인들이 그 동안 흙의 소중함을 모르고 흙을 푸대접해 온 탓이다. 요즈음 사람들은 흙을 손발과 옷과 집안을 더럽히는 것으로만 인식하지만 옛사람들은 흙을 재산으로 여겨서 마당 쓸 때도 흙이 나가지 않게 안쪽을 향해 쓸었다. 동학의 해월은 땅을 어머니의 젖가슴이라 하고 흙을 생명의 젖으로 보았다. 흙에서 나오는 것을 먹고 피와 살이 이루어졌으니, 어찌 함부로 침을 뱉고 코를 풀고 물을 멀리 뿌리겠는가 했다.

도시인들은 흙을 학대한 죗값을 언젠가 큰 재앙으로 갚아야 할 때가 올 것이다.

솔밭 속의 고즈넉한 정현왕후릉

선릉 옆으로는 명당수가 비켜 흐른다. 갈수기 때는 바닥이 드러나지만 비가 잦은 여름날에는 새들이 목을 축일 만하다.

낙엽 쌓인 숲바닥에는 정체불명의 새들이 앉아 한가로이 낙엽을 뒤지고 있다. 생김새와 크기는 흡사 참새이지만, 초록과 주홍색으로 아름답게 치장한 걸 보면 전혀 참새는 아니다.

상사조라는 이름의 이 새는 먼 남쪽 아열대지방에서 왔다. 관상조로 들여와 키우던 중 새장을 뛰쳐나와 야생화된 새이다. 앞가슴에 회색 점박이가 있는 암컷보다 수컷이 더 예쁘다. 집에서 기르던 관상조라 사람들을 별로 두려워하지 않는다.

경사진 숲길을 올라가면 정현왕후릉이 솔밭 속에 앉아

정현왕후릉

있다. 능 주변은 온통 솔밭이다. 덩치로 보아 나이가 30년 안팎인 것 같다. 콩나물시루처럼 빽빽한데도 다들 이리저리 휘어지고 굽었다. 유전화된 형질인 탓이다.

공원화된 숲은 어디나 마찬가지이지만, 선정릉의 소나무도 후계목을 키우지 못하는 환경에 놓여 있다. 해마다 수도 없이 솔방울을 떨구지만 솔씨 하나 싹을 틔우지 못하고 있는 게 아쉽다.

소나무가 우리에게 주는 가장 큰 선물은 역시 신선한 공기이다. 시민 한 사람이 하루 동안 소모하는 산소량은 30년생 소나무 5그루가 하루에 만들어내는 산소량과 같다는 통계를 어디선가 본 적이 있다. 그렇다면 1천만의 서울시민이 좋은 공기를 마시려면 적어도 소나무 5천만 그루가 서울에 있어야 하는 셈이다. 그러나 현실은 턱도 없다. 서울시민들은 다른 지역의 숲에서 공기를 꾸어다 마시고 있는 셈이다. 그걸 알고나 있는지 모르겠다.

솔밭 능선을 넘어서면 칼로 자른 듯이 활엽수의 세계가 펼쳐진다.

이 활엽수숲은 비교적 층위구조가 잘 구성되어 교목–아교목–관목–초본층이 적당하게 섞여 있다. 철조망으로 둘러쳐진 출입금지구역에는 갈참나무와 신갈나무를 중심으로 단풍나무, 때죽나무, 쪽동백나무, 팥배나무, 서어나무 같은 아교목이 자리하고 그 아래층으로는 진달래, 철쭉, 싸리, 국수나무, 찔레 같은 관목이 자리잡았다.

숲은 귀가 밝다. 어느 나무 하나라도 기침
을 하면 모두가 귀를 쫑긋한다. 숲은 눈이
밝다. 하나가 톱질을 당해 산 아래로 끌려
내려가면 모든 나무가 가슴 졸이며 눈을 감
는다.

아이들은 무엇이든 궁금해한다. 숲에 가
면 풀과 나무가 어떻게 다른지 고개를 갸우
뚱거리는 모습을 곧잘 보곤 한다. 풀과 나무
는 겨울에 확연히 구분된다. 추위를 이기지 못하고 땅 위의
줄기와 가지가 죽어 없어지는 것을 풀[草本]이라 하며, 비
록 낙엽은 떨구었지만 줄기와 가지가 지상에 그대로 살아
남는 것을 나무[木本]라고 한다.

층위구조가 잘 이루어진 활엽수림

선정릉의 생태포인트 습지

활엽수지대와 건너편 정릉 사이에 분지형 골짜기가 있고 그
사이로 개울이 흐른다. 능역에서 가장 습한 지역이다. 왕버
들, 물오리나무, 오리나무, 버드나무, 산벚나무, 팥배나무 등
의 목본과 바닥에 제비꽃, 쑥, 양지꽃, 민들레, 단풍취, 대사
초, 고들빼기, 달맞이, 달뿌리풀 등의 초본이 보인다.

물오리나무는 이름 그대로 습기가 많은 토양에서 잘 자
란다. 키가 20미터까지나 자라는 낙엽 지는 활엽교목인데,
한때 물갬나무와 함께 사방수종으로 전국에 심어졌다. 가끔
오리나무와 혼동을 하지만 진짜 오리나무는 그 동안 남벌
되어 찾아보기 힘들다.

선정릉의 봄꽃 피는 나무로는 개나리, 진달래, 벚꽃 삼총

물푸레나뭇과의 토종 개나리(위)와 낙우송의
기근(아래)

사가 있다. 3월 중순이면 벌써 꽃눈에 꽃물이 든다. 그중 개
나리가 가장 튄다. 개나리(Korean Golden-bell)는 함경도
를 제외한 전국에 분포하는 우리나라 특산 관목이다. 토종
개나리는 줄기가 곧추 서고 키가 좀 작은 편이지만, 요즈음
우리나라 곳곳에서 볼 수 있는 개나리는 미국인들이 우리
것을 가져가 종자를 개량해서 다시 들여온 개량종이다. 개
량종은 키가 크고 가지 끝이 밑으로 처져 있어 한눈에도 조
경용으로 개량한 것임을 알 수 있다.

몇 해 전만 해도 개울가에 멋지게 자란 낙우송 한 그루가
있었는데 얼마 전에 고사하고 말았다.

낙우송은 습기를 좋아해서 개울이나 연못가에서 잘 자란
다. 낙우송의 특징 하나는 마치 사람의 무릎관절처럼 툭툭
튀어 올라오는 뿌리〔氣根〕이다. 뿌리가 물 속에 잠겨 있어
서 숨을 제대로 쉬지 못하자 뿌리의 일부를 지상으로 올려
보내서 숨을 쉬도록 한 것이 바로 기근(knee root)이다. 낙
우송은 죽고 기근만 여기저기 흔적을 남기고 있다.

눈주목이 파랗게 둘러쳐진 가운데 약수터가 하나 있다.
한때는 인근 주민들의 사랑을 받았을 우물에는 경고판이
붙어 있다. 망간이 기준치 이상으로 검출되고 있어서 음용
으로는 불가능하다는 내용이다.

이곳은 비가 잦은 여름철이면 연못을 이룰 정도로 습해
진다. 이 습지는 선정릉 숲에서 가장 중요한 생태 포인트이
다. 매연과 소음으로 둘러싸인 선정릉 숲에 이나마 다양한
동식물들이 자리잡게 된 것도 생명의 저장창고와 같은 이
습지 덕분이다. 자연성을 훼손하지 않는 선에서 잘만 관리

하면 생태적 가치를 더 높일 수 있을 것이다.

　하지만 빌딩숲에 고립된 곳이라 곤충상은 빈약하다. 계절에 따라 매미, 노린재, 거미, 나비, 벌, 잠자리류 정도가 관찰된다.

　마침 길을 나선 침노린재 한 마리가 눈에 띈다. 활엽수, 특히 참나무류 숲에서 흔히 볼 수 있는 노린재는 종류가 워낙 많아 다 외기도 어렵다. 노린재는 생김새와 달리 적들 앞에서도 행동이 굼뜬데, 뭔가 믿는 구석이 있기 때문이다. 다른 동물들이 싫어하는 노린내가 바로 그들의 무기이다.

　이곳에서는 거미도 반갑다. 아마 거미만큼 가슴 찡한 감동을 주는 생명체도 드물 것이다. 짝짓기를 마친 수컷은 암컷이 튼실한 후손을 낳도록 자신의 몸을 암컷의 먹이로 내놓는가 하면 어미거미는 알에서 부화해 나온 애벌레들이 먹이를 구하지 못할 것을 염려해서 스스로 먹이가 되어 죽음을 택하기도 한다. 위기를 느끼면 거미줄을 심하게 흔들어서 적의 접근을 막는 재주를 가진 무당거미도 이 숲의 식솔이다.

　선정릉에 와서 눈여겨볼 것은 역시 조류이다. 까치, 참새, 박새, 쇠박새 정도는 도심에서도 어렵지 않게 볼 수 있으나 이곳에 청딱따구리, 오색딱따구리, 쇠딱따구리, 어치, 꿩, 찌르레기, 노랑턱멧새가 서식하고 있다는 것은 예사로운 일이 아니다. 더욱이 사방팔방이 아파트와 빌딩으로 둘러싸인 외로운 섬과도 같은 이곳에 10여 종의 새가 산다는 것은 기록해 둘 만하다.

　특히 찌르레기는 본래 여름철새였으나 요즘은 아예 텃새

성충으로 겨울을 나는 침노린재(위)와 무당거미(아래)

'찌르륵 찌르륵' 하고 울어서 그대로 이름이 된
찌르레기

가 되어 도시에서도 볼 수 있을 만큼 흔해졌다. 찌르레기는 조류치고는 비교적 목과 다리가 짧아 보기에도 오동통하지만 얼굴과 꼬리, 깃 부분만 하얗고 온몸이 거무튀튀해서 별로 눈길을 끌지 못한다. 봄이면 나무구멍에다 둥지를 튼다.

매연과 소음으로 가득 찬 열악한 환경에도 불구하고 이곳에 많은 새들이 보이는 것은 역시 활엽수가 제공하는 풍부한 먹이(곤충)와 그들이 마시고 목욕할 수 있는 물이 있기 때문이다. 게다가 반경 1킬로 내에 봉은사, 청담공원, 도산공원, 학동공원이 서로 숲체인을 이루고 있다는 것도 무시할 수 없는 조건일 것이다.

정릉으로 올라가는 나무계단 주위에는 적송 몇 그루가 멋들어지게 서 있다. 이 또한 도심에서는 보기 드문 눈맛이다.

수원 융건릉

융건릉(隆健陵)은 경기도 화성에 있는 장조(莊祖)와 그의 비 경의왕후를 모신 융릉과 정조와 그의 비 효의왕후를 모신 건릉을 합친 이름이다.

사도세자 장조는 단종과 더불어 500년 왕조사에서 가장 애절한 비극의 주인공이다. 노소당쟁의 희생양이 되어 아버지 영조에 의해 뒤주 속에 갇혀 젊은 나이에 숨을 거두었다. 그리고 그의 아들 정조는 할아버지 영조의 뒤를 이어 당쟁으로 혼란해진 국정을 안정시키고 문화를 크게 발전시킨 현왕이었다. 비운에 간 아버지에 대한 효성 또한 지극했다.

정조가 심었다는 회양목과 효심이 어린 솔숲

융건릉 가는 길목에 용주사가 있다. 정조에 의해 융릉의 원
찰로 중창된 절인지라 가람배치와 전각들의 모습이 마치
궁궐의 부속건물처럼 느껴진다.

대웅전 앞에 천연기념물인 늙은 회양목이 한 그루 서 있
다. 정조가 심었다는 전설을 그대로 받아들인다면, 수령
200년이 훨씬 넘은 우리나라 최고령 회양목이다. 대개의
회양목은 키가 커봐야 1미터이지만, 이 회양목은 무려 4미
터가 넘는다. 근래 들어 노쇠하여 목발에 의지하더니 그 사
이에 나무줄기가 썩어들어 온몸에 시멘트를 뒤집어쓰고
있다. 무성하던 잎사귀도 거의 다 떨어져 아무래도 임종이
가까워진 듯다. 침묵으로 임종게(臨終偈)를 대신하려 함인
가, 바람 끝에 미동도 없이 서 있다.

그나마 다행인 것은 그 동안 절에서 열심히 후계목을 키
워왔다는 사실이다. 경내 곳곳에 후계목이 그득하다. 다만
잎과 가지를 졸부네 집 정원수처럼 함부로 가위질해 놓은
것이 아쉽다.

용주사 경내는 참새들의 세상이다. 추녀의 기왓장 틈이
나 건물의 판벽 사이에 둥지를 틀고는 떼를 지어 다닌다.
참새들이 설쳐대자 박새, 어치, 멧비둘기 들이 자리를 내주
고 대웅전 뒤쪽 숲으로 멀찌감치 물러났다. 경내에 참새가
설치는 것은 별로 좋은 현상이 아니다. 그것은 곧 경내의
숲이 파괴되었다는 증표이기 때문이다.

대웅전 뒤편으로 가면 눈맛 좋은 솔숲이 있다. 연륜을 물
씬 풍기는 노송음삼(老松蔭森)을 돌아보고 융건릉으로 발

정조의 효심이 배어 있는 듯한 용주사 회양목

용주사의 연륜만큼 깊은 맛이 묻어나는 솔숲

걸음을 옮긴다.

융건릉은 용주사에서 불과 한 정거장, 걸어서 10여 분 거리다. 불과 2년 전까지만 해도 운치 있는 느티나무 가로수 그늘을 밟으며 걸어서 다녔으나, 지금은 개발바람이 불어서 옛 분위기는 일찌감치 사라지고 없다. 융건릉 코앞까지 개발붐이 산불처럼 번져서 그 좋던 풍경을 죄다 뒤집어놓았다.

달라진다는 것은 창조가 아니라 또 다른 파괴이다. 변화 속도가 너무 빠르다. 1년 앞을 예측할 수 없는 속도가 우리를 불안하게 한다. 마치 청룡열차에 올라탄 기분이다. 잠시는 즐거울지 모르나, 인간이 그 속도를 오래 견딜 수는 없을 것이다. 시간이 흐르면 자신의 생체리듬에 맞는 속도를 그리워하게 될 것이다. '단순하고 느리게' 움직이는 세상이 그리워진다.

능 입구에 잘 자란 전나무 몇 그루와 노향(老香) 한 그루가 서 있다. 노향은 융건릉이 처음 조영될 때부터 그 자리에 있어온 듯하다. 지팡이를 짚은 채 서서 오가는 자동차 먼지와 매연을 대책 없이 뒤집어쓰고 있다. 줄기 한 가닥은 아예 삭아서 뼈만 앙상하다. 생명 있는 이 역사유물을 어떻게 할 것인가, 심란하다.

향나무. 역사유물이건만 뼈만 앙상하다.

융건릉 정문을 들어서면 오른쪽으로 융릉으로 가는 탐방로가 나 있고, 왼쪽으로는 건릉 가는 탐방로가 열려 있다.

융건릉이 앉은 화산(華山)은 해발 100미터도 안 되는 야산이지만 솔숲이 제법 그윽하다. 이곳의 소나무들은 가까운 광교산, 청계산, 청량산 등지에서 보는 중부내륙형 소나무와 모습이 다르다. 몇몇 자료에는 중남부평지형으로 소개되고 있지만, 그들과도 달라 보인다. 키가 늘씬늘씬한 것을 보아 밀생의 결과만은 아닌, 뭔가 또 다른 형질의 적송이 분명하다.

정조는 이 솔숲을 아버지의 육신처럼 무척 아꼈다. 당시 솔숲에 송충이가 극성을 피우자 정조는 송충이들이 아버지의 육신을 갉아먹는다고 하여 백성들을 동원해 연례행사처럼 송충이를 잡아냈다. 잡은 송충이는 거기서 30리 밖에 있는 빈정포 바다에 버렸는데, 빈정포는 시화호가 생기면서 매립되어 안산 본오동 주택단지로 바뀌었다.

정조의 효성 어린 송충이 구제는 나중에 '빈정포 부적'이라는 민속으로까지 발전한다. 즉 한지에 붉은 글씨로 "빈정포"라고 써서 만든 부적을 소나무에 걸어두면 송충이가 범접하지 못한다는 것이다.

우리 민속의 뿌리는 이렇게 소박한 믿음에서 태어났다.

솔숲길을 넘으면 능역이 펼쳐진다. 명당수는 이승과 저승을 가르고, 왕과 백성의 세계를 구분해 주는 경계선이기도 하다. 또 참배객들에 묻혀 들어올 수도 있는 사된 것들을 씻어내는 벽사의 뜻도 담겨 있다. 그 위에 금교(禁橋)가 놓여 있는데, 여기서 '禁'은 금지(禁止)의 뜻만이 아니라 '王'을 가리키는 말이기도 하다.

융릉에서 배우는 사미율의

융릉은 원래 배봉산에 있었다. 배봉산은 지금의 서울시립대 뒷산이다. 정조가 아버지의 묘를 이곳으로 옮긴 것은 곧 자신의 능지를 미리 정한 것과 같았다.

풍수지리는 지형, 지세, 방위, 지기 등을 인간의 길흉화복에 연결시켜 설명하는 일종의 자연환경학이다. 풍수에서 음택의 비중이 높아진 것은 조선시대에 들어와서인데, 그것은 풍수사상이 유교 이데올로기와 습합되었기 때문이다. 조상들이 편해야 동기감응(同氣感應)으로 후손들이 편하다는 인식이 조선풍수의 줄기이다.

옛사람들은 조상의 묘소를 잘 가꾸는 일로 조상에게 못다 한 효도를 하고자 했다. 또 그것이 후손이 번창하는 길이라고 믿었다. 묘소를 잘 가꾸기 위해서는 무엇보다 주변의 숲을 잘 가꾸어야 한다.

묘소가 망자의 집이라면 숲은 영혼의 울타리이다. 전통적으로 묘소 주변에는 지조와 절개를 상징하는 소나무를 심었다. 능원도 그렇고 민간의 묘지도 예외 없이 도래솔을 심었다. 도래솔은 영혼을 고이 잠재운다고도 했고, 도래솔을 타고 영혼이 승천한다고도 했다. 그래서 도래솔을 베면 해를 입는다는 속신까지 생겨났다.

융릉의 앞쪽에는 활엽수림이 드넓게 자리잡고 있다. 여름날에는 발을 들여놓을 수 없을 만큼 으슥하고 깊다. 지대가 낮아서 다소 습한 기운이 감도는 이곳에는 오리나무, 물오리나무, 왕버들, 물푸레나무 등 비교적 습기에 강한 활엽수가 우점하는 가운데서도 두릅나무, 엄나무, 귀룽나무, 말채나무, 느티나무, 서어나무, 쪽동백, 단풍나무, 때죽나무 등이 보이고 찔레, 국수나무, 진달래, 철쭉, 갯버들 같은 관목도 자란다.

혜경궁 홍씨 경의왕후의 능, 융릉

두릅나무는 봄나물로 유명해서 익히 알고 있는 나무이다. 줄기에 난 가시는 나이가 들면 떨어지며 여름에 흰 꽃이 피었다가 가을에 까만 열매가 달린다. 두릅나무는 대표적인 복엽식물이다. 단엽은 벚나무처럼 가지에서 잎이 하나만 나오는 것을 말하며, 두릅이나 아까시처럼 가지에서 여러 개의 작은 잎[小葉]이 나온 것을 복엽이라고 한다. 그리고 두릅과 아까시는 소엽이 홀수이고, 자귀나무는 소엽이 짝수이다.

엄나무를 개두릅이라고도 한다. 어린 싹은 두릅보다 향이 좋다. 두릅나무처럼 어린 가지에 가시가 있으며 단풍같이 생긴 어른 손바닥만한 잎은 다섯 가닥으로 갈라진다. 역시 여름날 새 가지 끝에 꽃이 피는데 열매는 덩치에 어울리

두릅나무(위)와 엄나무꽃(아래)

우리나라가 원산지인 흰민들레. 노란민들레보다 잎이 엉성하게 생겼으나 희소가치가 있다. 이른봄에 짧은 꽃대가 나와 꽃이 피며 그후 잎보다 꽃대가 더 길어진다. 여느 민들레보다 개체수는 적다.

곤충의 집

지 않게 콩알만하다.

숲과 그 주변에서는 사초과와 볏과 식물을 중심으로 계절에 따라 양지꽃, 맥문동, 쑥, 광대나물, 개불알풀, 민들레, 지칭개, 제비꽃, 물봉선, 달맞이꽃, 현호색, 황새냉이, 달개비, 붓꽃, 애기나리, 까마중, 냉이, 꽃다지, 개별꽃…을 볼 수 있다.

숲속 곳곳에서는 썩은 나무들이 눈에 띈다. 옛사람들은 썩은 나무를 거두지 않았다. 불교 수행자들의 규범인 '사미율의'(沙彌律儀)에도 썩은 나무로 불을 때서는 안 된다는 내용이 들어 있다. 썩은 나무 속에 갖가지 곤충이 살고 있기 때문이다.

이 밖에도 사미율의에는, 불을 보고 날아든 곤충들이 죽지 않게 등불을 덮어라, 산 생명들을 위해 고양이를 기르지 마라, 물을 버릴 때는 그릇을 높이 들지 마라, 물그릇을 쓰고는 엎어두어라, 땅을 쓸 때는 바람을 거슬러 쓸지 마라, 먹는 물은 반드시 걸러서 먹어라는 내용이 들어 있다. 이 모든 것은 살아 있는 생명에 대한 외경에서 비롯된 것이다.

습지를 좋아하는 곤충들과 그들을 먹고 사는 양서류도 함께 숲에서 살아가고 있다. 이른봄이면 명당수 물길과 웅덩이 군데군데에서 북방산개구리와 도롱뇽 알들을 관찰할 수 있다. 그리고 박새류, 동고비, 멧새, 굴뚝새, 붉은머리오목눈이, 오색딱따구리, 청딱따구리, 쇠딱따구리, 멧비둘기, 어치, 꿩, 까치 같은 텃새와 뻐꾸기, 파랑새, 꾀꼬리, 후투티, 찌르레기, 흰배지빠귀 같은 여름새들이 생태계 피라미드를 이루고 있다.

탐조는 나뭇잎이 떨어진 겨울철이 좋다. 물이 질퍽하던 바닥도 뽀송뽀송해져서 나목 사이로 숲을 거니는 느낌이 좋다. 게다가 다른 능숲에서는 쉽게 볼 수 없는 너구리, 멧토끼, 청설모, 다람쥐, 두더지 등 포유류를 비롯하여 능구렁이와 파충류 몇 종도 발견된다.

곤충이나 새나 들짐승을 보고 있노라면 문득 저들은 나 앞서 세상을 뜬 이들의 모습이요, 나 뒤에 인간세상에 올 이들의 모습이라는 생각이 든다. 윤회를 생각게 되는 것이다.

그렇다. 가끔은 생태적 상상이 필요하다. 상상력은 과학을 항상 앞질러 간다. 과학이란 문학적·철학적·종교적인 상상을 현실적으로 구현해 주는 하나의 도구적 학문에 불과하다. 따라서 자연은 모름지기 과학자의 자연이 아니라 시인의 자연이어야 하고, 철학자의 자연이 아니라 수도자의 자연이어야 하며, 어른들의 자연이 아니라 아이들의 자연이어야 한다.

도롱뇽과 도롱뇽 알

숲의 흙길이 좋은 건릉

융릉에서 꽤 떨어진 곳에 건릉이 있다. 건릉으로 가는 솔숲길도 눈맛 좋은 흙길이다. 흙길은 느낌이 좋다. 온몸을 촉촉하고 쾌적하게 감싸주는 듯한 느낌은 땅의 지기(地氣)에서 비롯된다. 같은 거리라도, 흙길 십리와 시멘트길 십리는 육체가 받는 스트레스의 질과 양이 다르다. 그래서 흙길을 살아 있는 길이라고 하는 것이다. 다만 사람들에 의해 땅이 답합된 것이 조금 눈에 거슬린다.

솔숲을 지나면 명당수가 흐르고 그 건너 활엽수들이 만들

건릉 숲길의 그윽함

어내는 숲길이 그윽하다. 무성한 나뭇잎으로 답답해진 여름철보다는 나무들이 잎을 떨군 겨울철 숲길이 더 감동적이다.

숲은 사시장철 울창해서만 좋은 게 아니다. 숲 안에서도 계절이 지나가는 것을 볼 수 있어야 좋다. 무릇 모든 아름다움은 변화와 무상(無常)에서 비롯된다. 낙엽 지는 활엽수는 상록침엽수보다 계절을 확연히 드러낸다. 특히 건릉 주변은 상수리와 신갈나무 등 보기 드문 참나무 단순림으로 이루어져 있어서 더욱 그렇다.

헌데 활엽수들이 너무 기세등등하여 현무솔을 위협하고 있다. 겨우 한 뼘쯤 남아 명맥을 유지하고 있는 현무솔을 그대로 두면 10년 채 안 되어 참나무에 의해 정복당할 것이다.

참나무들이 솔숲을 공격해 들어가는 데는 설치류와 새들이 앞장을 선다. 도토리나 상수리는 알이 굵어서 솔씨처럼 바람을 타고 이동하는 것이 불가능하다. 누군가가 열매를 멀리 옮겨주어야만 종자를 퍼뜨릴 수 있다. 그 역할을 하는 것이 바로 다람쥐, 청설모, 어치 등이다. 이놈들은 낙엽이 어지럽게 쌓인 활엽수보다 솔숲에다 겨울식량을 숨겨두는데, 특히 피톤치드가 많은 솔숲은 먹이가 쉽게 썩지 않아 안성맞춤이다. 그런데 이놈들이 숨겨놓은 도토리를 겨우내 눈이 덮어주거나 아니며 이놈들이 그 장소를 까마득하게 잊어버리면, 도토리는 용케 살아남아 이듬해

싹을 틔운다.

　이렇게 해서 숲은 자연스런 천이를 이루고, 다양한 얼굴
을 갖게 된다. 하지만 능원의 솔숲은 고유한 역할이 따로
있기 때문에 인간의 손에 의해 천이가 차단될 수밖에 없다.

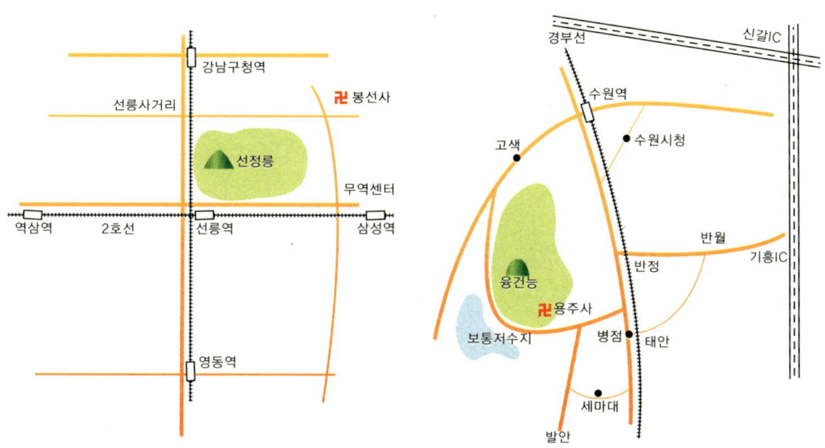

교통
선릉은 지하철 2호선 선릉역에서 내리면 바로 코앞이다. 융건릉은 1호선 수원역에서 내려
로터리 건너편에 융건릉과 용주사행 버스가 10분마다 있다. 승용차로는 수원역－고색－융
건릉－용주사 코스가 덜 복잡하다.

기타
선정릉과 용주사, 융건릉 입구에 식당이 여럿 있다. 식수는 준비해 가는 것이 좋다.

양수리 느티나무

대부도에서 제부도까지

끝없이 밀려와 발 아래 부서지는 하얀 파도, 그 파도 위를
비상하는 바닷새들의 군무, 햇빛 쏟아지는 갯벌 위로 개구
쟁이처럼 쫓아다니는 게, 우스꽝스럽게 꼬리치며 달아나는
망둥이, 갯벌에 머리를 처박고 숨바꼭질 하는 조개들 그리
고 이름도 잊어버린 그들의 많은 친구들… 갯벌은 그대로
가 자연의 벌거숭이다.

우리나라는 갯벌을 가진 지구상의 몇 안 되는 나라이다.

염습식물 대신 갈대와 개망초가 들어찬 마산포
갯벌

해안이 있다고 해서 갯벌이 형성되는 것은 아니다. 간만의 차이가 크고 연안의 경사가 완만하고 파도가 약한 지역이라야 한다. 그리고 가까이에 퇴적물을 실어내는 강이 있어야 한다. 이런 까다로운 조건이 고루 갖추어져야 갯벌이 나타나므로 그만큼 희소가치가 높을 수밖에 없다.

그러나 후기산업사회에 들어서면서 개발론자들에 의해 간척되기 시작하여 상당 면적의 갯벌이 지구 곳곳에서 사라졌다. 그나마 다행히도 최근 갯벌이 바다나 육지보다 단위면적당 생산가치가 높고 갯벌생태계가 파괴될 경우 해양생태계에까지 심각한 오염을 불러온다는 보고가 나오면서, 그 동안 갯벌을 간척했던 선진국들이 다시 갯벌을 살리기 시작했다. 하지만 우리나라에서는 개발론자들의 목소리가 상대적으로 높아 갯벌을 보존하려는 노력이 여전히 미미할 뿐더러 서해안개발 시대가 열리면서 오히려 갯벌이 급속도로 사라지고 있다.

시화호가 생기면서 마산포 갯벌은 육지가 되어 가고 있다.

우리나라에는 서해안과 남해안에 갯벌이 형성되어 있는데, 그나마 간척사업으로 면적이 점점 줄어들고 갯벌환경까지 많이 악화되어 갯벌 원래의 생태를 관찰할 수 있는 곳은 불과 몇 군데 되지 않는다.

영흥도와 선재도 갯벌은 생물상은 다양하지만 서울에서는 당일 코스로 불가능하고, 강화도 남동해안은 생물상이 단조로운 편이다. 또 남양만 일대는 군사지역이어서 출입허가를 얻어야 하는 번거로움이 있다.

이것저것 따지면, 수도권 지역에서는 선감도·제부도를 포함하는 대부도 지역이 무난하다. 생물상도 다양하고 교통도 편리하여 가볍게 찾아볼 수 있는 탐사지다.

백로들이 내려앉아 발을 씻는 대부도 염전

대부도 가는 길에 잠깐 마산포를 찾아보는 것도 의미 있다. 이곳은 한말 때 대원군이 청나라 인질로 잡혀갔던 역사의 현장이기도 하다. 최근까지만 해도 크고 작은 어선이 부산하게 드나들던 갯마을이었으나, 시화호가 생기면서 바닷물이 들어오지 않아 시나브로 육지화 과정을 밟고 있다. 염습식물인 해홍나물이 쓰러진 뒤로 갈대와 개망초가 겁나게 들어섰다. 이 갯벌을 터전으로 천년만년 살아온 고둥이며 게, 망둥이는 어디 가고 주인 잃은 고깃배만 펄 속에 묻힌 채 숨겨 있다. 갯벌의 임종에도 아랑곳없이 사람들은 빵빵거리며 차를 끌고 들어와 운전연습에 정신 없다.

대부도는 원래 옹진군에 속해 있다가 시화호가 생기면서 안산시로 편입된, 경기도에서 두번째로 큰 섬이다. 이 섬은

해안선의 1/5 가량이 갯벌이다. 그리고 나머지의 약 절반은 시화호에 접해 있고 또 절반은 백사장과 바위이다.

시화호가 만든 둑방도로를 타고 대부도로 가는데, 차창 밖으로 썩은 시화호와 채석으로 허리가 잘려나간 야산들이 비명을 지르며 지나간다. 시흥과 화성의 첫 머리글자를 따서 이름붙인 시화호는 애초에 국토를 넓히고 우량 농공지를 확보하여 첨단농업단지와 휴양단지를 조성할 목적으로 만들어졌다. 하지만 지금은 한 달만 물을 가둬도 걷잡을 수 없이 썩어 들어가는 불치의 중병에 걸려 있다.

최근 시화호 주변에서 공룡 화석이 심심찮게 발견되어 주목을 끌고 있다. 1995년 5월부터 해수가 빠져나가고 바닥이 드러나자 공룡알 화석이 곳곳에서 발견되고 있다. 과학자들은 1억 년 전 백악기 때 시화호 일대가 공룡 서식지였을 것으로 추정하고 있다. 그래서 이 일대 480만 평이 천연기념물 제414호로 지정되었다.

탐사지인 방아머리는 시화방조제 첫머리에 있다. 이곳 역시 얼마 전까지만 해도 한적한 섬마을이었으나 유흥시설

총길이 12.7km의 방조제가 만들어낸 동양 최대의 인공호수(왼쪽)와 대부도 염전(오른쪽)

이 줄지어 들어서면서 뒤숭숭하다. 마을 초입의 물이 찬 염
전 위로 백로들이 내려앉아 발을 씻고 있는 모습이며 그 뒤
로 보이는 판잣집 소금창고가 오히려 이국적인 풍경이 되
어버렸다.

방아머리 갯벌은 튼실하게 자란 해송숲에 둘러싸여 있어
서 풍치가 그런 대로 좋다. 물이 빠져나간 갯벌에는 갈매기
들의 날갯짓과 도요새류의 종종걸음이 바쁘다. 이곳 갯벌은
이른바 '임자 없는 갯벌'이다. 정부에서 위락단지로 개발하
기 위해 어민들에게 보상을 끝냈기 때문이다. 그래서 휴일
이면 너도나도 몰려들어 닥치는 대로 주워가고 잡아가서
쑥대밭 직전에 있다.

방아머리 갯벌 좌우 끝간 곳은 암반과 바위여서 따개비
가 군락을 이루고 있다. 물이 들어오면 따개비는 갈고리 같
은 촉수로 물 속의 플랑크톤을 허벌나게 잡아먹다가도 물
이 빠지면 문을 꼭꼭 걸어잠그고는 다음 밀물 때를 기다린

따개비는 몸 속에 감춘 촉수를 이용하여 유기
물이나 미생물을 잡아먹는다.

방아머리 갯벌. 지질은 굵은 모래와 펄이 약 1
대 3 비율로 섞여 있으며 폭은 물이 나간 곳까
지 4km 가량 된다.

왕좁쌀고둥(위)은 몸이 원추형으로 생겼고 굵은 좁쌀 같은 돌기가 나 있다.
갯벌의 청소부 갯강구(아래)

다. 이때 딱딱한 껍질은 수분을 몸 속에 가둬두는 역할을 한다.

삿갓조개도 바위에 붙어사는 연체동물이다. 껍데기가 삿갓 모양으로 생겨 이름이 삿갓조개이다. 파도가 센 곳일수록 껍데기가 두껍고 단단한 종류가 산다.

왕좁쌀고둥도 바위나 자갈 있는 곳을 좋아한다. 흑갈색 원추형 몸체에 굵은 좁쌀 모양의 돌기가 나 있어서 한눈에도 쉽게 구별할 수 있다. 주로 썩은 생물을 먹지만, 더러는 상처입은 갯벌동물을 떼지어 공격하는 바다의 하이에나이다. 맛이 쏩쓸해서 식용은 하지 않는다.

바위가 있는 곳에는 어김없이 갯강구가 기어다닌다. 경상도에서는 바퀴벌레를 강구라고 하는데, 그러고 보면 모양과 생태가 바퀴벌레와 흡사하다. 바닷가 바위나 습기 있는 곳에 떼지어 생활하며, 밤에는 으쓱한 곳에 한데 모여서 잔다. 하지만 파도에 밀려온 것들을 깨끗이 먹어치우는 고마운 청소부이다.

멀리 나가면 펄이 묽어지면서 발이 푹푹 빠져 어떤 곳은 무릎 위까지 쑥 들어가기도 한다. 그래서 깊은 곳에서는 한군데 오래 서 있지 말고 뒤꿈치를 들고 발레 하듯 발을 자주 옮기는 것이 상책이다.

게들의 세상 선감도

이제 선감도로 자리를 옮겨보자.

선감도는 대부도와 육지 사이에 징검다리처럼 놓인 섬이다. 그러나 대부도와 둑방다리로 이어져 있어서 같은 섬으

게들의 세상, 선감도 갯벌

로 착각하기 쉽다.

갯벌이라고 함부로 들어갈 수는 없다. 갯벌은 인근 마을 사람들의 삶의 터전이므로 반드시 사전에 양해를 구해야 한다. 더욱이 갯벌은 갯가사람들이 생계를 위해 대대손손 관리해 온 곳이다. 이들은 조개 한 마리를 잡아도 땅속의 석탄 캐가듯 마구잡이로 캐지 않고 가려서 잡고 키워가면서 잡는다.

이렇게 갯벌출입을 양해 얻었다 하더라도 갯벌생태계가 망가지지 않도록, 관찰생물을 함부로 죽이지 말도록, 관찰 후에는 잡은 것들을 제자리에다 도로 놓아주도록, 장난을 치거나 뛰어다니지 말도록, 마을사람들에게 위화감을 주거나 민폐를 끼치지 말도록… 아이들에게도 미주알고주알 당부해야 한다. 그게 자연에 대한 예의이다.

선감도에는 게가 많다. 개구쟁이로 치면 갯벌에서는 게들이 으뜸이다. 생긴 것부터가 그렇다. 칠게를 비롯하여 밤게, 콩게, 조개치레, 꽃게, 바위게, 두점박이민꽃게 등 다양

주로 펄 속의 미생물과 이끼 같은 규조류를 먹고 사는 칠게와 육식성 밤게, 바다에 사는 가재의 일종인 쏙(왼쪽부터)

한 종류를 만날 수 있다.

갯벌에 구멍을 파고 사는 칠게는 이곳의 터줏대감이다. 길다란 눈자루를 안테나처럼 달고 다니는데, 눈이 커서인지 유난히 겁이 많아 수십 미터 떨어진 곳의 미세한 움직임에도 얼른 몸을 숨긴다. 여름날 개들이 혓바닥을 축 늘어뜨리듯 칠게도 햇살이 뜨거우면 마치 시위를 하듯 집게다리를 하늘로 치켜세우고 다닌다. 그리고 펄에 들어 있는 영양분을 긁어먹고는 흙은 토해 내기 때문에 칠게가 사는 주위에서는 작은 흙더미들을 곧잘 볼 수 있다. 그래도 집은 생각보다 얕게 지어 고작 10센티 정도이다.

길게는 칠게와 생김새가 사촌이다. 칠게는 갯벌지역에 살고 길게는 모래바닥에다 집을 판다. 이름 그대로 길게는 등판이 길고 집게발이 약간 휘어져 있다.

또 몸통이 밤톨처럼 생긴 밤게는 여느 게와 달리 정면을 향해 앞으로 걷는다. 그러다가도 적과 싸우거나 먹이를 공격할 때면 옆으로 걷는다. 민첩하기는 칠게를 못 따라가지만, 이것저것 가리지 않는 육식성이다.

펄털콩게는 이름처럼 크기가 콩알만하다. 그래도 그 속에 오장육부가 다 들어 있고 상대를 만나면 뜨겁게 사랑도

하고 피터지게 싸우기도 한다. 또 우리들 밥상에 곧잘 오르는 꽃게는 밀물을 따라 들어와서 뭐든지 게걸스럽게 먹어 치운다. 꽃게는 집게발이 강해서 웬만한 물고기도 작살이 나고 만다. 그리고 등에 꼭 뭘 지고 다녀야 직성이 풀리는 조개치레, 칠게와 비슷하게 생긴 땅굴파기 명수 세스랑게, 두점박이민꽃게, 바위게 등이 이곳의 게 가족이다.

가재는 게 편이라고 했다. 게를 이야기하면서 가재를 빼놓으면 가재들이 서운해할 것이다. 그러나 이곳에서는 바닷가재는 보이지 않고 대신 그 사촌 격인 쏙이 많이 잡힌다.

민물가재는 바위틈에 몸을 숨기지만, 갯벌의 가재류는 몸을 숨길 데가 없어서 모랫벌에 구멍을 파고 산다. 구멍이 깊으면 그만큼 그 속의 동물들을 관찰하기가 힘들다. 구멍을 파다 보면 길을 잃기 일쑤이기 때문이다. 그래서 간사한 인간들은 철사를 구멍 속에 넣어서 쏙을 잡아낸다.

구멍 속에 숨어 있는 동물의 종류를 알아내기 위해서는 발로 구멍 주위를 밟아서 그 구멍이 반응하는 모습을 보는 것이다. 오랜 경험에서 나온 식별법이다. 쏙은 위협을 느끼면 구멍 밖으로 내부의 흙물을 토해 낸다. 외부의 침입자가 구멍 속으로 들어오지 못하게 연막탄을 뿌리는 셈이다. 하지만 이런 재주 때문에 곧잘 적에게 노출되고 만다.

바닷길이 열리는 제부도

다시 제부도로 발걸음을 옮겨보자.

서해는 어디든 하루에 두 차례씩 밀물과 썰물이 드나든다. 참으로 조화롭다. 밀물과 썰물이 하루에 한 번 혹은 이틀에

촛대바위의 절경

한 번 있었다면 갯벌은 지금의 모양을 가질 수 없었을 것이다. 무엇보다도 햇볕과 바람 때문에 펄이 돌처럼 굳어버릴 것이고 갯벌이 딱딱하게 굳으면 동물이고 식물이고 살아나는 게 없다. 반대로 시간마다 바닷물이 들고난다면 동식물들이 그 숨가쁜 리듬을 도저히 따라가지 못할 것이다.

제부도는 하루에 두 차례 썰물 때마다 바닷길이 열리는 신비의 섬이다. 게다가 촛대바위 절경과 모래가 고와서 수도권에서는 피서 1번지로 손꼽힌다. 사람들의 발길이 사철 끊어지지 않아 진작 망가졌을 법한데도 아직 건재하다. 생물종의 다양성도 대부도나 선감도에 결코 뒤지지 않는다.

앞의 두 섬보다 제부도는 모래성분이 많아 물이 맑은 편이다. 모래밭에서 200미터는 나가야 펄을 만날 수 있다.

갯벌은 전문용어로 조간대라고 한다. 조간대의 생태계는 침수와 노출로 인해 건조, 파랑, 온도, 염분 등 환경조건이 극단으로 변하는 가혹한 환경이다. 따라서 같은 지역이라도 조건에 따라 갯벌생물들은 저마다 사는 동네가 다르며 서식형태가 매우 다양하다. 퇴적물 표면에 서식하는 표서생물은 주로 기어다니면서 갯벌에 부착된 유기물을 긁어먹고 부상당하거나 죽은 생물을 먹고 산다. 반내서성 동물은 퇴적물에 구멍을 파고 살면서 주위 표층에서 먹이를 구한다. 내서동물은 아예 밖으로 나오지 않고 펄 속에 살면서 그 속에서 먹이를 취한다.

모랫벌에서는 비단고둥류가 눈에 많이 띈다. 비단고둥류는 대개 2센티 미만의 소형 고둥이다. 파도에 밀려 모래 위로 나오면 강력한 발을 이용하여 껍데기를 회전시켜 모래 속을 파고 들어가는 기똥찬 재주를 가졌다. 그래서 맷돌고둥이라고도 한다.

비단고둥 중에서 가장 아름다운 것을 꼽으라면 서해비단고둥이다. 공깃돌보다 작은 것이 아름다운 방사선 무늬가 있어서 앙증맞다. 아이들은 짙은 잿빛의 이 고둥을 주워 공깃돌놀이를 한다. 여느 고둥처럼 원추모양이지만 단단한 모래 속에 숨어지내기 알맞게 납작하다. 집단성이 강해서 수십 수백 마리가 한꺼번에 몰려살기도 한다.

그리고 고둥들의 천적 집게. 조개등에 구멍을 낼 만큼 포악한 고둥들도 집게를 만나면 꼼짝못한다. 집게는 고둥을 공격하여 속살을 빼먹고는 능청스럽게 그 안에 들어가 산다. 간혹 집을 얻지 못해 알몸으로 기어다니는 집게도 있는데, 술값에 바지를 빼앗긴 이춘풍마냥 꼴이 말이 아니다. 집을 못 구한 집게는 깨어진 고둥껍데기라도 뒤집어써야 한다.

딱총새우도 심심찮게 보인다. 서해안 갯벌지역에 사는 작

비단고둥 중에서 가장 아름다운 서해비단고둥

고둥들의 천적 집게(위)와 딱총새우(아래)

건강망. 썰물 때는 갖가지 신기한 바다생물을 볼 수 있다.

은 새우이다. 물이 빠져나간 뒤 얕은 갯고랑에서 쉽게 발견되는데, 위기에 닥쳤을 때 꼬리로 딱딱 소리를 낸다고 해서 딱총새우이다. 원래는 물에 떠서 살지만, 급할 때면 갯벌에 납죽 엎드려 위기를 모면하기도 한다.

이 바다에 사는 모든 생물도 사람처럼 병을 앓을 것이다. 해양오염 등으로 더했으면 더했지 덜하지는 않을 터이다. 몸져누워 있을 때는 만사가 귀찮다. 따개비도 그럴 테고, 달랑게도 그럴 테고, 왕줄쌀무늬고둥도 예외는 아닐 것이다.

그런데 우리는 이 바다에 와서 단 한 번도 그들의 몸살을 생각해 본 적이 없다. 생각은커녕 이 갯벌에 와서 그들의 잠자리를 쑥대밭으로 만들고 그들의 밥상을 짓뭉개놓고 온갖 쓰레기들을 퍼질러놓고 아무 일도 없었던 것처럼 돌아간다.

제부도에서 또 하나 빼놓을 수 없는 것은 곳곳에 설치되어 있는 건강망이다. 건강망은 탐방객들에게 신기한 볼 거

갯지렁이

리를 선사한다. 밀물 따라 들어온 물고기, 새우, 꽃게 들이 썰물 따라 나가다가 꼼짝없이 이 그물에 걸려들기 때문이다.

이 밖에 어미를 따라 먼바다로 나아가지 못하고 물웅덩이마다 올챙이처럼 모여 있는 망둥이새끼를 비롯하여 파운데이션의 원료가 된다는 털보집갯지렁이, 거미처럼 다리가 가늘고 긴 거미불가사리, 갯벌 친구들은 헤아릴 수 없이 많다.

또 바닷길 길섶에는 해당화도 몇 그루 보인다. 밀물이 들어왔을 때는 산에 올라가 식생이나 곤충을 탐사해도 재미있다. 계절만 맞아떨어진다면 돌아오는 길에 포도밭을 들러보는 것도 좋다. 시화호가 생기면서 어업을 잃게 된 어민들이 대거 포도농사로 몰려들어 이 지역은 어딜 가나 포도밭이다. 이곳 포도는 8월 중순부터 9월 말까지가 적기이다.

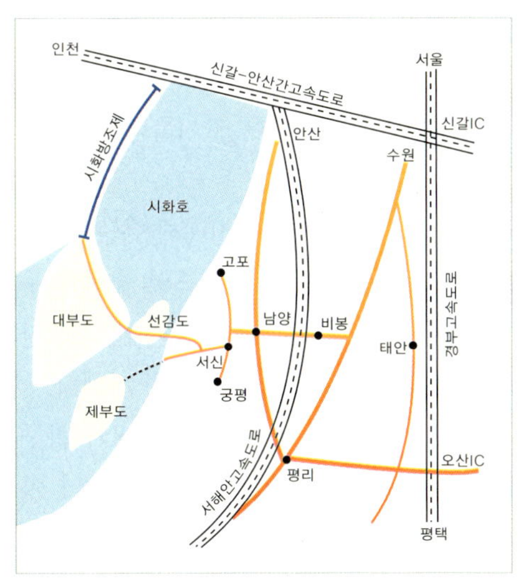

조종천

중국 제나라 때 한 부자가 백성들을 초대했다. 어떤 사람이 그에게 싱싱한 물고기와 맛 좋은 기러기를 선물로 바쳤다. 그러자 부자는 이 지상에다 먹을 것을 푸짐하게 창조해 준 데 대해 하늘에 감사했다. "하늘은 참으로 후하기도 하구나! 물고기와 새를 만들어 우리들을 마음껏 먹게 하다니!" 그때 부모를 따라온 한 아이가 나서서 말했다. "그것은 틀린 말씀입니다. 천지만물은 우리와 더불어 살아가고 있을 뿐, 그 어느 것도 귀하고 천한 것이 없습니다. 모기는 사람 피를 빨아먹고 삽니다. 그렇다면 사람은 모기를 위해 태어났습니까?"

그렇다. 산업혁명 이후 지금껏 세계를 지배해 온 큰 흐름은 부자와 같은 그런 생각이었다. 인간을 우주의 중심에 두고 자연을 하나의 소비재로 보는 그런 생각이 수세기 동안 세계를 지배하면서 지구의 자연파괴를 주도해 온 것이다.

다행히 지난 세기 말부터 환경문제가 인류 최대의 화두로 떠오르기 시작하면서, 자연은 인간을 위한 소비재가 아니라 공존하는 생명체라는 생각이 조금씩 동감을 얻어가고 있다. 하지만 자연과 인간의 합일이 세계사의 큰 주류가 되기까지는 아직 길이 멀다.

향수를 느끼며

경기도 가평은 거리도 가깝고 교통도 편리해서 서울사람들이 즐겨 찾는 교외 가운데 하나이다. 가평은 경기도에서 자연이 가장 수려하다. 특히 조종천 지역은 여름이면 아직도 반딧불이를 볼 수 있을 정도로 건강상태가 좋은 곳이다. 그래서 환경부와 환경단체들이 '이곳만은 살리자'며 자연생태계 보전지구로 지정했다. 이런 한편으로 환경단체들로부터 경기도에서 자연을 가장 학대하는 곳으로 눈총받고 있는 곳이 또 가평이기도 하다. 특히 조종천 지역은 지자제 이후 가평군이 국민관광지로 지정하여 거의 난개발을 한 곳으로 알려져 있기도 하다.

그런데도 많은 사람들이 아직도 조종천에 대해 '향수' 같

운악산과 겨울 조종천

은 감정을 지니고 있는 것은 조종천의 미래에 거는 희망 때문일 것이다. 이번 걸음은 귀향하는 심정으로 조종천을 찾아간다.

가평은 백두대간 한북정맥의 환승역과 같은 고원지대이며 북한강 본류가 지나가는 강마을이다. 금강산 옥전봉에서 발원하여 휴전선을 넘어 양구를 거쳐 춘천으로 내려온 북한강 물줄기는 춘천에서 소양강을 만나 가평땅으로 접어든다. 가평에서 홍천강을 만나 청평댐을 넘어선 북한강 줄기는 청평에서 조종천을 얼싸안고 양수리로 내달아 남한강과 합방한 뒤 팔당호를 넘어 서해로 흐른다.

산맥(山脈)과 수계(水系)는 우리 몸의 경혈(經穴)과 같아서 그 지역의 자연을 진맥하는 기초가 된다. 특히 가평의 명당수인 조종천은 가평지역의 총체적인 환경지표이다.

현리에서 현등사 앞을 지나 도로가 끝나는 곳부터 조종천 최상류이다. 여름 한철 빼고는 찾는 이들도 별로 없는 호젓하고 청정한 계곡이다.

그러나 그 아래쪽부터는 유원지화되어 계곡의 생채기가 곳곳에서 눈에 밟힌다. 행락객의 나들이가 시작될 무렵이면 사람들은 계곡물을 좀더 확보하기 위해 서둘러 물 속의 낙엽들을 긁어내고 중장비를 동원해 강바닥을 깊이 파낸다. 물 속의 낙엽을 긁어내면 수서곤충이 살아남기 어려워지고, 강바닥을 뒤집어놓으면 물고기가 산란을 못하게 된다는 것을 그들은 모른다. 수질은 분명 1급수인데 1급수 물고기가 거의 보이지 않는 것도 그런 데서 비롯된다.

조종천 상류의 생태계가 이처럼 무너지기 시작한 것은

넓은 차로가 나면서부터다. 우마차나 겨우 다니던 산길이 넓어지고 포장되면서부터 사람들이 차를 몰고 손쉽게 들어서게 된 것이다. 봄부터 가을까지 주말이면 자동차가 도로를 가득 메운다. 그래서 조종천에 오면 환경용량을 생각하게 된다.

사실 도로는 함부로 내는 게 아니다. 자연을 지키려면 행락객들에게 편리를 제공할 것이 아니라 불편을 제공해야 한다. '불편'은 청정한 자연을 찾는 이들이 지불해야 할 기회비용이나 다름없다.

논둑콩에 담긴 조상들의 환경윤리

상판리를 내려오면 석거리에 현등사로 가는 길이 나 있다.

명지산과 귀목봉이 만들어내는 계곡들이 있는 조종천 상류

운악산은 암산이라 등산객들도 즐겨 찾지만 식생이 다양해서 생태기행에서는 숲을 주제로 자주 찾는 곳이다. 조종천 상류 주변의 산들은 거의가 2차림이지만 천연덕스럽게 원시림을 닮아 있다. 그만큼 숲이 울창하고 생태계가 건강하다는 이야기이다.

평소 숲에 관심을 가져온 사람이라면 이 지역의 숲이 여느 산의 숲과 다르다는 것을 얼른 알아차릴 것이다. 흔히 산에서는 소나무가 위쪽에 자리하고 참나무가 아래쪽에 자리한다. 그런데 이 지역의 산에서는 위쪽에 신갈나무를 중심으로 활엽수가 자리잡고 소나무는 아래쪽에 자리잡고 있

텃새인 까마귀는 잡식성이며 지능이 매우 뛰어난 새이다.

다. 겨울에 가면 이런 구조가 더욱 확연하게 드러난다.

운악산도 마찬가지다. 현등사로 가다 보면, 참나무숲은 아래쪽 솔밭을 한참이나 지나서야 비로소 만날 수 있다. 오히려 소나무가 잡목으로 보일 정도로 참나무숲이 울창하다.

조종천을 끼고 석거리를 지나면 하판리–신상리–신하리–현리로 이어진다.

까마귀는 텃새이지만, 이 지역에서는 겨울에 까마귀가 더 많이 보인다. 주로 숲속에 살다가 먹을 것이 부족한 겨울이 되면 들녘으로 내려오기 때문이다. 까마귀는 텃세가 심해서 맹금류도 그들의 영역에 함부로 들어가지 못한다. 흔히 기억력 없는 사람을 가리켜 "까마귀고기를 먹었나?" 하지만, 까마귀만큼 지능이 뛰어나고 기억력이 좋은 새도 흔치 않다. 사냥한 먹이를 종류별로 나누어 여기저기 저장할 만큼 뛰어나다는 보고도 있다. 그리고 '오합지졸'(烏合之卒)이라면서 까마귀무리를 우습게 보는데, 멧토끼나 고라니 같은 포유류를 사냥을 할 때 보여주는 팀워크는 놀라울 정도라고 한다.

하판 쪽으로는 강폭이 좀 넓다. 칼봉산에서 내려오는 마일천이 합류하기 때문이다. 마일천말고도 조종천에는 길고 짧은 가지내〔支川〕가 많다. 상류에서부터, 갈매봉 골짜기에서 내려오는 노채천, 현리를 눈앞에 두고 상동마을에서 내려오는 상동천, 매봉계곡에서 내려오는 대보천, 축령산에서 내려온 임초천 등이 있다. 하지만 곳곳에 유원지며 축사, 별장이 들어서면서 많이 훼손되어 이 가지내들도 이제 더 이상 안전지대가 아니다.

조종천에는 길고 짧은 가지내가 많으며, 이 가
지내들 합류지역에 연등벌 등 평야가 있다.

조종천의 농경지는 주로 가지내 합류지역에 분포되어 있
다. 특히 신상리-현리-연하리 지역은 평야가 퍽 넓어서 예
부터 연등벌이라고 불렀다. 여유가 있다면 논길이나 논둑길
을 한 번쯤 걸어보는 것도 좋을 것이다.

모심기가 끝나면 농부들은 논둑콩을 심는다. 옛날에는
논둑콩을 심을 때 세 알씩 심었다고 한다. 한 알은 땅속의
곤충들을 위하여, 또 한 알은 새들을 위하여, 나머지 한 알
은 사람들의 양식을 위하여. 이것이 조상들의 자연과 인간
의 공존 방식이다.

늦은 감이 없지 않으나, 최근 들어 환경윤리에 대한 논의
가 활발해진 것은 퍽 다행한 일이다. 다만 우리 문헌이나
풍속에 나오는 조상들의 환경윤리를 좀더 심도 있게 연구
하는 작업이 아직 미진하다는 것이 유감이긴 하지만.

명나라 의존의 시절을 말해 주는 조종암(祖宗岩)과 원로 어류학자 최기철 박사

한 어류학자의 민물고기 사랑

연등벌에서 수동으로 넘어가는 362번 지방도로를 타면 축령산 자연휴양림으로 이어지는데, 봄꽃이 유명해서 찾는 이들이 많다. 그리고 연등벌을 지나 청평으로 내려가면 대보단으로 가는 길이 나온다. 그 강변길을 따라가면 조종천 지명의 유래가 된 조종암이 왼쪽 산기슭에 있다.

1683년 가평군수와 지방의 유림들이 명나라 의종이 쓴 "思無邪"(사무사)와 선조의 "萬折泌東"(만절필동) 글씨를 바위에 새겨놓고는 조종암이라고 이름하였다. '조종'(祖宗)이란 조선의 뿌리가 중국 명나라에 있다는 의미이다. 그 뒤 임진왜란 때 명나라가 지원군을 보내준 데 대한 보은의 뜻으로 1804년 조종암 부근에 기념제당을 세운 것이 지금의 대보단이다. 그전에는 '조종천'말고 아름다운 우리 지명이 있었을 것이다. 이곳을 찾을 때마다 그게 아쉽고 궁금하다.

조종천 하면 학교나 환경단체에서는 주로 민물고기를 떠올린다. 이곳은 수도권에서 가장 즐겨 찾는 민물고기 탐사지이기 때문이다. 특히 대보단 구간은 원로 어류학자 최기철 박사의 가슴 뭉클한 감동이 흐르는 곳이다. 힘든 노구에도 불구하고 어린 학생과 시민들을 인솔해 우리 물고기에 대한 애정을 보여주던 곳이기도 하다.

물고기 탐사는 조종천 산철쭉이 져야 제철이다. 그 무렵이면 거의 모든 민물고기가 산란을 끝낸다. 조종천의 물고기 탐사는 현리에서 산장유원지에 이르는 중류구간에서 주로 이루어진다. 특히 대보단 위아래 구간은 강폭도 비교적 넓고 지형에 따라 유속도 다양해서 여러 종류의 물고기들이 나타난다.

물고기들은 수질에 매우 민감하다. 또 수질에 따라 사는 종이 달라서 수질의 지표종이 된다. 굳이 수질검사를 안 해도 서식하는 고기 종류와 개체수를 보면 그곳의 수질을 대충 알 수 있다.

몇 해 전까지만 해도 조종천은 서울 가까운 북한강 지류치고는 수질이 좋은 편이고 수량도 많았다. 이름만 들어도 상큼한 수박냄새가 나는 1급수 민물고기들이 대보단 구간까지 내려와 살았다. 토박이들의 이야기를 들으면 한때는 어름치까지 살았다고 한다. 그러나 지자제 이후 상류 쪽이 난개발되면서 수질이 급격하게 떨어져 현재 이 구간은 2~3급수 물고기가 실세를 이룬다. 게다가 가평군이 인근에 골프장을 허가하고 도로확장시설을 하면서 대보단 일대에도 난개발이 시작되었다니 실로 우려가 아닐 수 없다.

지구상에 존재하는 민물고기는 약 1만여 종으로 보고 있다. 우리나라에는 남북한 합쳐서 약 190여 종이 살고 있는데, 그중 40종은 우리나라에만 사는 특산종이다. 중국의 200종과 일본의 80종에 비해 상당히 적지만, 좁은 국토와 삼면이 바다에 둘러싸여 있는 지리적 조건을 감안하면 그래도 많은 편에 속한다. 특산종은 그 지역에서 멸종되면 세계적으로 멸종된다는 것을 의미한다. 특산종을 생명문화재라고 하는 까닭도 거기에 있다.

조종천의 우리나라 특산종으로는 쉬리, 배가사리, 참종개, 새코미꾸리, 납줄갱이, 긴몰개, 돌마자, 미유기, 퉁가리, 얼룩동사리 등이 있다. 특히 가평사람들이 지켜야 할 의무

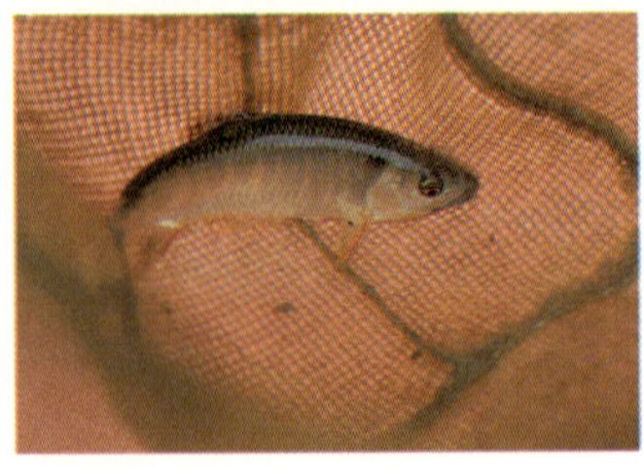

갈겨니(위)는 생김새는 피라미와 비슷하지만
성질이 까다로워 2급수에 산다.
피라미(아래)는 우리 민물고기 가운데 출현빈
도가 가장 높으며 3급수에서도 잘 견딘다.

가 있는 물고기들이다.

일생을 민물에서만 서식하는 것을 1차 담수어라 하고 바다와 민물을 오가는 회유성 민물고기를 2차 담수어라고 부른다. 팔당댐이 생기기 전까지는 조종천에도 2차 담수어들이 올라왔으나, 현재는 1차 담수어밖에 나타나지 않는다.

보고서에 따르면 조종천에는 54종의 어종이 살고 있지만, 일반인들이 쉽게 관찰할 수 있는 종류는 10종 안팎이다. 그 가운데 절반 가량은 족대(반두)로도 손쉽게 포획할 수 있다.

갈겨니는 피라미와 비슷하게 생겨서 흔히 혼동한다. 몸집에 비해 눈이 크고 검어 별명이 왕눈이다. 몸 양쪽에 세로로 검은 띠가 있으며, 특히 갈겨니의 혼인색은 조종천에서도 소문이 자자할 정도로 화려하다. 주로 물 속에 사는 곤충들을 잡아먹고 산다.

피라미는 우리 민물고기 중 출현빈도 1위에 올라 있다. 낚시꾼들이 잡어의 대명사로 부를 만큼 조종천에서도 왕성한 번식력과 적응력을 자랑한다. 몸은 납작하고 옆으로 길다. 수컷은 번식기에 이르면 청록색 얼룩무늬를 띠고 뒷지느러미가 길어지며 사춘기 아이들의 여드름처럼 주둥이에 하얀 돌기[추성 追星]까지 돋는다. 물을 거슬러 올라가는 힘이 세어서 여울을 좋아하기 때문에, 낚시꾼들은 이 성질을 이용해서 견지낚시로 낚는다.

또 조종천에서 개체수가 많기로 세 손가락 안에 드는 돌고기가 있다. 옆구리에 흑갈색의 굵은 줄이 나 있어 초심자들도 금방 이름을 외운다. 비교적 흔하고 또 생명력이 강해서 집에서 기르기도 하는데, 밤중에 다슬기를 입에 물고 어항벽이나 돌에다 대고 탁탁 쳐서 홈집을 내어 뾰족한 입으로 내장을 꺼내 먹는 놀라운 재주를 목격할 수도 있다.

물이 맑은 지천에서 주로 관찰되는 꺽지는 몸색깔을 자주 바꿔 물 속의 카멜레온이라는 별명을 가지고 있다. 육식성이라 매우 공격적이다. 바위틈에 몸을 숨기고 있다가 먹잇감이 지나가면 비호같이 덤벼들어 집어삼킨다. 외래종인 베스나 블루길도 꺽지 앞에서는 얼씬도 못한다. 큰 것은 어른 한 뼘이 넘는다.

조종천 하류의 자갈 많은 곳에서는 얼룩동사리가 잡힌다. 낮에는 물 속 바위 밑에 숨어 있다가 밤이 되면 서서히 밖으로 나오는데, 얼룩동사리는 헤엄 치는 솜씨가 변변찮아 먹이를 추적하기보다 가만히 있다가 먹이가 눈앞에 알짱거리면 순식간에 낚아챈다. 수질오염에 비교적 강해서 집에서도 쉽게 키울 수 있다.

그리고 물 맑고 흐름이 급하지 않은 지천에서는 버들치를, 물흐름이 빠르고 돌이 많은 여울에서는 쉬리를, 모래가 깔린 깨끗한 곳에서는 기름종개, 물이 고여 있거나 느린 자갈밭에서는 동사리를 만날 수 있다.

마치 주근깨처럼 자잘한 점이 온몸에 박혀 있는 참마자며 배지느러미가 빨판으로 변한 밀어, 빠가사리라고 부르는 대농갱이, 검은 반점의 황금빛 몸에 입이 아래로 튀어나온 모래무지, 커다란 갈색 점무늬가 특징인 참종개, 청색 줄무늬가 길게 나 있는 붕어 사촌 납줄갱이, 망둥이를 닮은 꾹저구, 두툼한 주둥이에 꼬리지느러미가 깊게 갈라진 배가사리도 빼놓을 수 없다.

옆구리의 흑갈색 굵은 줄이 특색인 돌고기(위) 꺽지(가운데)는 아감덮개 뒤에 눈같이 생긴 청록색 동그란 무늬가 있어서 생김새가 비슷한 다른 종과 쉽게 구별할 수 있다.
얼룩동사리(아래)는 큰 입을 이용해 작은 물고기나 수서곤충을 잡아먹고 사는 육식성이다.

쉬리, 종개, 꺽저기(위에서부터)

물고기는 지형에 따라 사는 종류가 다르고 종류마다 생 김새도 다른데, 이는 오랜 세월 동안 자연환경에 적응해 온 결과이다.

그래서 비교적 얕은 물 속에 사는 피라미, 갈겨니, 살치, 끄리는 대개 몸이 길고 납작하면서 뒷지느러미가 발달해 있다. 얕으면서도 물살이 있는 여울바닥에 사는 밀어나 동 사리는 양쪽 지느러미가 빨판 모양이다. 그리고 물살이 센 여울에는 몸통이 길고 둥글며 등지느러미가 발달한 쉬리, 돌마자, 배가사리 등이 산다.

또 미유기, 퉁가리, 대농갱이, 자가사리 등은 바위나 돌 틈을 비집고 들어가 먹이를 찾는 습성이 있어서 머리가 납 작한 게 특징이다. 모래무지나 미꾸라지처럼 강바닥을 기어 다니듯 하면서 먹이를 찾는 물고기는 몸이 길고 주둥이가 아래쪽으로 휘어지고 수염이 달려 있다. 얼룩동사리나 꺽지 같은 육식성 물고기는 카멜레온처럼 주위 색깔에 따라 몸 의 색깔이 변화무쌍하게 바뀐다. 붕어나 잉어처럼 물흐름이 느린 강이나 웅덩이에 사는 것들은 비늘과 지느러미가 비 교적 크다.

요즘 우리 민물고기를 관상용으로 기르는 사람들이 늘어 나고 있다. 금방 싫증나는 열대어나 비단잉어보다 친근감도 가고 은근한 아름다움이 있어서 좋다. 아이들에게 자연공부 도 될 뿐 아니라, 잘만 키우면 멸종위기의 우리 물고기들을 구할 수 있는 한 가지 방안도 될 것이다. 초심자라도 붕어, 참붕어, 송사리, 미꾸라지, 각시붕어, 돌고기, 메기, 모래무 지, 밀어, 버들치, 얼룩동사리, 잉어 같은 것은 집에서 쉽게

기를 수 있다. 그러나! 강에서 함부로 잡아와서는 안 된다. 방생(放生)의 의미도 있고 하니 가까운 시장이나 수족관에서 구해서 한 번쯤 길러봄 직하다.

야생화와 곤충 공부의 적지

이왕 짐을 풀었다면 야생화와 곤충도 함께 살펴보면 좋을 것이다. 대보단이 자리한 중류구간은 야생화와 곤충 공부에도 적지이다.

여름날 풀밭이나 숲속에서 흔히 보는 짚신나물, 헌칠하게 키가 크고 여름이면 하얀 꽃이 피는 산꿩의다리, 물기 촉촉한 바위틈에 자라는 돌나물, 독성이 있는 여름꽃 여로, 환경부가 보호종으로 지정한 솔나리, 물봉선, 큰노루귀, 참취, 곰취, 동자꽃, 말나리, 산수국, 달맞이꽃, 단풍취, 오리방풀, 큰앵초, 노랑제비꽃, 태백제비꽃, 모데미풀, 양지꽃… 이 모두가 강변 풀밭이나 산 숲에서 흔히 만날 수 있는 조종천의 야생화 식솔이다.

천렵을 할 때쯤이면 동자꽃이 핀다. 깊은 산속 숲이나 높은 산의 초원에 사는 동자는 대개 50센티 가량 키가 자라지만 1미터까지 웃자란 것들도 있다. 초여름에 꽃이 피기 시작하여 가을에 열매를 맺으며, 곧추 올라오는 줄기가 자라면서 옆으로 휘어지기도 한다. 동자꽃은 관상용으로 가치가 높아서 일본에서는 재배도 한다.

조종천 생태보전지구에서 볼 수 있는 곤충은 무려 800여 종이라고 보고되고 있다. 서울에서 1시간 거리의 지역이라고는 믿어지지 않을 정도로 다양하다. 모시나비, 큰멋쟁이

동자꽃. 한해살이 식물이며 줄기나 곁가지 끝에 붉게 피는 꽃의 꽃받침이 특이하게 생겼다.

날개가 반투명한 모시나비(위)와 다슬기(아래).
조종천에는 참다슬기, 곳체다슬기, 주머니알다
슬기, 좀주름다슬기가 서식하고 있다.

나비, 은판나비, 제비나비, 왕잠자리, 밀잠자리, 방아깨비, 실베짱이, 왕귀뚜라미, 우수리여치, 칡범잠자리, 깃동잠자리, 붉은좀잠자리, 늦털매미, 명주딱정벌레, 풍뎅이, 톱사슴벌레, 알락하늘소… 아이들의 관찰기록장에 쉽게 오르는 곤충들의 주민등록표다.

어디서 날아왔는지, 모시나비 한 마리가 바짓가랑이에 붙어서 날아갈 줄 모른다. 나비는 날개에 비늘가루를 묻히고 다니지만, 모시나비는 비늘가루가 적어서 반투명하게 보인다. 그래서 '모시'라는 이름도 붙었을 것이다. 봄에 나타나는 애벌레는 주로 현호색과 산괴불주머니의 잎을 먹고 어른이 되면 기린초, 애기똥풀, 나무딸기, 미나리냉이의 꽃에서 꿀을 즐겨 빤다.

조종천의 반딧불이

조종천 하면 반딧불이를 떠올리는 이들이 많다. 근래 난개발이 이루어지면서 본류에서는 많이 사라졌지만, 여름밤 가지내 주변에서는 아직도 영롱한 반딧불을 반갑게 만날 수 있다.

조종천의 반딧불이 종류는 크게 애반딧불과 늦반딧불이다. 애반딧불이는 초여름부터 나타나고, 늦반딧불이는 가을까지 관찰된다. 덩치는 늦반딧불이가 훨씬 크다. 인터넷에 올라온 보고서에 따르면, 애반딧불이는 신하리와 불기 지역에서 주로 관찰되고 늦반딧불이는 물이 오염되지 않은 상류와 마일천·대보천·상동천 지역에 주로 나타난다. 반딧불이의 애벌레들은 다슬기를 먹기 때문에 반딧불이의 출현지역과 다슬기 서식지는 상관관계가 있다. 그래서 다슬기는 주로 가지내와 본류가 만나는 지역에서 많이 볼 수 있다.

대보천은 물 속에 사는 수서곤충을 공부하기에도 썩 좋은 곳이다. 수서곤충은 크게 물 속에서 일생을 보내는 종류와 어린 시절만 물 속에 사는 종류 두 가지가 있다.

어린 시절 1년여를 물 속에서 보내다가 밖으로 나와서 어른이 되는 하루살이, 작은 모래와 식물성 재료를 버무려 집을 짓는 날도래, 몸이 잘려나가도 죽지 않고 오히려 분화하는 플라나리아, 오랜 세월 물 속의 낙엽 사이에서 살다 보니 몸이 옆으로 납작해진 옆새우, 물이 맑고 찬 계곡을 좋아하는 강도래, 어린 물고기까지 잡아먹는 물 속의 사냥꾼 잠자리 애벌레… 대보천에서 쉽게 만날 수 있는 수서곤충들이다.

물흐름이 정체된 웅덩이나 논에는 물달팽이도 있다. 주로 물 속의 흙바닥을 기어다니면서 유기물을 긁어먹고 사는데, 다슬기와 달리 생김새가 둥글고 크며 껍데기는 내장이 비칠 정도로 반투명하다. 당연히 껍데기가 연약해서 작은 충격에도 잘 부러진다.

대보단 앞에서 강줄기를 따라 내려가면 도로와 점점 멀어지면서 인적이 드물어진다. 여름에도 행락객이 별로 눈에 띄지 않는 호젓한 이곳에서는 물을 좋아하는 청호반새, 물총새, 물떼새, 노랑할미새 같은 여름새를 만날 수 있다.

대보단에서 다시 나와 청평으로 내려가면 오른쪽으로 아침고요수목원으로 가는 길이 나 있다. 가는 길 곳곳에는 시퍼렇게 우거진 잣나무밭이 펼쳐진다. 지금도 가평은 전국에

서 잣을 가장 많이 생산하는 곳이지만, 가평 잣농사도 인건비 상승과 중국산 수입으로 난국에 처해 있다.

잣나무의 솔방울을 '송아리'라고 하며, 우리가 먹는 잣은 이 송아리 안에 들어 있는 잣나무의 종자이다. 대개 송아리 하나에 130개 안팎의 잣이 박혀 있다. 송아리는 나무꼭대기 가지 끝에 달리기 때문에 따기가 여간 어렵지 않다. 그래서 한때는 대만에서 원숭이를 데려다 훈련을 시켜 잣을 따게 했으나, 손발에 달라붙은 송진을 떼어내느라 일의 능률이 오르지 않아서 결국 포기했다는 이야기도 있다.

아침고요수목원은 축령산 북동 경사면에 자리잡고 있다. 건국대 한상영 교수가 설립한 이 수목원은 산림욕이나 꽃 구경을 하러 오는 이들이 봄부터 가을까지 끊이지 않는다.

산장유원지에서 읍내 청평교까지 구간은 계곡의 폭이 넓고 수심이 비교적 얕은 하류이다. 이 구간은 가평군에서 국민관광단지로 개발하여 혼란스럽기 짝이 없는 유원지가 곳곳에 들어서 있다. 각종 편의시설이 빼곡이 들어차 있는 만

큼 조종천 구간에서도 행락객의 밀도가 가
장 높은 지역이다. 밀도가 높은 만큼 환경에
미치는 영향도 크다.

내수면연구소 양식장

　냇가에는 피서객들이 물 속의 돌로 군데
군데 보를 쌓아 수영장처럼 만들어놓고 물
장난을 친다. 물 속의 돌을 함부로 뒤집는
것은 물고기들을 죽이는 것과 다름없다. 돌
을 뒤집으면 돌에 붙어 있는 부착조류와 수
서곤충 같은 저서생물들이 죽게 되고, 저서생물이 살 수 없
는 곳은 물고기도 살기 어렵다.

　하류 쪽으로 내려올수록 강폭이 조금씩 커지면서, 조종
교 부근에 이르면 탁도도 크게 떨어져 수질도 3급수를 밑돈
다. 이 구간에서는 물흐름이 느리거나 정체된 모래바닥에
나타나는 말조개가 이따금 올라오는데, 말조개와 검정말은
3급수 친구 사이다. 그래서 군데군데 검정말이 군락을 이루
고 있다.

　돌아오는 길에는 청평읍내에 있는 내수면연구소를 탐방
해 보는 것도 좋을 것이다. 연구소 안에는 다양한 어류표본
이 전시되어 있고 야외 양어장에서는 풀을 먹고 사는 중국
원산의 초어를 비롯하여 각종 민물고기를 키우고 있다.

　생태기행에 대한 글을 쓰다 보면 가끔 자연에 죄를 짓는
기분이 들 때가 있다. 돼먹지 못한 이들이 정보만을 갖고
이것저것 바리바리 싣고 함부로 찾아나서 오히려 생태계를
파괴시키지 않을까 염려되기 때문이다. 그래서 가능하면 여
러 사람들에게 널리 알려진 곳을 '생태적으로 다시 돌아보

는' 차원에서 글을 쓰게 된다.

자연생태계는 철조망을 두르고 지켜야 할 곳도 있지만, 널리 알려서 지켜야 할 곳도 있다. 가평 조종천 지역도 그 중 하나이다. 그래서 조종천을 자주 찾는 이들에게 환경모니터링을 권해 보고 싶다. 환경모니터링은 그 결과에서 얻어진 자료적 가치보다 그것을 하는 과정에서 저마다 깨닫게 되는 자연에 대한 감수성에 더 가치가 있다. 의외로 아이들이 참 좋아한다.

교통
청평까지는 경춘선 열차를 이용하고, 청평에 내려서는 40분 간격으로 있는 현리행 군내버스를 이용한다. 대중교통으로는 청량리에서 청평행 시외버스가 15분마다 있다. 승용차는 가능한 자제하는 것이 자연에 대한 예의이다.

기타
후렌드리콘도(031-584-9380), 산장호텔(584-0351), 코레스코, 녹수장(584-4326)을 비롯하여 유원지마다 민박이 있다. 가까운 축령산자연휴양림에는 통나무집이 있다. 생태계보전을 위해 야영은 가급적 피해야 한다. 식당도 움골(585-1900) 등 여러 곳에 있다.
여름철에는 유원지마다 약간의 입장료가 있다. 조종천국민관광지(584-2888), 청평내수면연구소(584-0333), 아침고요수목원(584-6703).

양수리

한강 본류는 물줄기가 둘이다. 태백의 금대산 검용소에서
발원하여 정선-영월-충주-여주를 거쳐온 남한강이 그 한
줄기요, 금강산의 지봉인 강원도 회양 옥전봉에서 발원하여
양구-춘천-가평-양평으로 흘러내리는 북한강이 또 한 줄
기이다. 이 두 물줄기가 만나는 합수지가 양평땅 양수리(兩
水里)이다. 조선시대에는 병탄(竝灘)이라고도 불렸고, 지금
도 친근하기 그지없는 두물머리라고 부른다.

양수리 두물머리는 북한강과 남한강 물길을 타고 오르내
리는 길목나루여서 해방 전까지만 해도 크고 작은 나루가
예닐곱 개 있었다. 강원도와 충청도를 오르내리는 세곡선을
비롯하여 각종 농산물과 토산품을 실은 돛배, 백두대간에서
내려온 뗏목 들이 한양 하룻길을 앞두고 피곤한 몸을 쉬어
가던 곳이다. 그러다가 30년대에 서울과 양평을 잇는 도로
가 뚫려 화물차들이 다니기 시작했고 1972년에 팔당댐이
건설되면서 두물머리 여울에는 거대한 호수 팔당호가 생겼
다. 그와 함께 두물머리 나루의 역사도 막을 내렸다.

두물머리의 지형과 생태계도 바뀌었다. 댐으로 인해 수

양수리 호소와 백로

위가 올라가면서 장마 때는 물난리를 겪고 겨울에는 냉해를 입었다. 원래 있던 야산과 논밭들은 물 속에 가라앉고 전에 없던 섬들이 여기저기서 느닷없이 생겨났다. 지금 팔당호 위에 떠 있는 소내섬과 족자도가 그렇게 해서 생긴 섬이다. 무심코 지나쳐서 그렇지, 지금의 양수리마을도 섬이다. 상류에서 떠내려온 퇴적물이 쌓여 삼각주처럼 변한 것이다.

물빛이 변해버린 팔당호

팔당댐을 지나면 드넓은 팔당호가 시작된다. 댐이 생기기 전, 아스라이 깊은 저 물 속에는 논과 밭, 마을이 있었다.

마을길로 소달구지가 지나가고 소꼴 짊어진 농부가 지나가고 배를 타고 덕소로 장보러 가는 아낙네들도 내려다보인다. 정선 아우라지에서 떠내려온 뗏목도 보이고 그 뗏목군들이 부르는 구성진 정선아라리도 아련히 들려온다.

나는 운전도 못 하고 차도 없는 터라 버스나 열차를 이용
해서 여행을 다닌다. 때로 남의 차를 얻어타기도 하지만, 마
음도 쓰이고 차가 외려 짐이 될 때가 있다. 양수리 기행도
그렇다. 승용차보다는 대중교통수단이 더 편리하다. 열차나
버스를 타고 능내역에 내리는 것을 늘 첫걸음으로 삼는다.

능내역을 지나면 야트막한 말고개〔馬峴〕가 나오고, 그
말고개에서 오른쪽으로 꺾어 들어가면 다산 정약용의 옛집
이다. 본래 살던 옛집은 홍수에 떠내려가고 지금의 집은
1975년에 뒷산 언덕으로 옮겨 복원한 것이다.

그 앞으로 팔당호 호반이 펼쳐진다. 건너편으로 소내섬
과 족자섬이 그림처럼 떠 있다. 아마 댐이 생기기 전에는
마을 앞산이었을 터이다. 다산 선생은 유배를 떠나서도 고
향의 자연을 늘 그리워했다.

잠간 대자리에 누워 있는 사이에도/문득 고향집 그리
워지네/…저 멀리 소내에 떠 있던 달은/우리 집 서쪽 담
을 비추고 있겠지

다산 옛집 앞에서 본 팔당호

마을사람들은 팔당의 물빛이 예전 같지 않다고 걱정한다. 녹조(綠藻)현상 때문이다. 물이 부영양화되고 수온이 20도 이상 오래 지속되면 물 속에 물이끼가 크게 번식하여 일어나는 현상이다. 녹조현상으로 물 속의 산소가 고갈되면 악취가 풍기고 물고기가 죽고 종내는 식수로도 사용할 수 없다.

팔당은 2천만 수도권 시민의 상수원이다. 200리나 떨어진 인천·김포 사람들까지 이 물을 끌어다 먹는다. 하긴 옛날에는 마당 안의 우물 아니면 대문 밖 샘물이 상수원이었다. 늘 상수원을 보고 살기 때문에 물의 중요성을 피부로 느낄 수밖에. 그러나 이제는 먼데서 물을 끌어다 먹으니까 상수원의 개념도, 중요성도 깨닫지 못한다. 도시인들은 수도꼭지에서 나오는 물을 진정한 물로 여기기보다 그저 공장에서 만들어내는 하나의 공산품 아니면 돈 내고 사다 먹는 상품으로만 인식한다. 그게 문제다.

시민들이 팔당호를 돌아보아야 하는 이유도 여기에 있다.

조안천 유수지

조안천 유수지의 풍성한 볼 거리

오롯해서 산책하기 좋은 길이 호반을 따라 길게 나 있다. 얕은 골짜기와 호수가 만나는 곳에 웅덩이 같은 습지가 있어서 다양한 수생식물이 꽃을 피우고 철따라 갖가지 곤충이 머문다. 참개구리며 산개구리, 청개구리도 이 습지에 기대어 살고 있다.

서구인들이 들으면 황당무계한 미신이겠지만, 우리 어른들은 미신으로써 세상사는 법을 가르쳤다. 냇물에 오줌을 누면 고추 끝이 부어올라 감자고추가 된다, 흐르는 물에 오줌을 누면 시집가서 아기를 못 낳는다, 세숫물 많이 쓰면 쓴 만큼의 물을 저승에 가서 다 먹어야 된다고 가르쳤다. 이게 반만년의 금수강산을 지켜온 지혜이다. 미신이 사라지고 물신적 과학이 들어오면서 자연환경이 망가지기 시작했음을 속 깊은 이들은 다 안다.

검은물잠자리 한 마리가 풀잎에 앉아 뭔가 맛있게 먹고 있다. 검은물잠자리는 수컷과 암컷의 색깔이 조금 다른데, 수컷의 날개는 광택 있는 검은색이고 암컷은 짙은 갈색이다. 날개가 길어 사뭇 멋있어 보이지만 나는 속도는 별로다.

다산 옛 마을을 나와 양수리로 가다 보면 예봉산에서 내려오는 조안천을 만난다. 철로 건널목을 건너 조안마을 들머리에 있다. 조안천은 팔당호로 들어가기 직전 철로변 유수지에 잠시 머물다 가는데, 이 앙증맞은 유수지는 볼 게 많고 생태적으로 매우 흥미롭다.

갈수기 때는 질퍽한 늪으로 변하고 그 주변에는 들꽃, 습지식물, 곤충, 양서류, 조류 들이 철마다 갖가지 모습으로

참개구리(위)
멋진 날개와 달리 나는 속도가 시원찮은 검은물잠자리(아래)

분장한다. 물 속에서는 수초와 수서곤충과 물고기들이 어울려 작은 세상을 꾸려나간다. 게다가 자생어종과 외래어종이 연못 같은 이 유수지에 함께 살면서 팽팽한 긴장을 이루고 있으니 참으로 흥미롭다. 베스나 블루길이 어슬렁거리면 자생종들은 재빨리 조안천 수초 속 아니면 상류 쪽으로 내뺀다. 상류 쪽은 물이 차고 빨라서 외래어종이 따라오지 못하기 때문이다. 하지만 이 모습을 보노라면 약육강식의 질서가 철저한 국제사회가 떠올라 뒷맛이 개운치 않다.

물 위에 뜬 논

철길을 건너면 호숫가에 섬들이 눈맛 좋게 떠 있다. 3개의 섬이 평소에는 떨어져 있지만, 갈수기 때는 서로 이어지기도 한다. 이 섬들은 키를 넘는 부들, 줄, 고랭이 같은 수생식물로 그득하며 높고 낮은 갯버들숲이 멀찌감치 울타리처럼 조화를 이루고 있다.

팔당호 안에 있는 양수리 섬밭

비오리(왼쪽)와 두루미목 뜸부깃과의 물닭(오른쪽)

배를 타고 건너가보면 놀랍게도 섬 한가운데 논 몇 뙈기가 숨어 있다. 원래는 마을 뒤 기슭논이었으나, 팔당댐이 생기면서 물 위에 뜬 논이 된 것이다. 그 논 주인들이 배를 타고 건너다니는데 아마 농사를 위해서라기보다 물 속에 잠긴 옛 땅에 대한 아련한 정 때문일 것이다.

이 섬은 새들의 마을이다. 5월이면 이미 텃새가 된 물닭, 쇠물닭, 논병아리, 덤불해오라기, 개개비가 둥지를 틀고 갯버들숲에서는 뻐꾸기 소리도 들린다. 멧새와 들쥐를 노리는 황조롱이도 이따금 빙빙 돌다가 간다.

물닭과 쇠물닭은 사촌간이다. 몸색깔이 비슷하고 부들이나 줄 잎으로 둥지를 트는 것이며 먹을거리도 같아서, 곧잘 영역다툼을 한다. 다만 물닭은 고향이 북쪽인 겨울철새이고 쇠물닭은 남쪽에서 날아오는 여름철새라는 점이 다르다.

부들밭 안에 숨겨진 논에는 논우렁이가 가득하다. 손목까지 집어넣으면 주먹만한 것들이 잡힌다. 한때는 이놈들을 서울과 양평 등지에 내다 팔기도 했지만, 팔당호가 상수원 보호구역으로 출입이 금지되면서 줍는 이들이 없다.

논이나 저수지 바닥을 치워주는 고마운 청소부 논우렁이

검문소가 있는 진중삼거리에서 양수대교를 건너지 않고 직진하면 대성리-가평-춘천으로 이어진다. 주말에는 교통량이 많지만, 평일에는 강바람을 쐬며 걸어볼 만한 길이다.

강변 둔치에 듬성듬성 갈대밭이 흩어져 있고 강을 따라 논밭도 그림 좋게 이어진다. 왼쪽으로는 예봉산과 운길산이 만드는 그윽한 골짜기가 있고 그 골짜기에서 맑은 물이 내려온다. 골짜기를 따라 들어가면 동국대 연습림에 닿는다. 봄에는 뻐꾸기 소리가 청아하고 여름에는 매미소리가 땀을 씻어주며 가을날 들국화 향기 맡으며 걷는 들길의 운치도 그런 대로 은은하다.

골짜기로 드는 길을 버리고 그대로 강변을 따라가면 송촌-삼봉-금남을 지나 대성리이다. 그러나 이 강변길은 별로 볼 데가 없다. 지방자치제 이후 양주시에서 재정수입을 늘리기 위해 유흥업소들을 마구잡이로 들여놓는 바람에 옛 운치고 뭐고 다 사라져버렸다.

차라리 거기쯤에서 운길산 수종사로 발길을 돌리는 것이 낫다. 강변과 마을에 꽤 해묵은 숲들이 있고 그 숲마을을 지나 20분쯤 걸어가면 산길 끝에 운길산 수종사가 있다.

수종사는 서울에서 시내버스를 타고 다녀올 수 있는 절 가운데 아마 가장 호젓한 절일 것이다. 주변의 나이테 깊은 나무숲도 좋고 초의와 다산이 차를 끓여 마셨다는 물맛도 그윽하거니와 수종사 절마당에서 일망(一望)으로 내려다보는 눈맛은 실로 예사가 아니다.

서거정이 "동방 제일의 전망"이라고 한 말이 결코 허사가 아니다. 특히 비나 바람이 지나간 다음날 그 해맑은 풍경은 감동적이다. 그러나 수종사로 들면 양수리 기행은 시간적으로 불가능하기 때문에 따로 날을 잡는 게 좋다.

오동나무를 심은 뜻

진중삼거리에서 양수대교를 건너야 비로소 두물머리 양수리이다.

지붕 낮은 민가 마당 안에 오동나무가 화사하게 꽃을 피웠다. 예전에는 딸을 낳으면 텃밭에 오동나무를 심었다. 시집갈 때 장롱을 만들어주기 위해서다. 그러나 오동나무에는 그런 실리말고 더 깊은 뜻이 깃들어 있다. 봉황은 오동나무에만 깃들인다. 아버지는 좋은 봉(사위)이 내려앉기를 기다리며 오동나무를 심고, 사윗감이 정해지면 다른 봉이 내려앉지 못하도록 서둘러 베어낸다.

밭둑이 끝간 곳에 무인지경의 강변이 있다. 아까 돌아본 조안리마을과 마주보는 강변이다.

강은 늪보다 호안식생이 단순한 편이다. 이곳도 북한강 물흐름의 영향을 직접 받기 때문에 수변식생이 단순하다. 게다가 논밭을 조성하는 과정에서 본래의 식생들이 많이 훼손되어 갈대와 물억새 외에는 이렇다 할 볼 거리가 없다.

갈대와 억새는 비슷하게 생겨서 초심자들은 자주 헷갈린다. 둘 다 관다발식물〔管束植物〕이라 줄기가 대롱처럼 비어 있다. 꽃잎이 없는 풍매화를 피우며 이삭 끝에 많은 관모가 있어 바람에 날려 멀리 퍼진다. 다만 갈대는 습한 지역을 좋아하고 억새는 산 같은 마른 땅을 좋아한다.

이곳의 억새는 물을 좋아하는 물억새이다. 물억새는 억

새와 달리 까끄라기가 없다. 갈대와 물억새 같은 정수식물은 물 속의 질소와 인을 영양분으로 섭취하기 때문에 물의 부영양화로 인한 수질오염을 늦추어준다.

갈대밭 사이로 진흙 많은 모래톱이 군데군데 숨어 있고, 그곳 강바닥에 말조개가 산다. 길둥그런 껍데기는 검은색이지만 그 속은 진주 같은 청백색이다. 여느 조개처럼 암수 다른 몸이며 수정란은 어미조개의 아가미에 붙어서 부화된다. 덩치만 컸지 맛이 없어서 인기가 없다 보니 개체수가 엄청 늘어났다. 그러나 자기 몸을 각시붕어, 납자루, 중고기들의 산란처로 제공하여 종의 다양성에 크게 기여하는가 하면 강바닥을 열심히 청소해 주는 숨은 청소부이다. 팔당호에는 말조개말고도 재첩과 민물담치가 서식하고 있다.

돛배들의 등대, 느티나무
갈대숲을 따라 돌아가면 두물머리 옛 나루터가 나온다. 나

두물머리 돛배

루터에 서면 먼산들이 가까이 다가온다. 청계산, 해협산, 검단산, 예봉산이 팔당호를 가운데 두고 성곽처럼 둘러싸고 있다. 마치 두 손으로 한줌 물을 받아든 것 같다. 팔당호가 강이냐 호수냐 하는 오랜 실랑이에 신물이 났지만, 결코 부질없는 말싸움만은 아니다. 어떻게 보느냐에 따라 환경정책과 관리체계가 달라지기 때문이다.

나루터에 버티고 선 우람한 느티나무는 그 옛날 한강을 오르내리던 돛배들의 등대 역할을 했다. 원래 느티나무 자리는 두물나루 언덕배기였는데 댐으로 물이 차오르면서 물가로 내려와 앉게 된 것이라고 한다. 관목처럼 아랫부분 줄기가 부챗살같이 뻗어서 멋이 있다. 폭우에 흙이 씻겨 내려가는 것을 막기 위해 나무 밑에다 자갈을 덮어두었다.

느티나무 그늘 아래 오면 강바람이 늘 시원하다. 바람도 생명이 있다. 주변환경에 따라 바람소리가 다르고 피는 꽃에 따라서도 바람맛이 다르다. 두물머리 바람도 소리와 맛이 많이 달라졌다. 들과 산이 변하고 없던 집들이 들어서고 도로와 다리가 새로 생기고 지나다니는 차량이 많이 늘었기 때문일 것이다. 이제는 그 옛날 나루터 시절의 바람은 영영 맞을 수 없을 것이다.

느티나무 부근에서 호안을 끼고 철책이 쳐져 있고, 그 철책을 따라 흙을 밟으며 걷는 작은 길이 나 있었다. 하지만 얼마 전에 양평군에서 소로 주변의 관목과 풀꽃을 베어내고 흙길을 자갈길로 바꾸는 바람에 식생과 운치를 망쳐버렸다. 이것은 친절이라기보다 생태맹(生態盲)의 소치이다. 생태를 모르면 모든 게 '잡초'로 보이게 마련이다. 다행히

부챗살처럼 멋있게 뻗은 느티나무

뱁새 둥지

철책 바깥쪽으로는 손을 대지 않아서 갈대, 부들, 줄이 그득 넘친다. 마름도 그득하다.

마름은 한해살이 부엽식물이다. 모래보다 진흙바닥을 좋아하여 뿌리를 진흙 속에 박고 줄기를 길게 올려서 그 끝에 마름모꼴 잎을 사방으로 키워 물 위로 내놓는다. 수위가 높아질 때를 대비해서 줄기를 길다랗게 뻗치는 것이다. 여름이면 흰색이나 붉은색 꽃이 핀다.

부들숲은 물새들의 보금자리이다. 물새는 물 위에 둥지를 트는데, 물새알도 속에 공기가 들어 있어서 물 위에 잘 뜬다. 쇠물닭과 논병아리들이 새끼를 까놓고는 뻔질나게 먹이를 물어다 나른다. 홍수가 지거나 위기가 닥칠 때 날갯죽지 속에 새끼들을 숨겨 갖고 피난을 떠나는 어미들의 모습은 인간과 다르지 않다.

뱁새도 찔레숲에다 몰래 보금자리를 틀었다. 들여다보니 모두 부화해 나가고 무정란만 하나 남아 있다. 뱁새는 깔끔해서 새끼들이 둥지 안에 똥을 싸놓으면 일일이 먹어 치우는지라 늘 둥지가 깨끗하다.

볼수록 은근히 화려한 호박꽃

호박꽃과 연꽃

밭에 심어놓은 호박과 논둑의 콩이 불현듯 향수를 불러일으킨다. 건성으로 봐서 그렇지, 호박꽃은 보면 볼수록 은근히 화려하다. 크고 풍만한 꽃이 주는 우아함, 육질의 꽃이 풍기는 요염함, 꽃잎 속에 숨은 황금 꽃술의 색정, 넓은 잎과 왕성한 덩굴이 주는 호방함, 호박이 풍기는 순박하고 건강한 백치미… 시중에 나와 있는 호박의 종류는 크게 세

가지다. 정말 호박 같은 것은 우리 호박이고, 쪄서 먹는 밤호박은 유럽에서 온 것이며, 이른봄에 나오는 길쭉한 호박은 미국호박이다. 바다 건너온 호박은 밥이 안 되지만 우리 호박은 보릿고개 때마다 허기진 배를 채워준 밥이었다. 요즘은 배가 불러서인지 미국호박만 심고 있다. 양수리의 비닐하우스도 거의 절반이 미국호박이다. 그래서 어쩌다 우리 호박을 보면 고향친구 만난 듯 반갑다.

그 호박꽃과 논둑 콩 위로 양벌 몇 마리가 부지런히 옮겨 다닌다.

벌의 독침은 엉덩이에 숨겨져 있는데, 끝이 갈고리처럼 생겨서 일단 적의 몸에 박히면 쉽게 빠지지 않는다. 이 침과 함께 장기의 일부인 독낭까지 몸에서 떨어져 나오기 때문에 벌은 곧 죽고 만다. 이렇듯 벌은 신체구조상 목숨을 걸고 적과 싸우도록 되어 있다. 그래서 벌은 충봉(忠蜂)이다. 하지만 함부로 독침을 쏘지 않는다. 정말 목숨을 걸어야 할 때만 쏜다. 자기 힘만 믿고 함부로 독설을 내뱉고 오만을 떠는 인간들보다 훨씬 지혜롭다.

소로를 지나 양평으로 달리는 6번국도를 건너면 목왕마을로 가는 넓은 길이 나온다. 길가에도 넓은 호소가 자리하고 있다. 팔당댐이 들어서기 전까지 이곳에도 농사꾼들이 살던 마을이 있었다. 지금은 물 속으로 모두 사라지고 연꽃만 그득 핀 호소로 바뀌었다. 하지만 이 호소도 언젠가는 늪으로 바뀔 것이다. 6번국도가 아래쪽을 가로막아 물흐름이 시원찮기 때문이다. 상류에서 내려오는 모래가 호소바닥에 퇴적되어 수심이 얕아지면서 침수식물들이 호소 안으로

정수식물 꽃창포(왼쪽)와 양수리 호소의 대표적인 부엽식물 연꽃(오른쪽)

야금야금 들어오고, 뒤이어 버들류가 들어서기 시작하면 서서히 육지로 변해 갈 것이다.

호소 가장자리로 철책이 둘러쳐져 있고 그 철책 언저리에는 갈대, 물억새, 부들, 꽃창포, 줄, 고랭이, 골풀, 방동사니 같은 정수식물들이 자리하고 그 너머로는 연, 수련, 개연, 마름 같은 부엽식물이 떠 있다. 잎과 줄기가 물 속에 잠기는 침수식물도 부엽식물과 어깨를 나란히 하고 있다.

꽃창포와 창포는 서로 다른 식물이다. 꽃창포는 붓꽃가족이며, 창포는 부들가족이다. 또 꽃창포는 따로 돋은 대 끝에 자주색이나 노란색 꽃이 피고, 창포는 잎 중간에 곤충 애벌레처럼 생긴 이삭꽃이 핀다. 꽃창포는 비교적 흔하지만 창포는 이제 귀해졌다. 옛날 여인들이 머리를 감던 것은 창포이다. 그런데 광고회사에서 꽃창포로 머리를 감는 장면을 내보내 웃음거리가 된 적이 있다.

연꽃은 양수리 호소의 대표적인 부엽식물이다. 여름날이면 이곳말고도 주변 곳곳에서 한달 내내 지천으로 핀다. 자생하는 곳도 있지만 논밭에 경작하는 곳도 적지 않다. 이곳의 연꽃색깔은 흰색보다 연붉은색이 더 많다. 연꽃은 줄기가 물 밑바닥으로 뻗고 마디마다 수염뿌리가 난다. 그 수염뿌리 부분에 잎자루가 뭉쳐서 나며 긴 잎자루 끝에 잎사귀가 붙어 있다. 잎자루가 길어서 마치 본줄기 같다. 꽃이 지면서 꽃자루가 할미꽃처럼 굽어져서 물 속으로 들어가고 그 끝에 달린 씨앗도 물 속에 떨어져 번식한다.

어떤 광신자가 연꽃을 불교의 꽃이라 하여 연못 속에 들어가 모조리 꺾어버렸다는 기사를 본 적이 있다. 그러나 일찍이 동양에서는 불교와 관계없이 연꽃을 좋아했다. 더러운 곳에서 꽃을 피운다 해서 도교에서는 '상계(上界)의 꽃'이라 하여 도교 8선(八仙) 중의 하나로 쳤다. 북송의 주돈이(周敦頤)는 '화중군자'(花中君子)라 하였고, 강희안은 '1등 품계의 꽃'이라고 칭송하였다. 우리나라에서도 불교가 들어오기 전부터 '화중지화'(花中之花)라 하여 으뜸으로 쳤다.

설령 불교의 꽃이라 한들, 미워할 이유가 어디 있겠는가. 우주만물은 본래 두 얼굴을 갖지 않는다. 다만 그대 마음속에 어리석은 애증이 있고 염정(染淨)이 있을 따름이다.

수련카펫이 깔린 연못

이 호소는 부용산과 청계산 자락이 내려와 있어서 각종 여름철새들이 심심찮게 찾아든다. 여름철새들은 고향이 남쪽이라 대개 그 모습이 남국풍이다. 파랑새며, 꾀꼬리며, 청호반새며… 색깔 고운 물총새도 그렇다.

양수리역 앞 논에는 집오리들이 한가로이 헤엄을 치고

오리

있다. 풀어서 기르다 보니 잠재해 있던 야성이 되살아나 논둑 곳곳에다 알을 함부로 낳아놓았다. 오리농법은 제초제를 쓰지 않아 좋지만, 주변의 곤충과 양서류를 못 살게 할 우려가 있다.

논과 호소 주변이라 잠자리 종류 또한 다양하다. 잠자리는 인간보다 훨씬 앞서 공룡시대부터 있어온 종이다. 왕잠자리의 속도는 90킬로미터를 웃돈다. 어릴 때 헬리콥터를 '잠자리 비행기'라 부르기도 했지만, 이 최첨단의 시대에도 인간은 잠자리만큼 다양한 기능을 갖춘 비행물체를 아직 만들지 못하고 있다. 왕잠자리와 실잠자리는 물 속에 잠수하여 수초에다 알을 낳는데, 여느 잠자리와 달리 이런 특이한 작업(?)을 하는 것은 알을 수초에 좀더 단단히 붙이기 위해서이다.

논도랑과 물길에는 잠자리유충을 비롯하여 꼬마하루살이, 알락하루살이, 등각류 애벌레, 물달팽이 등 수서곤충도 여러 종류이다. 우렁이는 살이 쪄서 주먹만하다.

양수리역 앞을 지나면 길 옆에 꽤나 큼지막한 연못이 있다. 이곳도 원래는 논밭이었는데, 그곳에서 농사를 지었다는 내외가 연못가에서 털보식당을 하고 있다.

여름이면 이 연못 물 위에 아름다운 수련카펫이 깔린다. 수련은 한자로 '睡蓮'이라고 쓴다. 밤이면 꽃잎을 닫고 잠을 잔다고 해서이다. 하지만 다른 연꽃도 거의 다 밤에 잠을 잔다. 수련은 토종과 원예종이 있는데, 토종은 귀하다. 이 연못의 수련도 거의가 일본에서 들어온 원예종이다.

연못 속은 그대로가 침수식물의 전시장이다. 침수식물

흰 꽃이 피는 토종(위)과 자주색 꽃이 피는 원예종(아래) 수련

덕분에 갇힌 물인데도 수질이 양호하다. 붕어마름은 가는 줄기 마디마디를 돌아가면서 작은 솔잎 같은 잎이 달려 있다. 나사말은 뿌리에서 가느다란 잎이 여러 개가 뭉쳐서 나와 있다. 검정말은 줄기에 긴 털이 빽빽이 나 있어 구별하기 쉽다.

팔당호는 외래어종으로 이미 악명 높은 곳이다. 이 연못도 예외는 아니어서 블루길과 베스가 수초 사이를 느긋하게 유영하고 다닌다. 평소에는 수초 사이에 떠 있거나 느릿느릿 어슬렁거리다가도 먹이를 공격할 때는 번개같이 민첩하다. 특히 베스는 입이 커서 덩치가 비슷한 물고기도 통째로 삼키는 폭식가이다. 외래어종에 의한 생태계 교란은 어제오늘의 문제가 아니지만, 팔당호에서 더 심각한 것은 상수원 보호지역이라 낚시나 투망질을 허용할 수 없기 때문이다.

연못을 나와 길을 따라 들어가면 부용리와 목왕리 마을을 지나 청계산 골짜기로 이어진다. 포장도로이지만 목왕천을 따라 걷는 맛이 추억의 시골 분위기 그대로이다. 때로 추억은 사람들을 메마른 마음밭에 촉촉이 물을 뿌려준다.

중앙선 철교 아래로 목왕천이 들어온다. 상류 쪽에 큰 마을이 없어서 수질은 2급수이다. 길을 버리고 이 목왕천을 따라 주욱 올라가면 우리 물고기를 만날 수 있다. 얼굴이 퉁퉁 부은 퉁가리, 모래 뒤지기 선수인 모래무지, 배를 바닥에 밀고 다니는 밀어, 몸통이 납작한 납자루, 입술이 두꺼운 얼룩동사리… 그리고 돌고기, 동자개, 피라미, 갈겨니, 버들치, 종개… 이름만으로도 아름답고 예쁜 토종 물고기들이 살고 있다.

도미같이 생긴 블루길은 주로 물 속 중상층에 산다. 같은 외래어종인 베스는 명태 비슷하게 긴 원통형으로 생겼으며 하층에 살면서 메기나 미꾸라지까지 사냥한다. 둘 다 육식어종이다.

거기, 아이들을 데리고 나온 엄마아빠가 물에 들어가 즐겁게 다슬기를 잡고 있다. 다슬기가 있는 걸 보니 밤이면 애반딧불도 날아다니겠다.

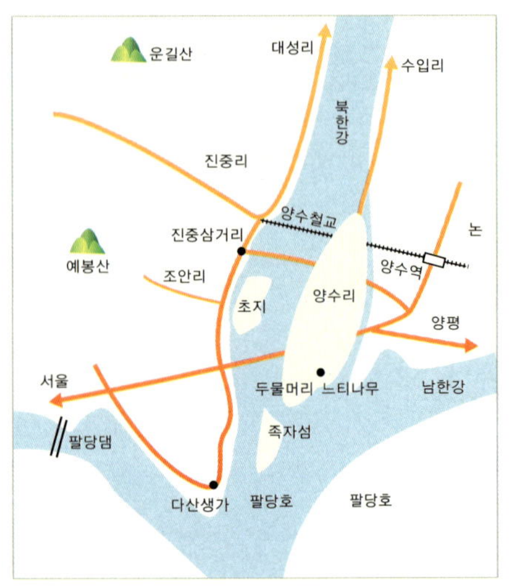

교통
청량리와 경동시장에서 양수리행 버스가 10분 간격으로 있다. 청량리역에서 하루에 3차례 있는 완행열차를 이용해도 된다. 승용차는 덕소–팔당–조안을 지나는 6번국도를 탄다.

기타
최근에 양수리에 맛깔 있는 음식점이 많이 생겼다. 양수리 전역이 상수원보호 지역이기 때문에 유의해야 한다. 부근에 다산 정약용 고택과 묘소가 있다.

여의도

여의도는 공원의 섬이다. 강변을 따라 조성된 시민공원, 옛 여의도광장에 들어선 여의도공원, 샛강에 조성된 생태공원이 있다. 세 공원은 도로를 사이에 두고 서로 연결되어 있다. 이름들이 비슷해서 초행인 사람은 헷갈릴 수도 있으나 하루쯤 짬을 내서 돌아볼 만한 곳이다.

탐방코스는 어느 역에서 내리느냐에 따라 달라진다. 5호선 여의나루역에 내리면 시민공원-밤섬-여의도공원-샛강공원-시민공원 순이 되고, 여의도역에 내리면 여의도공원이 먼저이다. 1호선 대방역에 내리면 샛강공원을 먼저 만난다.

여기서는 여의나루역에 내리는 것으로 시작할까 한다.

신촌의 애매미, 여의도의 말매미

여의도가 '임화도' '내화도' '나의주' 등으로 불리다가 지금의 이름으로 바뀐 것은 조선 후기이다. 『대동지지』에 "처음에는 임화도로 불리었다가 여의도로 고쳐 표기되었다"는 기록이 있고 『동국여지비고』에 여의도와 밤섬이 홍수로 인해

밤섬. 둘레가 7리(약 3km)나 되었던 밤섬은 1968년 2월 여의도 건설 때 크게 줄어 지금은 이름 그대로 밤톨만큼 남아 있다.

둘로 떨어졌다는 기록이 나온다. 또 여의도 국회의사당 지역에는 야산이 있어서 홍수에 잠기지 않아 백성들이 '나의 섬, 너의 섬' 하고 별칭했다는 기록도 보인다.

여름날 여의나루역에 내리면 매미소리가 소나기 퍼붓듯 쏟아진다. 가히 기록적이랄 만큼 여의도엔 매미가 많다. 매미의 밀도가 높아진 것은 도시가 시멘트로 덮이면서 매미들이 흙이 있는 공원지역으로 대이동을 했기 때문이다. 게다가 애벌레인 굼벵이를 잡아먹을 두더지며 땅강아지, 조류 같은 천적이 사라졌으니…. 아무튼 여의도의 매미는 주민들이 서울시장에게 민원을 낼 정도로 극성이다. 매미가 한창 시끄럽게 울 때의 소음수치가 무려 86dB에 이른다고 한다. 이는 비행기가 이착륙 때 나는 소리보다 높은 수치이다.

여의도 매미가 시골 매미보다 더 시끄럽게 우는 것은 자동차 소음 때문이라고 한다. 매미는 수컷이 짝을 부를 때 소리를 내는데, 자동차 소음 때문에 짝에게 자기 소리가 제대로 전달되지 않자 더욱 악을 쓰고 울게 되었다는 것이다. 매미의 개체수가 많아진 것은 하나의 생태적 주기이므로 크게 문제 될 것이 없다는 견해가 아직까지는 지배적이다.

같은 서울이라도 매미는 사는 동네가 다르다. 참매미는 종로통, 애매미는 신촌, 말매미는 여의도에서 텃세를 한다. 때 빼고 광을 내어 갈색 몸이 반들반들한 말매미는 우리 매미 가운데 가장 크다. 더위가 한창 기승을 부리는 7~8월이면 말매미의 전성기이다.

전철역을 나서면 시원한 강과 푸른 잔디가 눈앞에 펼쳐진다.

잔디가 만드는 녹색융단을 걷노라면 마음이 편해진다. 잔디밭을 걷는 감촉도 감촉이려니와 녹색이 주는 편안한 눈맛 때문이다. 초록색은 우리 눈에 가장 알맞은 색깔이라고 한다. 하지만 잔디밭은 생태적으로 시멘트바닥이나 다를 바 없는 죽은 풀밭이다. 곤충도 살 수 없고 다른 식물들도 자라서는 안 되는 무법의 치외법권지역이다.

잔디 중심의 조경은 서구의 산물이지 결코 우리네 것은 아니다. 우리는 무덤에나 잔디를 깔았다. 그래도 공원 안에 계절별로 화단을 만들어 공원을 찾은 시민들의 눈을 즐겁게 해주고 있어서 다행이다.

여의도 터줏대감 말매미

서울 속의 별천지 밤섬

여의도 맞은편은 마포이다. 행주대교 아래 수중보가 세워지기 전까지만 해도 간만의 영향을 받아 이곳까지 서해의 바닷물이 올라왔고, 그 물을 따라 각종 바닷고기가 드나들었다. 1922년에는 돌고래까지 올라와 사람들의 손에 잡혀 장안의 화제가 되었다고 한다.

옛날 마포나루에는 날씨점을 봐주는 비바람 객주가 있었다. 뱃사람들에게 날씨를 미리 알려주고 돈을 받는, 말하자면 일기정보를 파는 장사꾼이었다. 객주마다 일기예보는 조금씩 달랐는데, 용한 객줏집은 늘 문전성시였고 복채도 상대적으로 비쌌다.

그들은 예보비결을 거의 자연현상에서 얻었다. 즉 하늘

밤섬 버드나무숲

은 느닷없이 비를 내리거나 눈을 뿌리지는 않는다. 반드시 뭔가를 통해 자신의 거동을 미리 알려준다. 객주들은 바로 그 뭔가를 종합해서 날씨점을 쳤던 것이다. 풍향과 풍속, 바람에 실려오는 냄새, 구름의 크기와 이동방향, 안개의 농도와 높이, 제비가 나는 모습, 귀뚜라미의 울음소리, 오소리의 털빛깔, 거미줄에 걸린 이슬방울의 크기와 개수, 강 위로 뛰어오르는 물고기의 높이, 집 주위에 보이는 잠자리 개체수 따위를 보고 날씨를 점쳤다. 그러나 이제는 이런 식의 날씨점은 불가능해졌다. 환경파괴로 자연현상의 법칙이 무너져버렸기 때문이다.

강변을 따라 북쪽으로 올라가다 보면 강 한가운데 밤섬이 떠 있다. 크기와 생김새가 밤〔栗〕 같다고 해서 붙은 이름이다.

옛 자료에 따르면, 조선말까지만 해도 여의도와 밤섬이 긴 모래톱으로 이어져 있었다. 서해로부터 밀물이 들어오면 2개의 섬이 되고, 썰물 때가 되면 1개의 섬이 되었다. 섬 안에는 수백 년 묵은 은행나무 두 그루와 궁중 내의원에서 가꾸는 약초밭, 누에를 치는 잠실 등이 있었고 또 당인리 쪽 호안에는 연꽃이 장관을 이루어 해마다 여름이면 구경꾼들이 끊이질 않고 강을 건너왔다고 한다. 그러나 30여 호가 넘는 집성촌에 술집까지 있을 만큼 넓었지만, 지금은 이름 그대로 밤톨만큼 남아 있다.

밤섬은 사람들이 떠나고 난 후 생태적으로 참 재미있게

변했다. 홍수 때는 통째로 물 속에 잠기고 홍수가 지나가면 온통 쓰레기 섬이 되고 말지만, 생태적으로 이곳은 서울의 별천지이다. 1차 생산자인 식물로는 갯버들, 물억새, 갈대, 망초, 소리쟁이, 여뀌, 미꾸리낚시, 마타리, 달맞이꽃 등이 우점하는 가운데 귀화식물인 환삼덩굴이 면적을 넓혀가고 있다. 그 잦은 자연재해에도 불구하고 곤충의 종류도 실베짱이, 땅감탕벌, 말벌, 노랑배거우벌레, 버들잎벌레, 꼬마꽃 등에… 등 의외로 다양하다. 그리고 겨울철보다는 덜하지만 여름철에도 밤섬은 새들의 낙원이다. 텃새화된 청둥오리를 비롯하여 흰뺨검둥오리, 원앙, 논병아리, 쇠백로, 중대백로, 왜가리, 개개비, 박새, 참새, 꿩…이 손바닥만한 섬에 살고 있다.

더욱이 한강 하류에서는 이미 사라진 것으로 알려진 자라와 남생이가 얼마 전 TV카메라에 잡혀 시청자들을 놀라게 했다. 이들이 밤섬 모래밭에다 산란을 하고 새끼를 키우

며 살고 있다. 그 밖에 육식성 호리병벌, 큰소쩍새, 깝짝도
요, 은어, 참개구리, 갯지렁이, 재첩도 일반의 예상을 뛰어
넘는 밤섬의 주민들이다.

밤섬에서 맛볼 수 있는 재미는 하나 더 있다. 물론 일반
인의 출입이 금지되어 있어서 망원경으로 살펴보아야 하는
게 좀 아쉽지만 말이다. 이곳에서는 까치와 맹금류가 이따
금 싸움을 벌이는 장면이 목격된다. 영토를 차지하기 위해
토박이 까치들과 난 데서 날아온 맹금류가 벌이는 공중전
은 흥미진진하다. 말똥가리와 수리 같은 맹금류도 떼거리로
달려들어 깍깍대는 까치들에게 쫓겨 결국 와우산이나 무악
쪽으로 꼬리를 감추고 만다.

밤섬에는 까치집이 많다. 까치집은 생태건축의 표본이랄
수 있었다. 자연에서 재료를 얻어 지은 까치집은 허물어져
도 쓰레기라는 게 없다. 이렇듯 생태건축은 주위의 자연환
경과 유기적으로 연관되어 있고 자연에너지를 효율적으로
활용할 수 있어야 한다. 가능한 시멘트 사용을 줄이고 설비
시스템을 자연의 순환체계에 가깝게 설계하며 또 주위환경
을 생물의 서식이 가능한 공간으로 조성하는 것도 생태건
축의 한 조건이다. 하지만 어느새 까치집도 생태건축에서
점차 멀어지고 있다. 플라스틱, 비닐, 철사조각 등 사람들이
내다버린 쓰레기를 가지고 집을 짓기 때문이다.

그나저나 요즘 여의도 갈매기들이 심상찮다. 관광객들이
던져주는 새우깡에 입맛이 길들여져 유람선이 떴다 하면
그 뒤를 졸졸 따라다닌다. 이러다가 본래의 야성을 아주 잃
어버리지나 않을지 적이 염려스럽다. 관광객들의 호기심과

장난기가 문제이지, 여의도 갈매기를 탓해
서 무엇하겠는가. 그래서 옛 어른들도 사람
손이 가장 무섭다고 했다. 무엇이든 사람 손
을 타면 길들여지고 망가지게 마련이다.

생태적으로 꾸민 여의도공원

여의도공원은 시민공원과 지하도로로 이어
져 있다. 여의도공원은 기존 공원의 틀에서
벗어나 좀더 생태적으로 꾸며진 공원이다. 우리의 토종나무
들로 꾸며진 한국 전통의 숲을 비롯하여 자연생태의 숲, 잔
디마당, 자전거도로, 산책로, 문화마당, 연못과 계류, 팔각
정, 사모정 그리고 오솔길을 조성하여 고향의 정취를 느낄
수 있게 하였다. 산책로와 자전거 전용로는 시민들의 편의
를 고려하여 공원 외곽에 따로 마련했으며, 널찍한 문화마
당에서는 각종 행사가 열린다.

여의도는 방송 3사가 자리하고 있는 우리나라 방송의 메
카이다. KBS와 SBS는 여의도공원에 접해 있고, MBC도 여
의도공원에서 걸어서 10분 거리에 있다. 최근 들어 일반인
들이 자연생태에 관심을 갖게 된 데는 방송의 역할이 크다.
하지만 방송의 역기능도 만만치 않다. 그래서 생태주의자
중에는 방송매체에 유감을 가진 이들이 많다. 방송의 생명
경시 풍조 조장이 그 첫번째 죄목이다. 칼로 두 동강이 난
채 꿈틀거리는 자라, 몸통이 반으로 찢겨져 끓는 냄비에서
몸서리치는 참게, 뜨거운 기름으로 달구어진 팬에서 기어나
오려고 몸부림치는 길게, 벌건 석쇠 위에서 파닥이는 참개

1999년 2월에 완공된 여의도공원. 11만여 평
의 공원이 비교적 생태적으로 꾸며져 있다.

구리, 시뻘건 초장을 뒤집어쓰고 사람의 입 속에서 꼬리치는 빙어, 사냥개에게 물어뜯겨 선혈 뿌리며 죽어가는 멧돼지, 싸움에 지자 주인의 손에 의해 목이 잘려나가는 투계(鬪鷄)… TV에서 신물이 날 정도로 보는 장면들이다. 도대체 어쩌자는 것인지 모르겠다.

KBS본관 앞쪽에서 길을 건너면 샛강공원으로 내려가는 길이 있다. 여의도 샛강은 1913년 홍수로 생긴 것이다. 그 전까지 여의도는 영등포와 이어져 있었다. 이렇게 샛강이 생기고 주변은 갈대, 물억새, 갯버들 군락으로 뒤덮인 습지대로 바뀌었다. 지금의 생태공원은 그 습지대를 공원으로 조성한 것이다.

샛강생태공원

요즘 '생태공원'이 전국적으로 붐을 일으키고 있다. 생태공원은 1974년 독일에서부터 시작되었는데, 당시 독일은 도시 안에 특정 생물군집이 생존하고 있는 '비오톱'을 지도로 만들어 이를 보전했다. 그후 네덜란드에서 시작된 '생태적 조경'(ecological landscape)운동이 더해지면서 유럽에서 처음으로 생태공원들이 선을 보였다. 세계 최초의 생태공원인 윌리엄 커티스 생태공원도 1978년에 개발로 인해 황폐화된 런던 도심부에 비오톱을 조성하면서부터이다.

우리나라는 90년대 초 생태공원 개념이 소개되면서 1997년에 이곳 샛강에 처음으로 생태공원이 생겼고, 그후 전국 곳곳에 생겨났다.

생태공원은 도시의 황폐화된 자연생태계를 복원하고 시

5만 5천여 평에 자연생태지와 탐방객 시설이 갖
추어져 있는 샛강생태공원

민들에게 환경 · 생태 교육의 기회를 제공한다는 점에서 매
우 바람직한 흐름이지만, 전혀 문제가 없는 것은 아니다. 특
히 생태적 고리가 끊어진 '나 홀로 생태공원'이 과연 지속
가능한 공원이 될지는 좀더 지켜볼 일이다.

샛강생태공원은 서울교와 대방교 사이의 습지에 있다.
저수로, 계류, 연못, 습지, 초지가 자연생태에 가깝게 조성
되어 있으며 탐방로, 관찰마루, 마루다리, 전망대 등 탐방객
을 위한 시설도 있다.

도심 한가운데 있는 공원인데도 비교적 먹이사슬이 건강
한 까닭은 역시 샛강의 물 때문이다. 원래는 샛강으로 한강
물이 직접 흘러들었으나, 홍수와 갈수기의 수량변화가 심해
서 지금은 유입구를 막고 한강 물밑을 지나는 지하철 5호선
의 배출용수를 끌어들여 공급하고 있다. 이 물은 생태공원
을 이리저리 돌아서 국회의사당 옆구리쯤에서 한강 본류와
합수한다.

샛강생태공원의 자생식물종은 비교적 단순한 편이다. 얕
은 둔덕을 덮은 초지 곳곳에 늘 물을 머금은 습지가 있고

물 속에서도 산란하는 아시아실잠자리(위)를 보
노라면 숭고한 생명의 본능이 절로 느껴진다.
노랑나비(아래)는 앞날개에 검은 점이 하나 있
고 뒷날개에는 은빛 점이 두 개 있으며 애벌레
로 겨울을 난다.

이 습지들을 중심으로 갈대, 물억새, 부들, 매자기, 세모고
랭이, 고마리 등이 듬성듬성 군락을 이루고 있다.

풀밭에는 각종 초본류가 키 작은 나무들과 어깨를 견주
며 살고 있다. 이중 민들레, 물레나물, 질경이, 고들빼기, 구
슬갓냉이, 양지꽃, 메꽃, 소리쟁이, 갈대, 물억새, 강아지풀
등은 원래 이곳에서 살던 자생종이지만 술패랭이꽃, 비비
추, 초롱꽃, 할미꽃, 꽃창포, 갈퀴망종화, 붓꽃, 자운영, 붉은
인동 같은 야생화는 대개 옮겨다 심은 것들이다. 귀화식물
로는 개망초와 달맞이꽃이 가장 많고 토끼풀, 뚱딴지, 가시
도꼬마리, 환삼덩굴, 여뀌, 좀명아주, 명아주, 돼지풀도 쉽
게 볼 수 있다. 그리고 초지 한가운데는 냇버들, 능수버들,
용버들, 갯버들 등 목본류가 무리를 이루고 있으며 식재한
나무도 몇 그루 있다.

식물의 종이 다양하지 못하다 보니 식물을 먹고 사는 곤
충종도 그리 다양하지는 않다. 다만 잠자리의 산란지인 개
울과 연못이 가까이 있어서 도심인데도 잠자리는 여러 종
보인다. 계절에 따라 왕잠자리, 밀잠자리, 고추좀잠자리, 진
노랑잠자리, 된장잠자리가 눈에 띈다. 잠자리는 다 육식성
이다. 연약한 실잠자리류도 파리, 모기, 깔따구를 잡아먹는
다. 꼬리 끝이 하늘처럼 파란 아시아실잠자리는 물 속에서
도 산란하는 특이한 기술을 가졌다.

나비는 노랑나비, 푸른부전나비, 네발나비, 배추흰나비,
대만흰나비가 심심찮게 보이고 메뚜기류는 덩치 큰 풀무치
와 방아깨비를 비롯하여 섬서구, 여치 등이 있다. 노랑나비
는 봄부터 가을까지 우리나라 어디서나 볼 수 있는데, 주로

마을 가까이 풀밭에 흔하며 더러 떼를 지어 다닌다.

그 밖에 딱정벌레류는 등에 검은 점이 7개 난 칠성무당벌레가 주종을 이루고 거미류는 알집을 달고 다니는 늑대거미와 기생왕거미, 염낭거미, 왕거미, 무당거미, 긴호랑거미, 굴뚝거미가 눈에 익숙하다.

샛강 연못의 이웃들

특이하게도 풀밭에서 말매미의 허물이 많이 발견된다. 말매미 유충은 나무 주변의 땅속에서 살다가 나오는데, 땅이 아스팔트나 시멘트로 뒤덮이면서 번식장소를 이곳으로 옮긴 게 아닌가 싶다. 또 물방개, 게아재비 같은 수서곤충도 함께 살고 있으며 왼돌이물달팽이와 거머리도 이들의 이웃사촌이다.

공원 안에는 여의못을 비롯해 큰 연못이 두 군데 있고 또 이들이 작은 개울들과 연결되어서 늘 물이 들고난다.

물고기들도 물 위로 떨어지는 곤충을 노리고 있다. 본래 이 샛강에는 송사리, 붕어, 잉어, 메기, 참붕어, 미꾸라지 등이 살았으나 그 동안 버들치, 얼룩동사리, 누치, 끄리, 모래무지 등을 방류해서 종과 개체수를 늘렸다. 외래어종인 베스와 블루길도 한강 본류에서 들어와 능청스럽게 노닐고 있다.

물고기를 노리는 붉은귀거북도 물길을 타고 떡하니 들어와 있다. '청거북'으로 더 알려진 이녀석의 고향은 미시시피 강이다. 처음에는 미군들이 애완용으로 몇 마리 가져왔는데 나중에 업자들이 돈벌이로 마구 들여왔다. 새끼 때는 앙증

명이 길어 수십 년은 너끈히 살며 식탐도 엄청난 붉은귀거북, 일명 청거북

맞고 귀엽지만 덩치가 커지고 똥을 겁나게 싸대기 시작하면 냄새가 나서 집집마다 애물단지가 된다. 그래서 은근슬쩍 내다버리곤 했다. 게다가 절에서 방생한답시고 마구잡이로 놓아주다 보니 한강 본류는 물론 샛강까지 올라와 골칫거리가 되었다. 차라리 토종인 남생이나 자라를 놓아주면 좋을걸. 멸종위기에서 구해 주는 공덕도 쌓고 말이다. 청거북은 명이 길고 식탐 또한 엄청나다. 뱀까지 잡아먹는다는 황소개구리도 청거북한테는 그저 한끼 밥에 지나지 않는다. 최근 청거북이 늘어나면서 황소개구리가 줄어든다는 '미확인' 뉴스도 있다.

도시공원이지만 서식하는 조류의 종은 꽤 많다.

붉은머리오목눈이, 딱새, 집비둘기, 멧비둘기, 참새, 박새, 곤줄박이, 꿩, 까치 같은 텃새는 사철 내내 관찰된다. 봄이 오면 '뱁새'로 더 알려진 붉은머리오목눈이가 맨 먼저 덤불 속에 신방을 차린다. 외로운 사냥꾼처럼 독신생활을 하는 딱새는 윤중로와 공원 사이의 경사지 관목숲에 자주 보이며, 멧비둘기는 시민공원에서 날아든 집비둘기 등쌀에 갯버들숲에서 논다. 참새는 무리를 지어 저수로 건너 도로변 관목숲에서 텃세를 부리고 풀밭덤불 속에는 꿩들이 놀고 있다. 다른 새알까지 먹어치우는 까치는 인근 아파트촌까지 드나든다.

여름이면 백로, 왜가리, 개개비, 노랑할미새, 덤불해오라기 등이 날아든다. 아주 텃새가 되어버린 백로와 왜가리는 88올림픽대로 쪽 저수로를 즐겨 찾고, 덤불해오라기는 사람들의 발길이 드문 버드나무숲으로 둘러싸인 생태연못 주

딱새

변의 물길에서 먹이를 노리고 있다. 개개비는 갈대밭 한가운데서 요란을 떨고, 노랑할미새와 물총새는 저수로에서 이따금 눈에 띈다.

오리류는 흰뺨검둥오리, 청둥오리, 논병아리가 있는데 주로 여의못과 생태연못을 아지트 삼아 거미줄처럼 뻗은 수로에서 먹이를 사냥한다. 흰뺨검둥오리는 텃새답게 이곳 초지에서 번식하여 한강 본류와 샛강 개울을 드나들며 먹이를 찾는다.

겨울철새는 청둥오리와 쇠오리, 고방오리가 있으며 그중 청둥오리 몇 마리는 아주 이곳에 눌러앉아 텃새가 되었다. 초여름이면 새끼들을 데리고 유영하는 청둥오리들을 쉽게 볼 수 있다. 또 저수로에서 긴 꽁지를 아래위로 까딱이는 할미새의 모습도 간혹 관찰된다.

유일한 육식조류인 황조롱이는 샛강 먹이사슬의 맨 꼭대기에 있는 텃새이다. 공원 옆의 광장아파트 11동에는 매스컴을 많이 타 인기스타가 된 황조롱이가 보금자리를 틀고 있다. 가까운 LG빌딩에도 한 쌍이 살고 있지만, 샛강의 황조롱이와는 영역이 뚜렷이 구분된다. 황조롱이는 봄에 짝을 지어 초여름에 부화하는데, 알이 모두 부화할 때까지 포란하는 모성애가 유별나다. 그리고 여간 살림꾼이 아닌지라, 샛강 주변의 참새며 오목눈이를 잡아서 조금씩 비축해 둔다.

샛강에도 육식성 포유류가 살고 있다는 사실은 또 하나 놀라운 일이다. 다름아니라 들쥐를 먹고 사는 족제비와 들고양이다. 들고양이의 출현은 쉽게 이해가 가지만, 족제비는 뜻밖이다. 이곳 족제비는 먼 옛날부터 이곳에서 살아온 녀

흰뺨검둥오리(위)와 청둥오리(아래). 흰뺨검둥오리는 봄에 부화를 하여 초여름이면 어미가 새끼들을 거느리고 개울을 헤엄쳐 다닌다.

봄철 윤중로의 벚꽃과 개나리

석일 가능성이 높다. 개발되기 이전 여의도의 생태띠는 샛강-대방동 숲-보라매 숲-국사봉-관악산으로 이어졌다. 그후 올림픽도로를 비롯한 여러 겹의 도로 때문에 생태띠가 잘려나가면서 샛강 갈대숲에 그만 고립된 게 아닐까 싶다.

강변 모래밭의 감동

샛강의 둑은 여의도를 한바퀴 도는 윤중로이다. 봄이면 이 윤중로는 벚꽃 천지를 이룬다. 때맞춰 개나리까지 만발하면 여의도는 난리가 아니다. 그러나 일부에서는 이 벚꽃길을 애물단지라 하여 베어버리자고 한다. 이 벚나무들 때문에 매미가 극성을 떨고 상춘객들이 밤낮없이 몰려와 동네를 난장판으로 만들어놓는다는 것이 그 이유이다. 이해는 가지만 그리 간단하게 말할 수 있는 것은 아니다. 벚나무와 매미가 무슨 죄가 있는가, 지나친 것은 오히려 사람들 쪽이 아니겠는가.

샛강에서 윤중로로 올라서서 63빌딩 뒤로 돌아가면 강변이다. 허공중에 아스라하게 깎아세운 빌딩 아래, 한 뼘도 안 되는 난쟁이 제비꽃이 피었다. 그것도 비탈진 시멘트블록 사이에다 간신히 뿌리를 박고 가냘픈 꽃을 피우고 있다. 아무래도 제자리가 아닌 듯하지만, 꽃은 아랑곳하지 않는다. 참으로 경이롭고 은혜로운 생명이다.

시멘트블록 사이에 뿌리박은 제비꽃

논어에 나오는 말인가. 물물각득기소(物物各得其所), 모든 사물은 각각 제자리가 있다고 했다. 그 꽃은 거기에 피어 있지 않으면 안 되고, 그 나비는 그 꽃에 앉지 않으면 안 된다. 그 나무도 거기에 있지 않으면 안 되고, 그 새도 거기서 울지 않으면 안 된다. 심지어 냇가의 작은 조약돌 하나도 자기 자리 아닌 곳에 가 있지 않다. 흐르는 바람까지도 그렇게 불지 않으면 안 되는 까닭이 있는 것이다. 세상에 어느 하나도 엉뚱한 자리에 있는 것은 없다. 이것이 자연의 절대(絶對)이며, 연기(緣起)가 아니겠는가.

강변 쪽의 드넓은 풀밭이 시원하다. 그야말로 잡초들이 헝클어진 머리카락처럼 난삽하게 우거진 풀밭이다. 사람들은 이 아까운 땅을 왜 그냥 놀리냐고 의아해하지만, 그건 모르는 소리다. 현재 서울은 도심이든 공원이든 온통 시멘트와 잔디 투성이다. 그나마 이렇게 내팽개쳐 둔(?) 곳이 있어야 비로소 풀밭과 흙을 밟아볼 수 있으니 실로 불행한 일이다. 그런데 이 풀밭에 사는 들쥐들이 길을 건너가 골치를 썩인다고 해서 63빌딩측에서 수시로 소탕작전을 벌인다는 소리도 들린다.

풀밭이 있는 강변으로 나가면 손바닥만한 모래밭이 있다. 한강개발 때 수심 수미터의 호안을 조성했던 곳인데, 언제

호안에 형성된 길이 30미터의 모래밭

부턴가 상류에서 떠내려온 모래와 자갈이 쌓이면서 그 깊이를 다 메우고 이제는 의엿한 백사장이 되었다. 그대로만 둔다면 1세기 안에 여의도 일대 강변은 널찍한 모래밭으로 변할 것이다. 감동은 늘 그렇게 작은 것에서부터 시작한다.

자연이란 '자생'(自生)의 또 다른 말이 아니겠는가. 인간이 그 어떤 물리적인 힘을 쏟아부은들 자연은 본래의 모습으로 되돌아가고자 하는 자생의 탄력을 원초적으로 갖고 있다.

요즘 나는 틈만 나면 그 모래강변에 나가서 모래무지며 자라가, 새뱅이가, 재첩조개가, 도요새가 나타나기만을 학수고대한다.

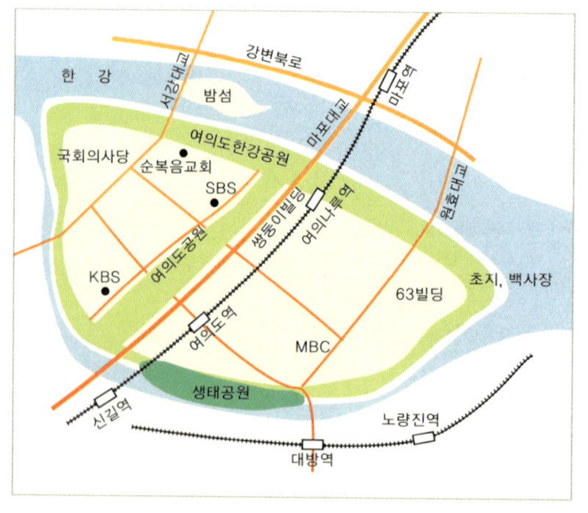

교통
여의도에는 전철역이 셋 있다. 시민공원은 5호선 여의나루역, 여의도공원은 5호선 여의도역, 생태공원은 1호선 대방역에 내리면 가기가 쉽다.

기타
샛강생태공원사무소(02-791-0781~2/0714)

미사리와 당정동 둔치

미루나무숲 아래 졸고 있는 키 작은 마을, 초록우산 같은 강숲과 강을 따라 난 끝간데 모를 숲길, 강둑 아래 흐드러진 풀꽃과 풀벌레 날개 위로 쏟아지는 맑은 강햇살, 갈대밭 위로 흐르는 바람 같은 뭇새와 은빛 모래발자국, 그 위로 엎어지는 잔물결과 그 물결을 타고 노는 어린 물고기떼…. 첨벙첨벙 들어가 물 속의 잔돌이 되어 드러눕고 싶은 추억 속의 강이 우리 마음속에 흐른다.

그러나 서울의 강은 더 이상 강이 아니다. 무릇 모든 강은 풀꽃과 나무와 풀벌레와 물새와 온갖 물고기와 네발 달린 짐승 들로 무장을 한다. 그러나 서울의 강은 개발이라는 이름 아래 완전히 무장해제된 채 삭막하게 흐르고 있다. 사실 샛강은 오·폐수를 내다버리는 하수도에 불과하고, 본류는 시멘트를 뒤집어쓴 한낱 운하일 뿐이다. 개발시대에 들어와 서울의 한강은 생태적으로, 정서적으로 강의 기능을 완전히 잃어버렸다. 그 어디를 가도 우리 마음속에 남아 있는 추억의 강은 사라지고 없다.

도심 속의 한 폭 수채화

서울의 강, 그 체념 어린 모습에도 불구하고 아직 그리움처럼 옛 모습의 한 자락이 남아 있는 곳이 있다면 팔당-당정동-미사리에 이르는 구간일 것이다. 행정상으로는 서울을 벗어나 있지만, 도심에서 30분이면 닿는 곳에 작은 희망과 위안으로 남아 있다.

올림픽대로를 타고 한강의 첫 다리인 강동대교를 지나면서부터 강의 모습이 조금씩 달라진다. 끝없이 이어진 호안 블록과 모래채취장이 눈을 아프게 하지만 도심의 강에서 보던 다리, 놀이터, 체육시설, 주차장, 매점, 화장실, 안내판 같은 인공구조물이 씻은 듯이 사라지고 대신 도심에 없는 갈대와 물억새 숲이 언뜻언뜻 나타난다. 지붕 낮은 농가 몇 채와 뻐꾸기 우는 잔산(殘山)도 지나간다.

조정경기장이 있는 미사동이 가까워지면서 강변의 키 큰 미루나무가 이루어놓은 숲이 그득하게 들어온다. 그 숲을 지나면 당정동이다. 청량산 골짜기 물이 모인 덕풍천이 미사리 끝자락을 적시며 흘러든다. 이름 모를 꽃들로 뒤덮인 둔치 위를 백로무리가 하얗게 내리고 있다. 그 아래의 키 작은 갯버들숲과 푸른 갈대숲도 한 폭의 수채화다.

은빛 강물 위로 작은 섬들이 파랗게 떠 있고, 사람들이 바짓가랑이 둥둥 걷고 건너가 섬자락에 앉아 낚싯대를 담그고 있다. 고깃배 뱃전에 앉아 졸고 있는 초부(樵夫)의 밀짚모자 너머로 덕소나루가 눈맛 좋게 펼쳐진다. 비로소 한강이다.

이번 걸음은 팔당대교 남단에서 U턴해서 당정동 둔치에

도심의 작은 희망 당정동 둔치(왼쪽)와 덕풍천(오른쪽). 이 당정동과 미사동 둔치는 덕풍천을 사이에 두고 당정동–미사동–선동–강동대교 아래까지 약 10킬로나 이어진다.

내리는 것으로 한강 첫걸음을 시작한다.

한강은 우리나라 강 중에서 유역이 가장 넓다. 특히 하구에는 둔치가 많이 발달해 있다. 팔당댐에서부터 행주대교를 지나 김포와 파주까지 남북단을 오가며 길게 이어져 있다. 그러나 서울의 둔치들은 거의 시민공원화되어 버리고, 현재 약간이나마 본래의 모습이 남아 있는 곳은 서울을 벗어난 아래쪽 민통선지역과 위쪽 팔당 아래에 있는 당정동과 미사동 지역뿐이다.

당정동과 미사동 둔치는 한강이 팔당댐을 넘어오면서 맨 먼저 만들어놓은 둔치이다. 위로는 제방도로가 달리고, 아래쪽으로는 한강개발 때 쌓은 시멘트 호안이 하구인 행주까지 이어져 있다. 이 제방과 호안 사이에 엄청난 규모의 넓은 둔치가 형성되어 있다.

당정동 지역의 둔치는 인간의 방치로 다행히 개활지의 자연생태를 보여주고 있지만, 미사동 둔치는 옛날부터 강마을이 형성되어 있었다. 홍수 때만 흐르던 샛강을 이용해 근래 조정경기장까지 들어서서 지형이 바뀌긴 했으나, 조정호

뒤쪽으로는 사질토의 밭과 풀밭이 남아 있다. 호안 아래에
도 홍수가 실어다 놓은 모래가 군데군데 쌓여 제2의 둔치를
만들어내고 있다.

그리고 재미있게도 바짓가랑이를 둥둥 걷고 들어갈 수
있는 곳에 여러 개의 작은 하중도들이 강물 위에 보기 좋게
떠 있다. 이름도 없는 이 섬들은 한강의 수량에 따라 수시
로 모양과 크기가 변하는 요술의 섬이다.

귀화식물도 생명체이거늘

어디든 그 지역의 생태계를 보려면 1차 생산자인 식물부터
먼저 살펴보는 게 순서이다. 둔치는 어딜 가나 마찬가지이
지만, 이곳도 자생식물들이 귀화식물의 등쌀에 밀려 텃세를
내주고 말았다.

토종으로는 제비꽃, 애기똥풀, 질경이, 냉이, 꽃다지, 닭
의장풀, 새콩, 새팥, 고들빼기, 익모초, 고마리, 여뀌, 쑥, 민
들레, 별꽃, 메꽃, 며느리배꼽, 수크령 등이 보인다. 그중 갈
퀴나물은 한 가지에 10~16개의 작은 잎이
마주보고 달려 있으며 가지 끝마다 갓난아
기의 손 같은 작은 덩굴손 2~3개가 뭐든지
잡으려고 이리저리 애를 쓴다. 자주색 꽃은
여름부터 가을까지 화려하게 뭉쳐서 핀다.
꽃은 작지만 무리지어 피기 때문에 때맞춰
가면 그 모습이 장관이다. 가을이 저물면 콩
깍지 속에 콩보다 작은 열매가 익는다.

귀화식물은 달맞이꽃, 망초, 개망초, 서양

둔치초지

등골나물, 미국쑥부쟁이, 뚱딴지, 소리쟁이, 왕고들빼기, 개여뀌, 털여뀌, 좀명아주, 큰방가지똥, 털비름, 이삭여뀌, 가시도꼬마리, 서양민들레, 토끼풀 등 30여 종이 넘는다.

언젠가 TV에 어떤 식물학자가 나와서 시멘트블록 틈에 뿌리를 박고 어렵사리 꽃을 피운 민들레를 뽑아들더니 느닷없이 "이게 서양민들레입니다. 귀화식물들은 이렇게 지독합니다" 하며 고개를 절레절레 흔들었다. 이렇듯 귀화식물 하면 무조건 혐오와 증오의 눈길을 보내는 이들이 있다. 하지만 우리 것에 대한 사랑이 너무 지나쳐서 반생명적 국수주의로 치닫는 것은 결코 바람직하지 않다.

귀화식물을 두둔하고 예찬하려는 게 아니다. 그들이 지닌 원초적 생명과 함께 그들의 역할도 한 번쯤은 생각해 보자는 이야기이다.

달맞이꽃도 대표적인 귀화식물이다. 지구 저 반대쪽에 있는 남미가 고향이다. 달맞이꽃은 한낮의 뜨거운 햇볕을 오래 견디지 못할 만큼 꽃잎이 연약해서 밤에 꽃을 피운다. 그리고 밤이면 자외선을 내기 때문에 야행성 곤충들이 찾아든다. 늦가을에 여무는 씨앗으로 월견유라는 기름을 짜내서 고혈압, 신장염, 인후염, 비만증을 치료하는 약재로 쓰고 있다.

다양한 곤충들의 무대

보고서에 따르면, 이곳은 한강의 여러 둔치 가운데 곤충종이 가장 다양하다. 풀무치, 애메뚜기, 섬서구메뚜기, 팥중이, 콩중이, 벼메뚜기, 왕사마귀, 실베짱이, 방아깨비, 쌕쌔

여러해살이 콩과식물 갈퀴나물(위)은 들이나 야산에서 자란다. 가는잎 쑥부쟁이(아래)

대표적인 귀화식물 달맞이꽃

팥중이(위)와 갈퀴나물꽃에 앉은 암먹부전나비
(아래)

기, 배추흰나비, 네발나비, 황오색나비, 푸른부전나비, 남방부전나비, 암먹부전나비, 고추좀잠자리, 왕잠자리, 밀잠자리, 물잠자리, 등검은실잠자리, 아시아실잠자리, 쇠침범잠자리, 된장잠자리, 나비잠자리, 말매미, 참매미, 애매미, 감탕벌, 노린재, 칠성무당벌레…. 그리고 호리가슴개미, 곰개미, 일본왕개미가 보이고 굴뚝거미, 왕거미, 무당거미, 갈거미, 늑대거미 등 거미류까지 정말 많다.

곤충을 가리키는 순 우리말이 벌레이다. 그런데 벌레 하면 어딘지 혐오스러운 느낌이 들어가 있다. '버러지'하면 곤충에 대한 혐오성이 더 진하게 풍겨난다. 하지만 선입관만 떨쳐버린다면 곤충은 보면 볼수록 참으로 아름다운 생명체이다.

갈퀴나물꽃에 암먹부전나비 한 마리가 정물처럼 앉아 있다. 참으로 아름답고 앙증맞다. 수컷은 검은 테를 두른 남빛이고 암컷은 주홍색 점무늬가 박인 흑갈색이다. 그리고 암수 모두 회백색 날개 뒷면에는 검은 점무늬가 많이 박여 있다. 봄부터 가을까지 늘 볼 수 있어서 금방 친숙해지는 나비이다. 이 둔치에서는 주로 냉이, 토끼풀, 조록싸리, 멍석딸기, 개망초 따위의 꽃꿀을 즐겨 빨며 애벌레도 그 잎을 먹고 자란다.

생명체는 먹이가 있는 곳으로 모이게 마련이다. 곤충을 먹고 사는 청개구리, 참개구리, 아무르산개구리가 보이는 것은 지극히 당연한 일이다. 이곳 둔치는 군데군데 늪이 있어서 산란과 서식처로도 조건이 꽤 좋은 편이다.

또 곤충과 양서류가 있는 곳에는 새들이 모여든다. 붉은

머리오목눈이, 개개비, 제비, 박새, 멧새, 까치, 멧비둘기, 꿩, 종다리, 촉새, 뻐꾸기, 흰뺨검둥오리 등이 모두 이곳 둔치의 새가족이다. 황조롱이 같은 맹금류도 개구리, 작은 새, 들쥐 들을 찾아 이곳을 뻔질나게 드나든다.

새들도 태교를 한다. 알을 품으면서 끊임없이 '꾸구구국' 중얼거리고, 쉴새없이 이리저리 알을 굴리는 것이 이들의 태교다. 특히 해맑은 봄날 미사리 강변 숲속에서 듣는 뻐꾸기의 태교소리는 향수에 굶주린 도시인들의 빈 가슴을 망향의 정으로 가득 채워준다. 뻐꾸기는 비록 뱁새둥지 같은 남의 둥지에다 알을 낳아 그곳에서 키우긴 하지만, "으응 내 새끼, 착하기도 해라" 하고 둥지를 맴돌며 태교를 한다. 새끼들은 그 소리를 듣고 비로소 뱁새가 아닌 뻐꾸기가 되는 것이다.

미사리 강변의 포플러

멋진 하변림과 보석 같은 늪

둔치의 목본류 식생은 지형과 지질의 영향으로 매우 단조롭다. 갯버들, 용버들, 왕버들 같은 버드나무 종류가 우점하고 있다. 아래쪽의 미사리 둔치에서는 줄딸기, 찔레, 아까시, 물오리나무, 리기다소나무, 미루나무(양버들)를 볼 수 있고 조정호 주변에는 이보다 많은 종류의 나무가 숲을 이루고 있다.

특히 미사리의 미루나무와 아까시 숲은 '생태적 경관'이라고 이름붙여도 좋을 만치 튼실하고 멋진 하변림(河邊林)이다. 하변림은 토양의 유실을 막아주는 지킴이이자, 또 빗물이나 지하수를 머금고 있다가 서서히 강으로 보내주고 기온의 급상승과 급강하도 어느 정도 막아준다.

나 역시 '미루(美柳)나무'라고 부르고는 있지만, 정확한 이름은 '양버들'이다. 두 나무가 비슷하면서도 양버들은 나무모양이 빗자루처럼 홀쭉하고 잎은 짧고 넓적하며, 미루나

둔치습지

무는 자루 달린 부채 모양으로 양버들보다 뚱뚱하고 잎이 길고 좁다. 양버들은 흔하지만 미루나무는 흔치 않은 나무이다. 1900년경 서유럽에서 들어온 양버들은 버드나무 종류가 아니라 사시나무 종류에 속한다. 한때 시골의 신작로 가로수로 많이 심었다. 이 양버들과 비슷한 것이 60년대 새마을운동 시절에 들여온 이태리포플러이다.

당정동 둔치에는 상당한 넓이의 늪이 군데군데 남아 있다. 홍수 때 들어온 물이 미처 빠지지 못하고 고여서 이루어진 늪이다. 늪의 물이 1년 내내 마르지 않는 것은 적은 양이지만 지표수와 지하수가 끊임없이 공급되고 있기 때문이다. 미사리 쪽에도 생태계의 보물상자 같은 늪이 군데군데 있어서 이 지역의 생태그물을 튼튼하게 짜준다.

깊이는 발목에서 무릎께밖에 안 되지만, 물벌레(수서곤충)가 다양하게 서식하는지라 관찰하는 재미가 여간 아니다. 소금쟁이며 게아재비, 물방개, 물장군, 물자라, 각종 잠자리 유충을 볼 수 있다.

물 속 곤충은 대개 육지에 올라와 알을 낳거나 번데기가 되는데, 양서류와 조류의 공격을 피하기 위해 부화와 우화는 주로 밤에 이루어진다. 부화나 우화 시간이 길면 그만큼 적에게 노출될 확률이 높은 터라 가급적 해가 뜨기 전에 끝내야 한다. 그래도 성공률은 30%밖에 되지 않는다.

물장군도 먹고 먹히는 살벌한 물 속의 세계를 알기 때문에 짝짓기가 끝나면 물 밖으로 나와 식물줄기에다 알을 낳는다. 알은 수면에서 10센티 안팎의 높이에다 부착하는데, 이는 부화한 새끼들이 물 속으로 다이빙하기 쉽게 하기 위

왕잠자리의 탈피

한 모성애의 발로이다. 모든 모성은 생명성(生命性)이다.

물방개도 완전변태를 하기 때문에 날개를 달기 위해서는 부득이 물 밖으로 나와야 한다. 땅속에 방을 만들고 그 안에서 번데기가 되며, 1주일만 참고 견디면 딱딱한 깍지날개가 돋는다. 땅속으로 들어갈 때와 나올 때의 모습이 전혀 다르다.

왕잠자리는 유충 때도 육식성이다. 갈고리처럼 생긴 길고 강한 아래턱으로 올챙이를 낚아채듯 잡아먹는다. 그러나 물 밖으로 나와 날개를 달면서부터 둘의 관계는 역전된다. 개구리는 긴 혀를 이용해 오수를 즐기는 잠자리를 단숨에 낚아챈다.

물 속 곤충은 육상의 곤충보다 동작도 느리고 생김새도 좀 '얼빵'하지만, 저네들끼리도 잡아먹는 잔혹한 면이 있다. 하지만 이것은 위기에 처해 스스로 개체수를 줄여나가는 지혜라고 볼 수도 있다. 그래서 어떤 이들은 전쟁도 인류의 자기 숫자 줄이기로 해석한다.

시멘트블록으로 쌓은 호안 아래에도 퇴적토가 쌓여 새로운 둔치가 만들어지고 있다. 미사리까지 이어진 이 둔치들은 호안을 쌓을 때만 해도 없었다. 인간이 갖은 장난을 쳐놓아도 자연은 저렇게 스스로 제 모습으로 돌아가는 것이다.

튼실한 수생식물대

홍수가 지나간 자리에 풀들이 누워 있고 갯버들 가지들도 많이 상했다. 이를 두고 사람들은 흔히 '재해'(災害)라는 용어를 쓰지만, 이것은 자연에 대한 저항이 아닌 순응의 결과일 것이다. 자연에 순응하기 위해 저 스스로 몸을 뉘고 저 스스로 팔다리를 꺾은 것이다. 자연은 자연 앞에 대들지 않는다.

비전문가로서 자연생태와 관련된 글을 읽거나 세미나에 나갔을 때 종종 부딪히는 어려움 중 하나가 용어에서 오는 혼동이다. 자연늪이나 하천의 식생을 구성하는 식물을 흔히 ‘수생식물’(hydrophyte)이라 일컫지만, 분류학적 근거를 가진 식물군이라고 보기는 어려울 것 같다. 게다가 ‘습지식물’ ‘습생식물’ ‘수변식물’ ‘수초’ 등 용어까지 혼용되어서 초심자는 더욱 헷갈린다.

그래서 서식구역별로 수변식물(물가식물), 수면식물(물위식물), 수중식물(물속식물)로 나누면 이해하기가 훨씬 쉽다. 수변식물에는 주로 물가에 사는 갈대, 부들, 줄 등이 있고 수면식물에는 잎이 물 위에 떠 있는 개구리밥, 연꽃, 물옥잠, 마름 등이 있고 수중식물에는 뿌리와 줄기와 잎이 모두 물 속에 있는 붕어마름, 물부추, 나사말 같은 물풀이 포함된다. 수생식물은 이 모두를 포함하는 총칭으로 파악하면 이해가 쉬울 것이다.

새로 생긴 강변의 둔치에는 갯버들, 갈대, 물억새, 부들, 여뀌, 골풀, 고랭이, 줄, 질경이택사, 돌미나리… 어림잡아도 20종이 넘는 수변식물이 숲을 이루고 있다. 물질경이, 고랭이, 줄, 질경이택사, 돌미나리는 물 속에 발을 담그고 있지만 그 나머지는 홍수 때만 물에 잠긴다.

물질경이는 원줄기 없이 뿌리에서 잎이 모여서 나며, 처음 나오는 잎은 타원형이고 나중에 나오는 잎은 둥글다. 잎

물 속에서 자라는 한해살이풀 물질경이(위)와 뿌리를 땅에 박고 있는 여러해살이 부엽식물 가래(아래)

은 주름이 지고 가장자리에 톱니가 나 있다. 마치 잎자루가 줄기 같다. 가을에 꽃받침과 연붉은 꽃잎이 3장씩 핀다.

홍수가 지나가고 나면 상류에서 떠내려온 비닐과 쓰레기가 물가의 숲에 지저분하게 걸리지만, 이것이 홍수로부터 둔치를 지켜주고 쓰레기를 걸러주는 수변 숲의 본래 기능이요 모습이다. 그리고 물 속에 끊임없이 산소를 공급하여 수질을 정화시키고, 새들에게 더없이 좋은 보금자리가 되어 준다.

수면식물은 크게 두 종류가 있다. 연꽃이나 마름처럼 뿌리와 줄기를 물 속에 두고 잎만 물 위에 띄운 부엽(浮葉)식물과 개구리밥이나 물옥잠처럼 몸통 전체가 물 위에 떠 있는 부유(浮游)식물이다.

가래는 마디에서 뿌리와 줄기가 나와 자란다. 여름에 작은 꽃대가 올라와 황록색의 깨알같은 꽃이 이삭 모양으로 핀다. 하지만 생이가래는 이름이 비슷한 가래와 달리 뿌리까지 물 위에 떠다니는 한해살이 부유식물이다. 바람과 파도에 밀려 물에 잠긴 갈대밭 사이로 무리지어 떠돌아다닌다. 잎모양은 원형에 가깝고 크기는 손톱만하며, 여름이면 담녹색 꽃이 핀다.

수중식물은 흔히 '수초' '물풀' '말'로 더 익숙하게 불리는데, 이 물풀들은 대개 여러해살이이며 암수로 나누어져 있다. 그리고 주로 여름에 물 속에서 꽃이 핀다. 물고기의 서식과 산란에 없어서는 안 될 좋은 태실(胎室)이 되는 것이 바로 이 물풀이다.

검정말은 이름 그대로 색깔이 짙고 억세다. 뿌리에서 줄

기가 무더기로 나고, 잎은 붕어마름처럼 마디마디 돌아가며
붙어 있다. 늦여름에 잎겨드랑이에서 작은 연자줏빛 꽃이
핀다. 또 나사말은 모래바닥보다 흙바닥을 좋아하는데, 모
래바닥이 많은 이곳에 간혹 나타나는 것은 홍수 때 팔당에
서 떠내려와 자랐기 때문인 것 같다. 암꽃은 물 위에 피고
수꽃은 물 속의 포(苞) 안에서 핀다.

강 아래쪽에는 크고 작은 사주(沙州)가 섬으로 형성되어
있다. 사주는 물흐름이 느려지면서 위에서 떠내려오던 모래
와 자갈이 가라앉아 쌓인 곳이다. 이곳 사주와 둔치에서는
도심 구간의 한강에서 찾아볼 수 없는 갖가지 수생생물이
관찰된다. 여느 둔치와 호안은 잔디와 시멘트로 뒤덮이고
강줄기는 통수(通水)를 위해 직강화되고 강바닥은 운하처
럼 깊이 파여 있기 때문에 수생식물이 발 디딜 틈이 사라져
버린 것이다.

역시 도심의 한강에서 볼 수 없는 구슬우렁이, 왼돌이물
달팽이, 민물새우, 새뱅이, 징거미새우, 말조개, 재첩, 민물

재첩과 재첩 줍는 사람들

담치 등이 이곳에 서식하는 것도 튼실한 수생식물대가 형성되어 있기 때문이다.

재첩은 최근 개체수가 늘어나고 있는데, 수질이 나아진 결과로 보고 있다. 홍수가 지나간 뒤 호안의 모래밭에서 많이 잡힌다. 팔당댐 물막이벽에 붙어사는 고착성 어패류 민물담치는 홍수가 지거나 수문을 열 때 세찬 물살에 의해 벽에서 떨어져 이곳까지 떠내려온 것이다.

두미강의 잉어잡이

한강은 물줄기가 내려오는 동안 지역에 따라 그 이름이 달라진다. 팔당을 중심으로 양수리부터 광나루까지의 한강을 옛사람들은 '두미강'이라고 했다. 당정동-미사동-선동의 둔치들도 다 두미강이 만들어낸 것이다.

위치상 한강의 중류와 하류를 이어주는 두미강은 BOD를 기준으로 수질이 2급수쯤 된다. 이처럼 수질이 비교적 양호한 것은 다양한 수생식물이 서식하고 또 강바닥[河床]이 돌과 자갈과 모래로 구성되어 있기 때문이다. 일부 구간에서는 여울소리도 들을 수 있을 만큼 돌과 자갈이 많다. 여울은 물 속에 산소를 공급해 주는 역할을 하며, 돌과 자갈은 물 속 생태계의 생산자인 규조류의 서식처가 되고, 규조류는 각종 물고기의 먹이가 된다.

강바닥의 상태에 따라 물고기의 서식종이 달라지듯이 이곳에는 자갈과 모래를 좋아하는 피라미, 갈겨니, 버들치, 쏘가리, 밀어, 돌고기, 모래무지, 참마자, 중고기, 참중고기, 경모치, 눈동자개, 누치, 줄납자루, 납자루 등이 있다.

쏘가리는 이곳 낚시꾼들이 노리는 물고기 가운데 하나이
다. 쏘가리는 팔당댐 아래에서부터 잠실 수중보 사이에서
많이 올라오는데, 몸길이가 대개 한 뼘 가량이지만 이 지역
에는 50센티에 육박하는 대형 쏘가리도 심심찮게 있다. 또
거의 멸종되다시피 한 황쏘가리까지 올라오는 것은 1997년
에 대량번식에 성공하여 한강 하류 수계에 수만 마리를 방
류했기 때문이다.

연로하신 분 가운데는 두미강 잉어잡이를 기억하는 분들
이 많다. 특히 열두 바탕 잉어몰이 이야기는 듣는 것만으로
도 신나는 고기잡이였다. 첫 그물 '너래그물'은 다산 생가가
있는 마재에서 강 건너 광주 이석동에 걸쳐놓고, 열두번째
마지막 그물인 '떡반그물'은 하팔당에서 더우개(덕풍천) 사
이에 쳐놓고 겨울 석 달 동안 잉어몰이를 했다고 한다.

그나저나 한강의 잉어에서 환경호르몬이 검출되어 걱정
이 앞선다. 수컷의 정자 속에서 암컷의 난자가 자라고 있다
는 보고서가 나왔다. 수컷이 제 역할을 하지 못하면 잉어
번식률은 두드러지게 떨어진다. 설령 짝을 지어 알을 낳았
다고 해도 환경호르몬은 어린 새끼에게까지 유전적으로 전
이되어 성불구가 될 수밖에 없다.

왼쪽부터 돌고기, 쏘가리, 누치

한강의 물고기를 이야기할 때면 떠오르는 에피소드가 하나 있다.

몇 해 전 '서울의제 21'의 내용을 수정하면서, "한강의 물고기를 2000년까지 53종으로 늘린다"는 내용을 집어넣었다. 그런데 발표 후 며칠이 지나 모 신문에서 어느 연구소의 자료를 인용해 물고기가 56종으로 늘어났다고 발표했다. 웅어와 두우쟁이 등 그 동안 사라졌던 몇 종이 잡혔다는 것이다. 불과 며칠 만에 목표를 초과달성하고 보니 왠지 뒤통수가 가려웠다. 하지만 그 뒤 얼마 안 있어 다른 조사팀이 수질오염으로 48종으로 크게 줄었다고 발표했다. 난감하지 않을 수 없었다. 그래서 한 세미나의 토론자리에서 이 이야기를 했더니 그 자리에 참석한 물고기 전문가가 나서서 '별걱정 다 한다'는 투로, 숫자가 모자라면 치어를 방류하면 되지 않느냐는 것이다. 공무원다운 발상이 아닐 수 없었다.

생명에 대한 계량적(計量的) 가치관은 때로 이런 코미디를 연출한다. 하지만 웃고 넘길 일이 아니다. 현대인들의 계량적 가치관이 지구의 생명가치를 왜곡시키고 자연환경을 훼손시켜 왔다는 사실을 이제는 깨달을 때가 되었다.

당정동과 미사동 일대의 생태계 앞날도 불투명하다. 하남시가 중장비를 동원하여 덕풍천 주변의 둔치를 엄청나게 밀어붙이기 시작했다. 이런 것을 보면 백성들의 자연훼손은 오히려 사사로운 것이다. 정부나 지자체의 대규모 자연훼손은 자연에 대한 무차별 융단폭격과 진배없다. 그 자리에 무엇이 들어설 것인지는 중요하지 않다. 그 강변의 둔치들을 '쓸모 없는 땅'으로 인식하고 있는 공무원들의 사고방식이

더 큰 문제인 것이다. 국록이 부끄럽지 않은 벼슬아치가 한
사람이라도 있다면 환경운동가들에 앞서 달려가 그 중장비
앞에 드러누울 일이다.

교통
2호선 잠실역과 5호선 천호역에 미사리행 버스가 있다. 하남시에서도 미사
리행 버스가 다닌다. 당정동 둔치는 곧바로 가는 교통편이 없기 때문에 미
사리에서 관찰을 하면서 걸어가면 좋다. 승용차로는 올림픽대로를 이용해
팔당대교까지 가서 U턴하면 당정동 둔치이다.

기타
미사리 도로변에 점심을 먹을 수 있는 식당이 많다. 조정경기장 마을에도
한식집들이 있다. 당정동 둔치에서는 물을 구할 수 없으므로 미리 챙겨가
야 한다.

북한산 튤립나무

서울의 논을 찾아서

풍선을 계속 불어대면 기압을 견디지 못해 펑 터진다. 도시
도 마찬가지다. 환경용량이라는 게 있어서 인구가 적정 수
준 이상으로 팽창하면 도시구조와 자연생태계의 조화가 깨
어진다. 이것을 '인구압'(人口壓)이라고 한다.

도시는 이 인구압을 이겨내기 위해 부득이 변두리로 공
간을 넓혀갈 수밖에 없다. 그 바람에 교외의 논밭과 야산은
점차 빌딩숲과 아파트단지에 점령되고 개천은 도로와 주차
장으로 복개되어 흔적 없이 사라진다. 지금의 서울이 바로
그런 모습이다.

이번 걸음에서는 인구압에 희생되어 사라져가고 있는 서
울의 논을 찾아본다.

그래도 땅이 살아 있음을 말해 주는 서울의 논뜰

벼농사가 처음 시작된 곳은 동남아라고 한다. 우리의 벼농
사도 기원전 6세기로 거슬러 올라가 경기도 여주에서 탄화
된 볍씨가 발견되면서 시작되었다. 그러나 물을 가둬놓고
벼를 재배하는 수도작은 그보다 훨씬 뒤일 것이다. 『삼국사

발산–가양–오곡–오쇠–공항–방화–전호동
을 잇는 강서지구의 논 일부

7월의 벼

기』를 보면, 백제 다루왕 6년(33년)에 "始稻作於南澤"(남택
에서 처음 벼를 심었다)이라는 기록이 나온다.

선사시대 유적들이 남아 있는 서울은 근대화되기 이전까
지만 해도 한강 하구의 드넓은 충적평야에 자리잡고 있었
다. 그러나 근대화 반백 년 만에 서울의 논은 거의 사라졌
다. 현재 서울의 논면적은 670ha로, 강서·양천구를 비롯하
여 장지동·신내동·태릉·상암동 변두리에 몇 뙈기씩 아
슬아슬하게 남아 있다. 그 가운데 강서지구는 김포평야로
불리던 한강유역의 대표적인 농경지역이었다. 인구압에 의
한 도시개발로 많이 물어뜯겨 나갔지만, 그래도 서울에 남
아 있는 농경지 중 가장 넓다.

강서지구 들머리인 화곡동(禾谷洞)의 우리말 이름은 '볏
골'이다. 이름만으로도 오랜 벼농사의 역사가 짐작된다. 그
러나 지금은 그 논뜰이 다 메워지고 아파트와 빌딩만 빼곡
이 들어차 있다. 화곡동과 이웃한 발산은 옛날에 '벌뫼'[伐

山)라고 불렀다. 벌판 가운데 솟은 산이라는 뜻이겠다. 마치 주발을 엎어놓은 모습이어서 나중에 발산(鉢山)이라고 했다.

지하철 5호선 발산역을 나오면 곧바로 논뜰이다. 원당뜰이라 부르는 이 지역은 개화산-우장산-궁산이 만드는 저지대라서 홍수 때마다 한강물이 넘나들던 습지였다. 80년대만 해도 곳곳에 늪이 있어 밤낮없이 낚시꾼들이 찾아들었고 여름이면 아이들이 바짓가랑이 둥둥 걷고 논에 들어가 천렵을 했다.

논뜰 가운데로 김포가도가 달린다. 좌우의 논뜰은 공항에서 도심으로 들어오는 이들에게 녹색융단을 횡단하는 듯한 감흥을 주곤 했다. 그러다가 택지개발로 아파트와 빌딩이 들어서고 도로가 확장되면서 논과 함께 옛 낭만도 점차 사라지고 있다. 게다가 지난해부터 수림대를 조성한답시고 도로 주변의 논을 매립해 버렸다. 전시효과는 있을지 몰라도 생태적 가치는 논만 못할 것이다. 그 나무 아래 풀꽃인들 나겠으며 곤충인들 찾아오겠는가. 새들조차 깃들이지 않을 것이다. 인근 산지와 생태띠로 이어지지 않으면 가로수에 불과하게 된다.

도로에 내려서 논뜰 둑을 걷다 보면 곳곳에 갯버들과 용버들이 눈에 띈다. 봇도랑에는 간간이 갈대, 물억새, 부들 군락도 보인다. 이런 식생은 이 지역이 오랜 세월 동안 습지였음을 말해 준다. 예전에는 길 옆의 물길을 따라 숲을 이루다시피 했는데, 지금은 도로가 확장되면서 겨우 실낱같은 목숨만 부지하고 있다.

중국에서 들어온 용버들

용버들은 중국에서 들어온 버들이다. 아래로 쳐져 꾸불꾸불한 작은 가지의 모양이 마치 승천하는 용 같다고 해서 용버들이라고 했다지만, 요즘 사람들에게는 차라리 '곱슬머리' 혹은 '라면사리'로 설명하는 게 더 잘 먹혀들 것이다. 다른 버들과 마찬가지로 습한 곳을 좋아한다.

우리는 '철없다'는 말을 잘 쓰는데, 철이 없다는 것은 '때'를 모른다는 것이다. 도시인들은 달력에 의존해야만 겨우 때를 알지만 농사를 지어본 사람은 때를 안다. 자연이 미리 알려주기 때문이다. 농사꾼은 '때'로 농사를 짓지 달력보고 짓는 게 아니다. 요즘 도시살이가 힘들어 귀농하는 이들이 늘어나고 있지만, 그들이 '때'를 익히려면 몇 해는 논바닥에서 굴러야 할 것이다.

봇도랑 곳곳에 해감이 떠 있다. 논물은 개울보다 수온이 높고 영양분이 많아서 해감이 살아가기 좋은 조건이다. 한 줌 해감 속에서도 다양한 세계가 펼쳐진다. 돋보기로 들여다보면 원생물을 비롯하여 플랑크톤, 물벼룩, 물벌레가 서로 팽팽하게 생태적 긴장을 이루며 살아가고 있다.

어른들은 별로 관심이 없지만, 아이들에겐 모든 게 호기심의 대상이다. 봇도랑은 논물이 드나드는 젖줄이다. 무릇 벼는 어머니 젖 같은 이 논물을 마시고 자란다. 부들, 줄, 물질경이, 애기부들, 좀개구리밥, 가래, 피, 호장근, 물닭개비 같은 습지식물도 그 곁에서 논물을 얻어먹고 자란다.

거머리도 이 논물에 기대어 살아가는 생명이다. 요즘은 시골에서조차 거머리를 찾아보기 어려워졌다. 그저 귀찮기만 하던 거머리도 자연환경이 하도 막가다 보니 여간 반가운 목숨이 아니다. 회녹색 등에는 가로로 띠가 몇 개 나 있으며, 주둥이와 배 끝에 빨판이 있어서 개구리, 물고기에서부터 조개, 고둥류에까지 달라붙는다. 거머리는 겉으로는 보이지 않지만 102개의 고리마디로 이루어져 있고 그 안에 신경, 근육, 핏줄 등을 두루 갖추고 있다. 길이는 대개 3~4센티 정도이며 말거머리는 그 2배쯤 된다. 그리고 일단 거머리에게 물리면 끝장날 것 같지만, 사실 말거머리는 피부에 상처만 낼 뿐 사람의 피를 좋아하지 않는다. 가뭄이 들거나 날씨가 추워지면 땅속으로 들어가 산다. 거머리도 유익할 때가 있는데, 침에 들어 있는 헤파린(heparin)이라는 물질은 피의 엉김〔凝血〕을 막는 의약품 원료로 쓰인다.

왼돌이물달팽이는 거머리와 더불어 논물의 수질을 간접적으로 알아볼 수 있는 지표종이다. 이놈은 논바닥의 청소부라 할 수 있는데, 봇도랑에 이놈들이 보이지 않으면 이미 그 물은 물이 아니다. 눈도 귀도 없는 것이 이 살벌한 세상을 용케도 버티고 있구나 싶다.

봇도랑에는 잠자리 애벌레, 소금쟁이, 물무당, 물둥구리, 송장헤엄치개, 물땅땅이 들도 보인다. 게아재비도 농약세례에 용케 살아남은 물벌레이다. 게아재비는 다리가 가늘어서 수영솜씨도 변변치 않거니와 엉덩이에 붙은 숨관을 물 위로 자주 내밀어야 하기 때문에 적에게 쉽게 노출된다. 그래서 몸을 지푸라기처럼 진화시켰고 몸도 흙색으로 감쌌다. 하지만 이런 엉성한 외모답지 않게 물 속의 사마귀로 통한다. 긴 낫처럼 생긴 앞발을 오므리고 있다가 올챙이나 어린 고기가 눈앞에 알짱거리면 일격에 낚아챈다. 사마귀는 먹이

플랑크톤과 수서곤충의 집이 되어주고 먹이가 되는 해감(위)
논에 사는 대표적인 환형동물 거머리와 왼돌이 물달팽이(아래)

땅강아지. 지렁이나 집게벌레와 마찬가지로 땅을 기름지게 해준다.

를 씹어먹지만 게아재비는 주사바늘처럼 생긴 입으로 먹이의 체액을 빨아먹는다는 점이 다르다.

지렁이, 땅강아지, 집게벌레도 간간이 논둑에서 눈에 띈다. 도시에서는 이미 사라진 그들이 오랜 친구처럼 반갑다. 그래도 아직은 땅이 살아 있다는 증거이다.

지렁이는 논의 생태계에서 중요한 위치에 있다. 땅속에 구멍을 내서 땅을 숨쉬게 하고 땅속의 유기물을 먹어치워 분해하고 배설물로 분변토를 만들어 땅에 영양분을 공급하는 숨은 공로자이다.

땅강아지는 주로 땅속에서 생활하는 곤충이지만, 포크처럼 짧은 앞발은 땅파기에 알맞고 몸통이 방수용 잔털로 뒤덮여 있어서 헤엄도 곧잘 친다. 앞날개는 많이 퇴화하여 볼품이 없으나 뒷날개는 길어서 마치 연미복처럼 엉덩이를 덮고도 남는다. 바로 그 뒷날개 속에 발음기가 붙어 있어 가끔 땅속에서 소리를 낸다. 어린 시절 어른들이 지렁이 울음소리라고 했던 바로 그 소리이다. 땅속의 지렁이나 곤충, 식물의 뿌리도 마다 않고 먹어치우는 포식가이기도 하다. 그래서 별명이 논두렁망아지이다.

갈라진 논바닥이 주는 감동

논은 인위적 생태계이지만 자연생태계와 연결되어 있어서, 그 주변의 식생은 자연생태계와 많이 닮았다. 논둑과 논두렁 주변에서 냉이, 꽃다지, 수크령, 고들빼기, 질경이, 제비꽃, 쇠비름, 비름나물 같은 자생식물이 반갑게 맞아준다.

피는 벼의 생육에 지장을 주어 수확량을 떨어뜨린다는 이

피도 볏과 자생식물이다.

가을논의 풍성함

유로 퇴출 1호가 되고 있지만, 배고팠던 시절에는 이것으로 피떡을 만들어 주린 배를 속이기도 했다.

하지만 논 주변의 식생은 인위적으로 교란된 만큼 이런 환경에 내성이 강한 귀화식물들이 더 많이 눈에 띈다.

농약 탓인지 곤충이 별로 눈에 띄지 않는다. 논 하면 맨 먼저 떠오르는 향수의 벼메뚜기도 쉬이 볼 수 없고 곤충을 포식하는 거미류와 사마귀도 거의 자취를 감추었다.

흔히 익충이니 해충이니 구분하지만, 사람에게 직접 이익을 주거나 피해를 입히는 곤충은 없고 해충이란 인간이 필요로 하는 식물을 우연히 함께 좋아하게 된 곤충일 뿐이다. 인간은 그 먹을거리를 혼자 독차지하기 위해 먹을거리가 같은 곤충은 해충이라 이름붙이고 대량으로 학살해 온 것이다. 전체 곤충의 1%도 안 되는 그들을 죽이기 위해 무차별로 살충제를 살포해서 나머지 99%의 곤충을 멸종시켜 가고 있는 것은 너무나 이기적이고 몰생명적이다.

다랑밭에 나와 선 허수아비를 보는 눈맛이 즐겁다. 허수아비도 유행을 타나 보다. 요즘 허수아비는 T셔츠에 힙합바지도 즐겨 입어 허수의 아비가 아니라 누이쯤으로 보인다.

허수아비를 보면 엘리어트가 떠오른다. 허수아비 속에는 대개 십자가가 들어 있다. 겉은 허술하고 볼품없지만 가슴 속에는 진실을 담고 있다. 겉은 멀쩡하게 화려하고 속은 허영과 거짓으로 가득한 도시를 비웃으며 허수아비가 서 있다. 도시의 자연도 그렇다. 푸르른 겉의 이면을 들여다보면 모두가 빈집이다. 나비 한 마리 없고 새 한 마리 울지 않는 도시의 어두운 그늘을 허수아비는 근심 어린 눈으로 바라보고 있다.

봇도랑을 계속 따라가면 개화산이 성큼 다가온다. 산은 인근 주민들에게 좋은 휴식처이고 동식물에게도 더없이 소중한 생태거점이 된다. 하지만 개화산은 아랫자락이 택지로 개발되는 바람에 논과 산을 이어주던 생태끈이 동강나고 말았다. 지하철 차량기지가 들어서면서 개화산 아래 범머리 못 일대의 자연습지가 깡그리 없어진 데 이르면 더더욱 안타까워진다. 한쪽에서는 손바닥만한 생태공원 만든답시고 수십 억을 쏟아붓는가 하면 또 한쪽에서는 생태계의 보고인 수십만 평의 자연습지를 메우고 있다. 10년을 내다보지 못하는 까막눈에다 손발마저 맞지 않는 서울시가 마냥 안쓰러울 뿐이다.

속담에 "서울놈들 비만 오면 풍년이란다"는 말이 있다. 정말 그렇다. 농사를 모르는

물을 뺀 논바닥의 갈라진 틈새로 드러나는 벼의 잔뿌리

도시인들은 논에 물이 가득 차 있기만 하면 벼가 잘 자라는 줄 알지만, 전혀 그렇지 않다. 물을 채워야 할 때가 있고 비워야 할 때가 따로 있다. 태풍이 오기 전에 한차례 물을 빼서 논바닥을 꾸덕꾸덕 말려야 한다. 그래야 속살이 단단해진다. '가뭄에 큰다'는 말이 바로 그 말이다. 항상 물이 차 있는 무논의 벼는 속이 부실해서 하찮은 태풍에도 맥없이 넘어진다. 하긴 세상만사 다 그렇지만.

물을 뺀 논바닥의 모습이 때로는 감동으로 다가온다. 논이 마르기 시작하면 바닥이 갈라지고 갈라진 틈새로 벼의 잔뿌리가 드러난다. 지구를 움켜쥔 생존의 실핏줄들이다. 비단 벼뿐만이 아니다. 논둑의 연약한 제비꽃 한 포기를 뽑아들었을 때도 그렇다. 뿌리에 붙어 함께 달려 올라오는 흙을 보면 생명에 대한 외경에 가슴이 다 뭉클해진다.

생명을 가진 지상의 모든 것은 이렇게 혼신을 다해 존재한다. 그래서 생태기행은 더더욱 꽃사진이나 찍고 곤충이름이나 외우자고 다니는 게 아니다.

논은 생물종의 보물창고

개화산 너머는 김포땅이다. 김포공항 사거리에서 강화로 가는 48번국도를 타고 10분만 가면 드넓은 평야가 펼쳐진다. 옛 김포평야의 진면목이 아직 남아 있어서 좀 전보다 훨씬 다양하고 감동적인 논을 만날 수 있다.

서울 방화동과 접해 있는 고촌면 전호동 들녘은 김포공항 사거리에서 불과 두 정류장 거리이다. 농지가 바둑판처럼 정리되어 있지만 서식종이 다양하다. 자연늪 몇 개가 논뜰 한가운데 남아 있기 때문이다. 먼 옛날 홍수 때 한강물이 드나들면서 만들어놓은 늪들이다.

근래 들어 '생태도시'라는 말이 자주 회자된다. 시멘트로 뒤덮인 죽음의 회색도시가 아니라 자연이 살아 숨쉬는 생태적 녹색도시를 일컫는 말이다.

논은 맨 땅보다 종의 다양성이 높은 생물종의 보물창고이다. 논과 논 주변에는 1차소비자인 플랑크톤, 물풀, 풀꽃, 나무를 비롯하여 2차소비자인 물벌레, 곤충, 조류, 3차소비자인 양서류, 물벌레, 조류, 파충류, 포유류가 살고 있다. 이러한 논은 자연생태계와 도시생태계를 이어주는 완충지로서 생태도시를 가꾸어나가는 데 매우 중요한 역할을 한다.

논은 위기에 처한 도시의 생물들이 고향처럼 되돌아가서 숨을 고를 수 있는 곳이다. 그래서 생태계 복원의 공간적 기회를 제공하며, 새로운 생물종의 출현을 가능케 한다. 그뿐 아니다. 도시의 대기를 깨끗이 해주고 열섬현상을 완화

굴포천. 인천 산곡동에서 발원한 이 굴포천을 중심으로 병방-오곡-공항-상야-하야-과해-전호동 일대의 논뜰은 서울 근교에서 가장 넓다.

시키며, 도심의 대류작용을 도와 쾌적한 습도를 유지시키는 기능도 갖고 있다.

그런데도 서울과 수도권에서 논이 자꾸만 줄어드는 것은, 당국이 논의 생태적 가치를 제대로 인식하지 못한 까닭이 아닌가 싶다. 보전론자들이 많으면 녹색도시가 되지만 개발론자들이 많으면 그 도시는 회색도시가 될 수밖에 없다.

굴포천 다리께 내리면 녹색융단 위로 백로, 왜가리, 황로들이 날아다니는 모습이 몹시 보기 좋다. 또 큰길에서 경운기가 다니는 길로 들어서면 늪 위에 떠 있던 물닭, 논병아리, 흰뺨검둥오리가 화들짝 놀라 부들숲으로 숨어든다. 서울에서는 이미 사라진 제비도 쉽사리 관찰된다.

제비 하면 먼저 흥부가 떠오른다. 자연생태에 관심 있는 이들은 그 전설이 대충 지어진 게 아님을 안다. 제비가 흥부에게 박씨를 물어다 줄 수 있었던 것은 제비가 육식성 여름철새라는 점에서 비롯된다. 만약 참새였더라면 이야기가 되지 않을 것이다. 참새는 신체구조상 강남으로 갈 수도 없거니와 잡식성이라 배가 고프면 도중에 박씨를 까먹어버렸을 테니까.

논뜰 주변의 습지는 수생식물의 낙원이다. 가래, 갈대, 개구리밥, 개연, 고랭이, 나사말, 네가래, 마름, 물닭개비, 물옥잠, 벗풀, 부들, 생이가래, 애기부들, 자라풀, 좀개구리밥, 줄, 창포, 피, 호장근이 관찰된다. 그중 벗풀이 눈에 가장 설다. 벗풀, 일명 '보풀'은 세모난 줄기와 세 갈래로 갈라진 잎 모양이 독특해서 매우 인상적이다. 앙증맞은 흰 꽃은 암수가 각각 다른데, 꽃대 아래쪽에서는 암꽃이 피고 위쪽에 수

벗풀, 일명 보풀(위)과 애기부들(아래)

김포들녘의 습지

꽃이 핀다.

　습지와 봇도랑에서는 소금쟁이, 물방개, 잠자리 유충, 하루살이, 강도래, 물무당, 게아재비, 버마재비, 물장군, 물매암이, 송장헤엄치개, 장구벌레, 물땡땡이 같은 물벌레와 거머리, 새우, 새뱅이, 게, 왼돌이물달팽이, 논우렁이, 민달팽이 등을 심심찮게 볼 수 있다. 또 가끔 수로에서 갈게와 민물망둥어가 관찰되는 것은 하루에 두 차례씩 바닷물이 올라오는 기수지역이기 때문일 것이다.

　생태계가 튼실해서 자생식물의 종도 비교적 많다. 머위, 고들빼기, 돌나물, 질경이, 미역취, 전호나물, 참고비, 참나물, 메꽃, 모시나물, 부지깽이나물, 냉이, 꽃다지, 수크령…… 모두가 우리 토종들이다.

　수크령은 햇볕을 좋아해서 들판이나 논밭둑, 강둑이면 어디서나 흔히 보는 여러해살이 풀이다. 그래서 그저 잡초려니 하지만, 외국에서는 화단이나 정원에 심어 관상할 만

수크령은 깃(penna)의 까끌까끌한 털(seta)이 뭉쳐서 나며, 그래서 속명도 *Pennisetum*이다.

큼 인기가 높다. 화분에 심어 베란다에 내놓으면 그 우아한 멋에 새삼 놀란다. 잎과 줄기가 질겨서 결초보은의 전설에 등장하기도 하지만, 너무 질겨 소도 고개를 절레절레 내저으며 물러날 정도이다.

논둑과 다랑밭에는 콩, 팥, 옥수수, 무, 배추, 고추, 호박, 피마자 등이 자라고 망초, 달맞이꽃, 환삼덩굴, 미국쑥부쟁이, 방가지똥, 뚱딴지, 털비름, 돼지풀 같은 귀화식물도 곧잘 관찰된다.

전호동 들녘에는 곤충들이 비교적 다양하게 서식하고 있다. 벼멸구, 끝동매미충, 진딧물, 벼메뚜기, 방아깨비, 섬서구메뚜기, 여치, 사마귀, 밀잠자리, 뱀잠자리, 쇠침범잠자리, 아시아실잠자리, 고려침범잠자리, 배추흰나비, 네발나비, 무당벌레, 노린재, 날도래, 각다귀, 등에, 나방파리, 멧모기, 개울등에…. 하지만 거의 대부분 농약을 피해 논에서 봇둑과 풀숲으로 삶터를 옮겨 살고 있다.

메뚜기무리는 다리가 여섯이며 앞다리와 가운뎃다리 두 쌍은 작아서 기어다니기에 적합하고 뒷다리는 멀리 뛰기에 알맞게 크고 튼튼하다. 몸은 보통 서식장소에 따라 보호색

짝짓기를 하고 있는 벼메뚜기(왼쪽)와 메뚜깃과의 풀무치(오른쪽)

염낭거미(위)는 생김새도 독특하며 볏잎을 휘어서 그 안에 알을 낳는 기술도 독특하다. 이름과 달리 몸이 길고 옆으로 납작한 참붕어 (아래)

을 띤다. 그리고 몇 종은 육식도 하지만 대개는 초식성이다. 메뚜기무리 중에서 덩치가 좋은 편인 풀무치는 날아다닐 때 모습이 마치 작은 새 같다. 머리와 가슴과 다리는 볏잎처럼 초록색이고 날개는 논바닥의 흙색을 닮았다.

그러다 보니 이들을 노리는 닷거미, 갈거미, 늑대거미, 긴호랑거미, 염낭거미도 그쪽으로 많이 몰려갔고 참개구리, 산개구리, 청개구리, 두꺼비도 풀숲에 납작 엎드려 곤충들이 사정권 안에 들어오기를 기다리고 있다. 양서류는 해충을 잡아먹기 때문에 농사에도 이롭고 또 생태계의 피라미드를 무너지지 않게 하는 든든한 중간자 역할을 한다. 환경오염에 민감해서 지표종이 되기도 한다.

늪지와 수로의 물고기들이 봇도랑을 타고 수시로 논으로 들락거린다. 늪에는 잉어, 붕어, 가물치, 메기가 살고 수로에는 얼룩동사리, 민물망둥어, 실뱀장어가 보인다. 논도랑에서는 미꾸라지, 붕어, 참붕어, 송사리가 관찰된다. 논물은 늪이나 수로보다 물이 얕고 수질이 떨어지는 편이어서 크기가 작은 3급수 고기들이 산다. 물론 참붕어는 수질오염에 강한 3급수 어종이다. 잉어과에 속하지만 수염도 없고 덩치가 작아 성어도 10센티가 채 안 된다. 생태도 송사리를 닮아 수면 가까이 떼지어 다닌다.

굴포천 하류의 갈대와 물억새로 뒤덮인 숲에는 개개비와 붉은머리오목눈이가 살고, 갯버들숲에는 박새와 멧비둘기가 깃들인다. 아래쪽 물가에 얼쩡거리고 있는 백로와 왜가리와 물장구치는 오리류의 모습도 보인다. 이따금 황조롱이가 허공높이 떠서 뭔가를 노리다 날아가곤 한다. 말똥가리와 수리 같은 맹금류도 간혹 빙빙 돌다 간다. 아니나다를까 뜯어먹다 만 멧비둘기가 내팽개쳐져 있다. 수릿과나 올빼밋과 맹금류의 짓이 분명하다.

논뜰이 끝간 곳에 강화로 가는 제방도로가 나 있고 그 길 건너편 한강변에 전호산이 호젓이 앉아 있다. 한때는 수백 마리의 백로와 왜가리가 서식하였으나, 영종도로 가는 다리가 옆으로 지나가는 통에 다들 행주산성으로 옮겨가 버렸다. 쇠딱따구리 몇 마리만 겨우 남아 온 산을 다 지키고 있다.

맹금류에 의해 살점이 뜯겨져 나간 멧비둘기

교통
5호선 발산역에서 내려서 논밭둑을 걸어다니면서 관찰한다. 5호선 송정역에 내리면 김포·강화행 버스를 타고 고촌에서 내리면 굴포천과 고촌천 사이의 넓은 논과 습지를 만난다. 승용차로는 공항로를 이용하거나 올림픽대로를 타고 가양동으로 들어가면 논이 나온다.

기타
송정역 부근에 좋은 식당들이 있다. 식수는 챙겨서 다녀야 한다.

북한산 소귀천

원래 '북한산'은 산의 이름이 아니라 '부산' '마산' '원산'처럼 행정구역 이름이었다. 온조왕이 한강변에 백제를 열면서 한강 북쪽의 한산을 북한산이라 하고, 한강 남쪽의 한산을 남한산이라고 처음 불렀던 것이다. 즉 북한산은 '북서울'을 가리키는 말이었다. 그래서 그 무렵에는 '부아악'(負兒岳)이라고 불렀다. 부아악은 우리 문헌에 보이는 북한산의 가장 오랜 이름이다. 어원에는 여러 설이 있다. 인수봉 뒤에 튀어나온 바위가 마치 아이를 등에 업은 형상이어서 그렇다는 설과 북한산의 봉우리들이 불꽃처럼 생겼다고 해서 불뫼〔火山〕, 불악〔火岳〕으로 불리다가 음운이 부아악으로 변했다는 주장도 있다. 또 부아악을 남자의 거시기(불알)에서 어원을 찾기도 하는데, 우뚝 솟은 인수봉의 모양이 그 밑에서 보면 남근과 비슷해서 붙인 이름이라는 것이다.

그러다가 고려시대에 들어와 '삼각산'으로 불리기 시작했다. 개성에서 북한산을 바라본 산모양을 따라 삼각산이라고 불렀다고 한다. 인수봉, 백운대, 만경대 세 봉우리가 만드는 삼각 모양은 지금도 변함이 없다.

도선사, 그 뒤로 백운대가 보인다.

　지금의 북한산 이름이 사용되기 시작한 것은 임진왜란 직후이다. 왜적이 다시 쳐들어올 것을 대비하기 위해 당시의 병조판서 한음 이덕형이 삼각산 일대를 답사하고 집필한 『중흥산성간심서』에 '북한산'이라는 이름이 등장한다. 행정지명이었던 북한산이 산이름으로 거듭난 것이다.

　북한산 우이동계곡은 북한산과 도봉산의 경계를 이루는 계곡이다. '우이'는 쇠귀처럼 생긴 우이암(牛耳岩, 542미터) 이름을 빌려온 것이다. 우이동, 우이천, 우이령….

　파크호텔이 있는 우이동계곡 들머리에는 두 방향에서 계곡물이 내려온다. 왼쪽 물줄기는 도선사 골짜기에서 내려오는 소귀천이며, 오른쪽 물줄기는 우이령 골짜기에서 내려오는 우이천이다. '쇠귀'와 '우이'는 같은 말이지만 헷갈릴까봐 따로 쓰고 있다.

　소귀천과 함께하는 도선사길은 다시 진달래능선길, 용암문길, 우이산장길로 갈라지는데 이번 걸음은 소귀천계곡으

그늘진 곳에서도 잘 자라는 여러해살이풀 맥문동(위)의 화사한 꽃과 역시 여러해살이인 벌개미취꽃(아래)

로 들어가서 진달래능선을 타고 대동문까지 가보기로 한다.

사색으로 이끄는 소귀천

등산객들로 번잡한 동네를 후딱 빠져나오면 오른쪽으로 소귀천이 내려온다. 소귀천 코스는 북한산의 여러 등산코스 중 비교적 긴 편이다. 그러나 경사가 완만해서 아이들과 함께 산책삼아 자연을 돌아보는 데는 더없이 좋은 코스다.

생태기행은 탐사구간이 따로 있는 게 아니다. 등산처럼 한곳을 목적지로 정해 놓고 시작하는 게 아니다. 대상이 따로 있는 것도 아니다. 가게 뒤뜰에 서 있는 감나무에서부터 여기저기서 깍깍대는 동네 까치에 이르기까지 모든 게 관찰대상이다.

길가 소나무 그늘 아래 맥문동이 화사하게 꽃을 피웠다. 그늘진 곳에서도 잘 자라며, 초여름에 꽃대가 올라와 연자주색의 자잘한 꽃이 무더기로 피고 가을이면 모두 까만 열매로 익는다. 성질이 순해서 아무데나 심어도 싹이 잘 튼다.

길 옆 숲속에는 천도교 수도원인 봉황각과 손병희 선생의 묘소가 있다. 손병희 선생의 집무실이기도 했던 봉황각 마당에 벌개미취가 곱게 피었다. 벌개미취도 한강 이남의 산과 들 습한 곳에 서식하는데, 뿌리가 옆으로 뻗으면서 줄기가 곧게 자라고 키는 어른의 무릎높이 정도로 별로 크지 않다. 늦여름에 피는 연한 자줏빛 꽃이 참으로 청초하다.

나비와 벌들이 신이 나서 돌아다닌다. 어디서 날아왔는지, 표범나비 한 마리가 꿀맛에 취해 카메라를 갖다 대도 날아갈 생각을 않는다. 벌개미취나 개망초 같은 국화과 식물에 즐겨 앉는 은점선표범나비는 여름부터 가을까지 볼 수 있다.

길가에는 쥐똥나무 울타리가 쳐져 있다. 아파트단지나 도로변에 생울타리용으로 흔히 심어서 눈에 익은 나무다. 봄이 무르익으면 쥐똥만한 꽃이 하얗게 피는데, 이름에 걸맞지 않게 향이 참 좋다. 꽃이 떨어지면 그 자리에 쥐똥 같은 열매가 맺힌다. 어릴 때는 이름이 그래서 밤마다 쥐가 올라가 똥을 싸놓고 가는 줄 알았다. 어떤 식물학자는 하필이면 혐오스럽게 '쥐똥'이냐면서 북한에서 부르는 '검정알나무'가 어떠냐고 했다. 하지만 검정알은 너무 직설적이고 건조하다. 차라리 쥐똥이 낫다.

백운교를 건너면 갈래길이 나온다. 왼쪽으로 가면 고향산천이라는 전통음식점을 지나 소귀천으로 이어지고, 오른쪽으로는 도선사로 가는 길이 열려 있다.

도선사 입구 돌기둥에 "入此門來 莫存知解"(입차문래 막존지해)라는 글귀가 새겨져 있다. "이 문안으로 들어오는 자는 알음알이를 피우지 마라"는 뜻이다. 한마디로 세속의 모든 것을 벗어버리고 빈 마음으로 들어오라는 것이다. 학벌도, 재산도, 권력도, 온갖 명예도 절집 안에서는 아무 소용이 없다는 뜻이겠다. 절집 들머리에 썩 잘 어울리는 문구이다.

소귀천 코스는 다른 등산로보다 퍽 사색적이다. 곳곳에서 좋은 글귀를 만날 수 있기 때문이다.

정신없이 꿀을 빨고 있는 표범나비(위). 쥐똥나무(아래)는 생울타리용으로 많이 심는다.

툴립꽃처럼 생긴 툴립나무

툴립나무의 운치

계곡을 끼고 고향산천 쪽으로 가다 보면 우뚝 자란 툴립나무 가로수를 만난다. 가로수로 들여온 외래수종들의 공통점은 토종보다 빨리 자란다는 것이다. 미국에서 들여온 툴립나무도 그중 하나이다. 툴립나무는 잎사귀가 특이하게 생겨 누구나 한 번만 보면 금방 머릿속에 입력이 된다. 마치 아이들이 가위로 싹둑싹둑 잘라버린 듯한데, 그 모습이 툴립꽃을 닮았다고 툴립나무(Tulip Tree)이다. 여름날 피는 툴립 모양의 노란 꽃도 아름답거니와 가을에 노랗게 물든 단풍도 꽤나 운치가 있다.

다리 아래 계곡 한가운데 물오리나무 두 그루가 보인다. 한 그루는 이미 죽었고, 한 그루만 외롭게 서 있다. 소귀천 계곡에도 물오리나무는 계곡 주변에서만 보인다. 신갈나무를 비롯한 참나무들의 텃세를 견디지 못하고 계곡으로 내려와 산다.

옥류교 다리께 이르면 북한산의 삼봉인 만경대, 백운대, 인수봉이 아름답고도 웅장한 자태를 드러낸다. 한북정맥이 의정부 북쪽의 불곡산을 지나 사패산-포대능선-도봉산 만장봉-우이암을 세워놓고 남으로 내려와 불꽃같은 세 봉우리를 빚어냈다. 그런데 일본은 우리 민족의 맥을 끊기 위해 북한산의 정기가 다 모인 그곳에다 쇠못을 두드려 박았다. 얼마 전 백운대에서만도 쇠말뚝을 무려 11개나 뽑아냈다. 못된 것들.

옥류교 갈래길에서 왼쪽 숲길을 오르면 매표소를 지나 진달래능선으로 해서 대동문으로 이어진다. 소귀천은 왼쪽

으로 흐른다. 휴식년제의 영향인지, 아래쪽에
껍지까지 나타날 만큼 물이 좋아지고 있다. 실
개울에도 버들치의 치어들이 올라와서 노닌다.
사람들이 조금만 애정을 갖고 노력하면 자연이
이렇게 되살아난다는 것을 여실히 보여주는 곳
이 소귀천이다.

물은 곧 산의 피다. 의사들이 혈액을 보고 몸
의 병을 알아내듯이, 물을 보면 그 산의 건강상
태를 짐작할 수 있다. 산이 건강하면 물이 좋고,
산이 망가지면 물도 따라 죽는다. 성철 스님은
"산은 산이요, 물은 물이다"라고 했지만 환경시
대에는 산이 곧 물이요, 물이 곧 산이다.

소귀천 숲은 옥류교를 건너면서 시작된다.

숲은 단순한 나무들만의 동네가 아니다. 나무만 있는 곳
을 숲이라 하지 않는다. 물벌레와 물고기와 꽃과 곤충과 새
와 뭇 동물이 그물코처럼 어우러져 있어야 진정한 숲이 된
다. 그리고 햇빛과 바람과 소리도 더불어 살아야 한다.

소귀천 개울바닥은 바위와 돌이 많아 전형적인 상류지형
의 특징을 보여준다. 플라나리아, 옆새우, 날도래, 강도래,
하루살이, 쇠측범잠자리 유충, 가재, 개구리, 도롱뇽 등이
살고 있는데 하나같이 1급수에 사는 지표종들이다.

가재는 게와 새우의 중간이다. 물이 깨끗한 하천의 돌이
나 바위 밑에서 산다. 물이 깨끗함을 이야기할 때 흔히 '가
재도 살고 있다'고 한다. '가재는 게 편' '가재 물 짐작하듯'
'가재걸음' 등 가재에 얽힌 속담이 많은 것은 옛날에는 그만

휴식년제의 영향으로 건강을 되찾고 있는 소
귀천

가재는 깨끗한 하천의 돌, 바위 밑에 산다.

뱀허물광대버섯은 길이가 10센티 안팎이며
갈회색의 갓에는 뱀껍질 같은 무늬가 있다.

큼 가재가 흔했다는 것을 말해 준다. 하지만 지금은 하천이
오염되면서 산간 계류로 숨었다. 그나마 전국적으로 위기에
처해 있어서 보호가 시급한 실정이다. 집게발이 떨어져 나
간 녀석들도 가끔 보인다. 위기에 빠진 가재가 급한 나머지
도마뱀처럼 자기 발을 스스로 잘라내고 도망쳤기 때문이다.
가재도 게를 닮아서 알을 배에다 달고 다닌다.

소귀천의 야생화들

여름날 소귀천에서는 갖가지 버섯을 볼 수 있다. 가끔 눈에
띄는 뱀허물광대버섯도 생태계에서 유기물을 분해하는 균
류 가운데 하나이다. 주로 여름철에 나타나는 이 버섯의 갓
에 있는 무늬가 뱀껍질처럼 생겨 '뱀껍질광대버섯'이라고도
한다. 맹독은 아니지만 독성을 갖고 있어서 이따금 사고를
일으키기도 한다.

탐방시기에 따라 달라지겠지만, 소귀천계곡은 이웃한 정
릉계곡보다 야생화가 비교적 다채롭다. 야생화는 어두운 숲
그늘보다는 양지바른 곳에서 많이 관찰된다. 제비꽃, 민들
레, 은방울꽃, 물봉선, 까치수영, 큰까치수영, 패랭이꽃, 술패
랭이꽃, 닭의장풀, 산국, 애기나리, 꽃향유, 주름조개풀, 등골
나물, 피나물, 양지꽃, 금붓꽃, 애기붓꽃, 노루오줌, 복수초,
앵초… 모두 북한산이 품에 안고 키우는 야생화들이다.

그러나 꽃들이 사람을 위해 피는 것은 아니다. 시도 때도
없이 '제 마음대로' 핀다. 소귀천의 꽃들은 5~6월이 절정이
다. 장마와 무더위가 곤두박질치기 시작하면 꽃들도 대개
방학에 들어간다. 그때는 곤충들도 거의가 여름휴가중이다.

주름조개풀은 길섶 음지에 주로 군락을 이루고 있으며 댓잎처럼 생겨 주름이 잡힌 잎은 아랫부분이 옆으로 뻗으면서 자란다. 여름이 끝날 무렵에 피는 꽃은 별로 아름답지도 눈에 띄지도 않는다. 까치수영도 약간 습한 풀밭에 산다. 어떤 책에는 '까치수염'으로 되어 있는데, 이창복 선생의 『식물도감』에는 '까치수영'으로 나와 있다. 6~8월에 깨알같이 작고 흰 꽃이 한데 모여 핀다. 총상화를 이룬 모습이 마치 개꼬리 같다고 해서 개꼬리풀이라고도 한다. 까치수영보다 개꼬리가 좀더 큰 것은 큰까치수영이다. 어린순은 쌈을 사서 먹기도 하는데 약간 시큼하다.

소귀천 코스에는 참나무에게 시달린 탓인지 소나무가 그리 많지 않다. 간간이 보이는 소나무도 노송 축에 든다. 리기다 몇 그루 외에는 젊은 소나무가 별로·눈에 띄지 않는다. 벼락맞은 소나무 한 그루가 허리가 꺾인 채 길섶에 서 있다. 소귀천 계곡은 신갈나무 등 참나무류가 우점하는 가운데 여러 나무가 어울려 숲을 이루고 있다.

흔히 북한산을 서울의 허파라고 한다. 청정한 숲이 있어서 맑은 공기를 만들어내고 나쁜 공기들을 정화시켜 주기 때문이다. 총면적이 78.51km²에 불과한 북한산은 우리나라 국립공원 가운데 가장 작다. 그러나 떠맡고 있는 사람숫자는 가장 많다. 그래서 북한산은 늘 만성피로에 지쳐 있다. 더욱이 개선의 출구가 보이지 않는 대기오염과 산성비 그리고 환경용량을 넘어선 과다한 등산객 등으로 스트레스가 이만저만이 아니다. 때로는 연민의 정마저 불러일으키는 북한산 나무들이다. 게다가 나무줄기에 칼로 새긴 낙서들이

여러해살이풀 주름조개풀(위)과 까치수영(아래)

산벚나무줄기(위)와 수줍은 촌색시 같은 줄딸기꽃(아래)

눈에 몹시 아프다. 칼자국은 나무가 자람에 따라 함께 커진다. 마치 흉측한 문신 같다. 학교에서 자연공부를 제대로 시키지 못한 까닭이다.

소귀천 나무들도 장마가 닥치기 전에 서둘러 꽃들을 피운다. 진달래, 철쭉, 산벚나무, 생강나무 등이 앞서 꽃망울을 터뜨리면 차례를 기다렸다는 듯이 다른 나무들도 줄을 잇는다. 산속의 물가를 좋아하는 쉬땅나무, 작은 솜사탕 같은 붉은 꽃이 피는 자귀나무, 낙엽성 덩굴나무인 미역줄나무, 중부 이북에서만 볼 수 있는 키 큰 가래나무, 나무줄기가 검은 쪽동백, 산기슭이나 숲 가장자리에 흔한 으아리, 작은 꽃 서너 송이가 한데 뭉쳐서 나는 때죽나무, 산초나무, 누리장나무, 서어나무, 팥배나무, 병꽃나무, 아까시, 노린재나무, 국수나무가 꽃을 피운다. 그리고 줄딸기, 개다래, 사위질빵도 이 무렵이면 꽃망울을 터뜨린다.

산에서 보는 목본류 딸기는 모두 가시가 달린 덩굴성 장미과 식물이다. 두루 산딸기라고 부르지만, 이름들이 따로 있다. 산딸기, 곰딸기, 멍석딸기, 줄딸기⋯. 줄딸기는 잎 뒷면에 털이 나 있고 잎 가장자리에 복거치가 있다. 잎 가장자리가 톱니 모양으로 되어 있는 것을 거치라고 하는데, 복거치는 그 거치가 겹으로 된 것을 말한다. 새 가지 끝에 한 송이씩 달리는 연분홍빛 꽃은 사뭇 촌색시 분위기이다.

돌담 안에서 솟는 용천수 한 모금으로 목을 축이고 다시 숲길을 오르면 길목에 손으로 다듬어 세운 돌기둥이 있다. 돌기둥에 "常樂我淨"(상락아정)이라는 글귀가 새겨져 있다. 참 좋은 말이다. 북한산에 등 기대고 사는 뭇 동식물에게도 그런 걸림 없는 대자유가 있으면 오죽 좋으랴…. 그리고 뒷면에는 '素貴'(소귀)라는 각자도 함께 새겨져 있다. '소귀'의 음을 그대로 빌려서 한자로 표기한 것이지만, 곰곰 생각해 보면 그 이상의 뜻이 담겨 있다. '素'란 기중(忌中)에 몸가짐을 바르게 하고 고기나 생선 따위를 금식하는 것을 일컫는다. 자연이 임종으로 내닫고 있는 오늘과 같은 기중에는 자연생명을 위해 몸가짐을 삼가고 또 삼갈 일이다.

곤충들과 무언의 대화를 나누며

보고서에 따르면, 소귀천 지역은 식생이 다양해서 곤충상도 다채롭다. 파리매, 부전나비, 산제비나비, 긴꼬리제비나비, 호랑나비, 그늘나비, 노린재, 매미, 귀뚜라미, 밑들이….

아이들은 곤충이 지닌 신비한 생태에 대해 호기심이 많으면서도, 대개는 혐오감도 함께 지니고 있다. 특히 곤충의 애벌레들을 보면 아이들은 무심코 밟아죽이곤 한다. 생태기행은 곤충에 대한 까닭 없는 혐오감을 씻어준다.

부전나비 한 마리가 바위에 앉아 미동도 없다. 부전나비의 단잠을 위해 지나가던 바람도 멈추었고 물소리도 입을 다물었다. 북한산도 숨을 죽였다. 삼라만상이 다 적막 속으로 가라앉고 있다. 때로 산에 와서 동식물들과 무언의 대화를 할 필요가 있다. 시공을 뛰어넘는 그런 만남의 시간은 분명 색다른 체험의 하나이다.

산녹색부전나비는 날개가 청록색이지만 날개를 접었을 때 보이는 뒷면은 연한 갈색이다. 주로 활엽수에 살며 여름에만 잠깐 나왔다가 사라진다. 대개의 부전나비가 그렇듯이

누리장나무(위). 화사한 꽃에 어울리지 않게 역겨운 누린내를 풍긴다고 해서 이름이 누리장나무이다.
사위질빵(아래). 꽃잎은 본래 퇴화해 없어지고 여름부터 초가을까지 볼 수 있는 하얀 꽃은 벌과 나비를 유인하기 위한 꽃받침이다.

위에서부터 산녹색부전나비, 별박이세줄나비, 긴꼬리제비나비

양지쪽을 좋아한다. 그래서 오전중에 주로 나타나 꽃의 꿀을 빨며, 때로는 물가로 날아가 물을 마시기도 한다. 자그맣게 생긴 별박이세줄나비는 장마철에는 사라졌다가 여름철이 끝날 무렵이면 나타난다. 양지바른 숲 가장자리를 좋아하며 산초나무와 조팝나무 꿀을 즐겨 먹는다. 소귀천에서는 아래쪽에서 관찰된다.

긴꼬리제비나비는 제비나비 가운데 가장 화려하다. 날개 길이도 무려 10센티가 넘는 대형인데, 날개와 꼬리가 길어서 다른 제비나비와 쉽게 구별된다. 대개 봄·가을로 두 차례 나타나며 주로 산기슭에서 눈에 띈다.

귀뚜라미의 울음소리가 계곡물소리보다 시원하게 들린다. 중국에는 투계와 함께 '투솔'(鬪蟀)이라는 민속이 있다고 한다. 투솔이란 귀뚜라미 싸움을 말한다. 귀뚜라미들이 어떻게 싸웠는지 상상이 안 되지만, 아무튼 그런 민속은 귀뚜라미와 사람이 친숙해져야만 가능할 것이다.

소강상태의 여름 지나고 가을이 시작되면 이 길섶에도 가을 풀벌레 소리들이 막 튀어나올 것이다. 같은 종이라도 내는 소리가 저마다 다르다고 한다. 산이 다르고 물이 다르면 응당 그럴 것이다. 그러나 이 우주에는 우리가 들을 수 있는 소리보다 못 듣는 소리가 더 많을 것이다. 서로 주파수가 다르기 때문이다. 아니, 우주에 존재하는 모든 소리가 다 들린다면 우선 우리 몸뚱어리가 견딜 수 없을 터이다. 우리 눈도 마찬가지일 것이다.

자연과 인간은 둘이 아니거늘

용담수 약수터 바위에다 누가 "同歸一體"(동귀일체)라는 글귀를 새겨놓았다. 약수를 한 모금 마실 때마다 자연과 인간이 둘이 아님을 생각하라는 뜻인가.

최근 들어 자연과 인간을 바라보는 하나의 패러다임으로 우리의 음양오행사상이 주목을 받고 있다. 즉 자연은 어떤 법칙으로 돌아가고 거기에서 인간은 어디에 위치하며 인간의 삶이라는 것이 무엇이고 어떻게 살아야 하는가에 대한 답변이다. 부분이 아닌 전체, 나와 우주를 함께 해석하는 거대한 설명체계이다. 음양과 오행은 서로 끼고 돈다. 이것은 만물이 서로 그물코처럼 얽혀 있다는 것을 의미하고, 얽혀 있음을 깨달으면 세상의 그 무엇도 '나' 혼자가 아니라는 사실을 터득하게 된다. 나와 우주가, 나와 네가, 나와 민족이 서로 얽혀 있고 영향을 주고받는 것이다. 그러므로 함부로 경거망동하지 않는다. 나 혼자만 잘살고 주변이 못살면 결국에는 나도 망한다. 함께 돌아가려면 함께 살지 않으면 안 된다.

바로 지난해의 일이다. 소귀천 계곡에서 천연기념물 제242호인 까막딱따구리가 발견되어 매스컴에 오르내린 적이 있었다. 까막딱따구리가 북한산에서 모습을 드러낸 것은 20년 만이다. 그것도 까막딱따구리 부부가 둥지를 틀고 새끼까지 길러 이소시켰다는, 여간 반가운 소식이 아니었다.

까막딱따구리는 딱따구리류 중에서 몸집이 가장 커 무려 45센티나 된다. 온몸이 까마귀처럼 검고 머리부분만 불그스레한 빛을 띤다. 주로 딱정벌레 유충을 먹고 사는데, 나무에 구멍을 팔 때의 소리가 마치 기관총 소리 같다. 오래 된

귀뚜라미

소나무와 거제수나무, 신갈나무 등에 둥지를 튼다.

그러나 20년 만에 돌아왔다는 이 까막딱따구리 가족이 소귀천에서 누대로 살아갈 수 있을지는 의문이다. 그 열쇠는 오로지 서울시민들이 쥐고 있다.

약수터를 지나 완만한 경사가 진달래능선으로 이어지고, 이름에 걸맞게 진달래, 철쭉이 많다. 이들과 비슷한 산철쭉은 두 나무와는 달리 주로 소귀천계곡의 아래쪽 물가에 핀다. 청송 주왕산의 특산종으로 잘못 알려진 수달래가 바로 이 산철쭉이다.

능선을 따라가다 보면 곳곳에 등산에 의해 생긴 훼손이 눈을 아프게 한다. 특히 환경오염 등 각종 공해의 영향으로 표면이 푸석푸석해지는 '푸석바위'로 변질되었으며 끊임없이 몰려드는 등산객들의 뭇 발길에 더 이상 숨을 쉬지 못하는 땅이 되었다.

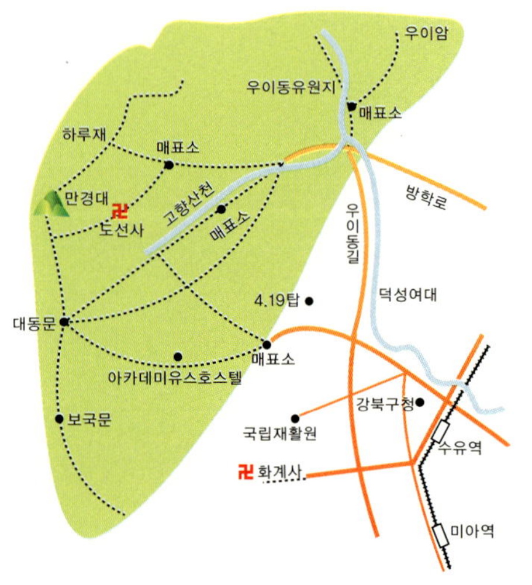

교통
지하철 4호선 수유역에서 4번출구로 나오면 시내버스 6, 6-1, 16, 23, 28번 등이 있다.

기타
숲속에 분위기 있는 한식집 고향산천(02-906-0101)이 있다.
입장료는 어른 1300원, 어린이 600원이다.

가을빛 내린 한강 하구

사는 일에 부대껴 삶이 힘겨울 때 훌쩍 집을 나서서 거닐 수 있는 강을 가진 사람은 참으로 행복할 것이다.

기분이 축축한 날이면 자전거 타고 휑하니 강변을 달리는 것이 나에겐 오랜 일상이 되었다. 남들은 단풍철이라고 산으로 몰려가지만, 가을빛 내린 호젓한 사색의 강변을 자전거로 돌아보는 것도 예사로운 즐거움이 아니다. 더욱이 오랜 세월 동안 인적이 끊인 채로 남아 있는 한강 하구라면 퍽 감미로운 코스가 될 것이다. 여의도공원을 출발하여 샛강생태공원을 한바퀴 돌아보고 행주대교를 지나 굴포천을 돌아오는 길은 가을기행에 알맞은 코스이다. 가서 몸져누운 한강을 가슴 뜨겁게 껴안고 도란도란 이야기 나누다 오면 삶이 한결 가뿐해진다.

한강변의 잔산이 연출하는 풍경

여의도에서 행주대교까지 16킬로미터. 자전거도로가 나 있지만, 성산대교 아래에서 행주대교까지는 군데군데 비포장에다 거의 무인지경이다.

　첫걸음으로 국회의사당 뒤로 돌아가면 시골학교 운동장 몇 개는 만들 수 있는 풀밭[草地]이 나온다. 듬성듬성 버드나무들이 서 있고 물억새와 갈대가 군데군데 어깨동무를 하고 있다. 이름 모를 풀들이 헝클어져 자라는 바닥에는 광대나물, 민들레, 제비꽃, 야지꽃, 토끼풀, 소리쟁이, 달맞이꽃, 질경이, 쑥도 어울려 있다. 최근에는 당국에서 나무 몇 그루도 심었다.

　이곳은 잔디를 깔지 말고 그대로 놔두는 게 좋다. 보기에는 잔디밭이 좋지만, 생태적으로는 자연초지의 가치가 더 높다. 자연초지는 위기에 내몰린 도시생태계의 생물들이 고향처럼 되돌아가서 숨을 고를 수 있다. 또 생태계 복원의 공간적 기회를 제공하며 새로운 생물종의 출현을 가능케 해주는 제2의 생태계 거점이기 때문이다. 강변의 생물종 다양성을 위해서는 생태 아지트 같은 풀밭을 많이 조성하는 것이 바람직하다. 다른 지역도 마찬가지이다.

국회의사당 뒤 초지. 도시에서는 이런 생태 아지트가 아쉽다.

의사당 뒤쪽 샛강물 합수지역은 그 옛날 습생식물의 천지였다. 영등포 고깃배들이 드넓은 갈대밭 사이를 드나들던 그림 같은 강변이었다. 그때 그 많던 수생식물은 다 어디 가고 지금은 흔적도 없다.

당산철교 아래를 지나면 양화대교가 선유도(仙遊島)를 딛고 강을 건너고 있다.

지금은 선유도가 섬으로 남아 있지만, 예전에는 염창사구라는 모래톱이 남단에서 그곳까지 그림 좋게 이어져 있었다고 한다. 밤섬-당인리-절두산-염창사구-양화진을 잇는 강역이 마치 호수와 같다고 해서 용산호라고 불리었다. 이 용산호는 중국 사신들이 맨 먼저 찾는 한양유람 1번지라고 옛 자료들은 기록하고 있다.

원래 선유도에 선유봉이라는 작은 바위산이 있었으나, 미군이 비행장 건설과 도로개설을 위해 석재를 채취해 가는 바람에 지금은 흔적도 없다. 그후 서울시가 선유도에 정수장을 만들었고 그 정수장이 쓸모가 없어지자 그 자리에 다시 환경재활용공원을 조성하고 있다. 차라리 밤섬처럼 내버려두고 자연생태가 복원되도록 하는 게 나을 듯싶다.

양화대교에서 성산대교까지는 자전거로 약 10분 거리. 성산대교를 지나면 왼쪽으로는 인공폭포가 있는 쥐산이 자리하고 있다.

여의도에서 강을 따라 내려가면 강변에 크고 작은 산들이 도토리 키재기를 하며 듬성듬성 앉아 있다. 쥐산, 증산, 탑산, 궁산, 개화산, 전호산…. 그중 개화산(128미터)이 맏형 노릇을 한다. 나머지는 모두 해발 100미터 미만의 잔산(殘

山)들이다.

그러나 이 잔산들이 연출하는 풍광은 일찍이 중국에까지 알려질 정도로 아름다웠다. 사대부들은 수석(壽石)과도 같은 기암절벽 위에다 다투어 누정(樓亭)을 지어놓고 풍류와 시화를 즐겼다. 한때 양천고을 수령을 지낸 바 있는 겸재 정선도 〈경교명승첩〉(京郊名勝帖)에다 이곳 풍광을 하나하나 담아 후손들에게 전해 주었다. 하지만 그 후손들은 강변에다 올림픽도로를 낸답시고 모가지들을 모두 댕강댕강 잘라버려 볼품없이 만들어버렸다. 게다가 도로를 따라 난 방음벽까지 눈을 어지럽힌다.

쥐산을 끼고 돌면 이윽고 안양천 합수지이다. 먼 옛날 이 합수지역은 연꽃이 많아 연지(蓮池)로 불렸던 곳이다. 한강 개발 이전만 해도 갈대를 비롯한 습생식물 군락지와 드넓은 풀밭이 있어서 문래동과 도림동까지 죽 이어져 있었다. 어른들은 낚시 드리운 채 잠들어 있고, 아이들은 어른들을 곁눈질해 가며 첨벙첨벙 물로 들어가 고기를 잡곤 했다.

이 모습은 간데없고 지금 이곳은 한강에서 가장 오염이 심각한 곳으로 전락하고 말았다. 이제는 개천이 아니라 거대한 하수로가 되었다. 서울 서쪽의 위성도시와 관악·동작·구로·영등포·양천구 등지에서 감당하기 벅찬 양의 생활하수와 공장폐수가 내려오기 때문이다. 더욱이 하천 복개율이 높고 서해의 밀물 영향으로 물흐름마저 느려 수질이 5급수를 밑돈다. 통수(通水)를 위해 하천을 직강화·시멘트화하다 보니 주변 식생도 말이 아니다.

죽은 원앙에게서 얻는 생태 메시지

합수지를 지나면 길 건너에 아파트촌이 버티고 있다. 한말 까지만 해도 강변에 소금창고가 있었다. 염창동(鹽倉洞)이 라는 이름도 거기서 비롯되었다. 인천의 소금배가 한강을 타고 올라와 이곳에다 소금을 하역했다.

왼쪽으로 도로 건너편에 증산(甑山)이 지나간다. 강변 쪽 으로 기암절벽이 있어서 사대부들이 즐겨 찾았던 곳이다. 그래서 옛날에는 군자봉이라고 불렀다. 난지도가 건너다보 이는 증산 앞 한강은 강폭이 넓고 수심도 그리 깊지 않은데 다 인적마저 없어서 해마다 청둥오리, 쇠오리, 고방오리, 흰 죽지, 비오리 등 엄청난 숫자의 겨울철새가 날아든다. 강 건 너 난지도 쪽 둔치에는 황오리까지 내려앉는다.

그러나 잠수성 오리의 개체수가 증가하는 것은 마음에 걸린다. 이는 강가의 습지가 망가졌기 때문이다. 게다가 가 양대교와 방화대교 건설공사가 시작되면서 철새들이 크게 스트레스를 받고 있어서 겨울날 자전거를 타고 지날 때마 다 측은지심이 솟곤 한다.

언젠가 시민들과 함께 자전거를 타고 이곳을 지나다가 죽은 원앙 한 마리를 만났다. 그 모습을 보고 한 여학생이 뒷전에서 소리 없이 눈물을 훔친다. 풍광의 아름다움이나 생태의 신비감만이 감동을 주는 것은 아니다. 그들이 처한 비극적인 상황도 가슴에 감동으로 새겨진다. 생태기행을 가 서 눈물을 흘렸다면 좋은 일이요, 엉엉 소리내어 울어본 경 험이 있다면 더더욱 좋은 일이다.

안양천 합수머리를 10여 분 지나면 가양대교 건설현장이

나오고 좀더 아래쪽에는 방화대교가 한창 건설중이다. 최근 들어 고양, 김포 등지에 신도시가 들어서고 인천 영종도에 신공항이 들어서면서 새 다리가 속속 건설되고 있다. 현재 팔당호 아래쪽 한강 하류구간에 건설된 다리는 모두 25개, 현재 공사중인 것까지 포함하면 29개이다.

한강에는 다리가 너무 많다. 수요가 생기는 대로 마냥 공급하고 있다. 게다가 갈수록 다리의 폭이 넓어져서 이대로 가다가는 한강 전체가 다리로 복개되지 않을까 염려될 정도이다. 또 어떤 곳은 교각 기단부 지름의 합이 강폭의 1/3이나 되는 곳도 있다.

다리는 생태적으로 엄청난 장애물이다. 햇빛을 가려서 수중 생태계에 막대한 지장을 주고 하천의 흐름에도 장애가 된다. 많은 수의 다리는 공기흐름에도 영향을 끼쳐 서울의 대기오염과 열섬현상을 재촉한다. 다리는 철새들에게도 큰 장애물이다. 한강 다리와 인공시설물의 물량은 한강을 찾아오는 철새의 개체수와 종에도 크게 영향을 미친다.

가양대교 아래를 지나면 왼쪽으로 야트막한 야산 하나가 보인다. 양천 허씨(許氏)의 시조가 태어났다는 산이다. 『동의보감』을 남긴 의성 허준이 태어나고 죽은 곳도 바로 이곳이다. 이 야산에 인천취수탑이 있다. 현재 인천사람들은 팔당물을 마시고 있는데, 그 송수관이 한강변을 따라 팔당에서 인천까지 지하에 깔려 있다. 한강 남단의 자전거도로가 바로 그 라인이다.

한강을 끼고 올림픽도로가 함께 달린다. 현재 한강변의 모든 도로는 한강의 제방도로임을 아는 이는 많지 않다. 제

방은 홍수 때 물이 하천 밖으로 넘쳐 농경지나 주택에 입히
는 피해를 줄이기 위해 쌓은 것이다. 그리고 시골에서 보듯
이 제방에는 온갖 풀꽃과 나무가 자라고 곤충과 조류도 함
께 서식하고 있다. 또 나무들이 그늘을 드리워 수온을 낮춰
주어 용존산소량을 높게 유지시키며, 하천으로 유입되는 오
염물질을 걸러주는 역할도 한다. 그런 제방 위에다 시멘트
를 깔아 도로를 만들고 각종 시설물을 설치하여 제방의 생
태적 기능을 아예 없애버렸다.

시멘트를 쏟아부은 제방이지만 온갖 꽃들이 피어 있다.
귀화식물이 상대적으로 많지만 시멘트블록 틈새에 뿌리를
내린 꽃들이 안쓰럽다. 시멘트를 걷어내고 자연제방으로 바
꾸어놓으면 잿빛 제방은 금새 녹색 카펫으로 덮일 터인데.

씨를 뿌린 것도 아닌데 흰독말풀꽃이 길섶에 화려하게
피었다. 열대아시아가 원산인 흰독말풀은 처음엔 한약재로
들여와 재배되다가 널리 퍼지면서 잡초(?)로 격하되어 버
린 한해살이풀이다. 깔대기 모양의 꽃은 여름부터 가을까지
피며, 늦가을에 익는 열매에 가시 같은 돌기가 있어서 가시
독말풀이라고도 부른다.

아파트촌을 지나면 저만큼 궁산이 다가온다. 궁산(75미
터)은 지금도 양천향교를 비롯해 여러 사적이 남아 있는 옛
양천고을의 진산이다. 중국 동정호반의 악양루를 이곳에 다
시 세울 정도로 기암절벽이 만들어내는 강변 풍광이 특히
뛰어났다. 그러나 도시개발로 이곳 풍광 역시 깡그리 파괴
되어 눈을 여간 아프게 하지 않는다.

신공항으로 이어지는 가양대교와 방화대교 건설공사로

민들레(위)와 흰독말풀꽃(아래)

해서 자전거도로가 군데군데 비포장이다. 강변지역은 휴일이면 가끔 낚시꾼들이 찾는다. 낚시꾼들은 주로 붕어와 잉어를 노리지만 누치, 강치, 장어, 메기도 심심찮게 올라온다. 더욱 놀라운 것은 이 지역에서 2급수에 사는 쏘가리, 피라미, 빠가사리까지 올라온다는 사실이다. 서해안에서 밀물이 올라올 때는 숭어와 망둥이도 잡힌다. 이러한 사실은, 퍼다 버릴 데도 없이 썩었다는 한강도 아직은 생태적 가치가 있다는 메시지이기도 하다.

그러나 이 지역은 인적이 드물어 밤이면 간혹 불법어로를 하는 사람들이 설친다. 주낙이나 삼중자망, 삼각정치망 같은 불법어구를 이용해 민물장어, 황복 등 고급어종을 노린다. 게다가 낚시꾼들도 대부분 떡밥을 사용하고 있어서 걱정이다.

방화둔치의 광활한 대초원

여의도에서 방화동 둔치까지는 무려 10여 킬로, 자전거를 타고 오는 동안 숲이라고는 한 군데도 없다. 서울지역 한강은 이처럼 발가벗은 누드강이다. 숲이 없는 누드강은 수온이 높고 수질도 불량하며 생태적으로도 건강하지 못하다.

제방과 둔치에 숲을 만들어놓으면 항상 풍부한 수량을 유지할 수 있고 시민들이 햇빛과 바람을 피할 수 있다. 잘만 하면 생태띠를 통해 청솔모, 다람쥐, 족제비, 두더지 같은 포유류까지 한강변으로 데려올 수 있다. 실제로 행주대교 아래 지역의 둔치에는 훤한 대낮에도 고라니가 초지를 뛰어다닌다. 군데군데 어부림(魚付林)이라도 조성해 놓으

한강하구 자전거 코스 중 가장 볼 것이 많은
방화둔치

면 물고기들이 마냥 좋아할 것이다.

방화대교 아래부터는 비포장도로이고, 방화둔치는 바로
그 방화대교 아래에서부터 시작된다.

둔치란 강의 가장자리에 퇴적물이 쌓여서 이루어진 땅이
다. 일본용어인 '고수부지'로 더 익숙하게 불리고 있지만, 둔
치와 고수부지는 차이가 있다. 고수부지는 자연상태의 둔치
를 인공적으로 바꾸어 공원화한 곳을 가리킨다. 하지만 둔
치는 평소에는 엄연한 육지이지만, 더러 홍수가 지면 흔적
도 없이 물 속으로 사라지는 그런 곳이다. 물이 들고나는
점에서는 육지의 갯벌인 셈이다. 그래서 둔치는 육지의 환
경 가운데서 생명체들이 살아가기에 가장 가혹한 환경이다.
이곳에 사는 생명체들은 마치 전쟁터의 사람들마냥 늘 불
안하다. 그런 전쟁터에서도 생명체들은 서로 어우러져 낙원
을 만들어내는 것이 차라리 눈물겹다.

방화둔치는 한강 하구 자전거 생태기행 코스 중에서 볼

개망초(위)
여러해살이 콩과식물 토끼풀(아래)

거리가 가장 많은 곳이다. 서쪽으로 개화산을 두고 강 건너에는 행주산성을 두고 있는 수십만 평의 대초원이다. 이 무인지경의 초원에 와서 우리는 곳곳에 숨어 있는 작은 늪지와 그 주변에 서식하고 있는 갖가지 동식물을 볼 수 있다.

우리나라 어딜 가나 둔치는 자생식물보다 귀화식물로 뒤덮여 있다. 귀화식물은 생명력이 강해서 식생이 불량하거나 파괴된 곳에 맨 먼저 들어오며, 나갈 때도 맨 나중까지 버틴다. 이곳도 예외는 아니다. 귀화식물들이 나라를 이루고 있다. 흰독말풀, 달맞이꽃, 미국쑥부쟁이, 방가지똥, 뚱딴지, 왕고들빼기, 개여뀌, 망초, 좀명아주, 토끼풀… 얼핏 헤아려도 30종이 넘는다.

클로버라고도 부르는 토끼풀은 유럽이 원산이다. 여름부터 가을까지 줄기차게 이어지며 번식력 또한 왕성하여 양지성향의 잔디를 뒤덮어버리곤 한다. 정서적으로는 우리에게 퍽 친근한 풀꽃이다.

때로는 귀화식물을 그대로 놔두는 것이 현실적으로 타당할 때도 있다. 이곳에서 귀화식물을 모조리 걷어내 버리면 생태계 구조가 흔들릴 것이다. 먹이사슬상 곤충들이 먼저 피해를 입을 것이고, 곤충이 사라지면 물고기며 새들도 함께 자취를 감출 것이다. 그리고 이곳의 귀화식물들은 홍수로부터 둔치의 토사를 지켜준다. 귀화식물을 걷어내면 모래밭으로 바뀔 확률이 높으며 결과적으로 그 모래밭은 잦은 홍수로부터 둔치를 지켜내기가 어렵다는 주장은 상당한 설득력이 있다. 그렇게 되면 무지한 당국은 시멘트와 잔디를 싣고 와 이 초원을 들씌워버릴 것이다. 또 귀화식물과 같은

잡초(?)는 썩어서 거름이 되므로 땅을 기름지게 한다는 주
장이나 땅의 지하수를 정화시켜 준다는 주장도 있다.

코스모스에 배추흰나비 한 쌍이 앉았다. 암수가 모두 배
추와 무 같은 십자화과 식물을 좋아하지만, 날개의 점무늬
가 서로 다르다. 배추흰나비 전설은 자못 비장한 데가 있다.
억울하게 살해된 남편의 한을 풀어주기 위해 부인이 흰나
비 귀신이 되어 범인을 가려주었다고 한다.

마른 줄기 끝에는 된장잠자리도 한 마리 앉아 있다. 1년
에 3회 번식을 하는 된장잠자리는, 1세는 남부지방에서 자
라고 2세는 중부지방으로 옮겨와서 자라고 3세는 한강을
넘어 백두산까지 북상한다. 정말 대단하다.

실베짱이는 이름 그대로 자그마하다. 몸은 연녹색이며
발음기는 갈색빛이 난다. 암수 모두 뒷날개가 앞날개보다
길고 뒤쪽으로 뾰족하게 튀어나와 있다. 가을이면 성충이
나오지만, 원래 약질이라서 추위를 잘 타 10월로 접어들면
찾아보기 어렵다.

둔치에는 풀무치, 실베짱이, 방아깨비, 쌕쌔기, 남방씨알
붐나비, 배추흰나비, 남방부전나비, 고구마잎벌레, 애메뚜
기, 네발나비, 장다리노린재, 콩중이, 벼메뚜기, 감탕벌, 깔

코스모스에 앉은 배추흰나비 한 쌍(위)
된장잠자리(아래)는 1년에 세 번 번식을 한다.

왼쪽부터 실베짱이, 남방부전나비, 네발나비

따구, 십자무늬노린재 등 초식성 곤충이 비교적 많다. 육식 곤충으로는 고추좀잠자리, 아시아실잠자리, 왕잠자리, 된장잠자리, 배치레잠자리, 진노랑잠자리, 사마귀, 왕쇠파리, 거미류, 쌍살벌, 칠성무당벌레, 금파리, 왕파리매, 큰파리, 곱등에 따위가 있는데 초식곤충들을 노리고 이곳으로 집단이주해 온 것이다. 잠자리류는 깔따구를 먹고 칠성무당벌레는 진딧물을 먹고 왕사마귀는 뭐든지 가리지 않는 폭식주의자다. 또 이들을 노린 산개구리와 아무르산개구리도 초원으로 들어와 있다.

도시 늪 속의 자연 오케스트라

장마라도 져서 물이 초원을 뒤덮고 지나가면 곳곳에 파인 웅덩이는 올챙이 천지이다. 으스름 저녁나절의 개구리 울음소리는 온갖 곤충들의 울음과 더불어 가을이 으슥해지도록 자연의 오케스트라를 연출해 낸다.

방화둔치에는 3~4개의 늪지가 남아 있다. 크기는 대개 시골집 넓은 마당만하지만, 초등학교 운동장만한 것도 있다. 물론 비가 잦은 여름철에는 더 넓어진다. 그러나 이 늪지들이 홍수에만 의존해서 만들어진 것은 아니다. 자세히 들여다보면 맑은 지하수가 늘 퐁퐁 솟아오른다. 그래서 1년 내내 물이 마르지도 않고 수온도 강물보다 차며, 생태계가 비교적 건강하고 다양하다.

이 늪지에는 수생식물, 들풀과 꽃, 곤충, 양서류가 어우러져 살고 있다. 물고기와 물벌레(수서곤충)며 연체동물도 이곳에서 부화하여 일생을 살아가고, 이들을 노리는 조류도

아무르산개구리는 갈색 등에 세로로 연한 줄이 나 있으며 덩치는 작은 편이다.

방화둔치의 늪지. 방화둔치
에는 이런 늪지가 여러 개
있어 동식물의 고향이 되어
준다.

이곳을 즐겨 찾는다. 이곳 생태계는 주변 초지보다 종의 다
양성이 높아서 위기에 처한 주변의 동식물들이 고향처럼
돌아와서 숨을 고를 수 있게 해준다. 비록 고인 물이긴 하
지만 이렇게 생태계가 건강하고 종의 다양성이 유지될 수
있는 것은, 모든 생명체가 저마다 제 몫을 다하며 피라미드
를 이루고 있기 때문이다.

　둔치늪에 사는 물고기의 종류는 그리 다양하지 않다. 기
껏해야 붕어, 잉어, 누치, 피라미, 납자루, 미꾸라지 등 3급
수에 사는 10종류 안팎이다. 수심이 허벅지 정도에 불과하
고 그나마 한강 본류와 단절되어 있어서이다. 하지만 바로
이 같은 조건이 이곳 물고기들에게는 더없는 인큐베이터
역할을 해준다. 이곳에서 부화한 새끼들은 장마 때면 상습
적으로 범람해 넘어오는 강물을 따라 드넓은 바깥세상으로
나가기도 한다. 붕어마름 등 수초 몇 가지와 플랑크톤, 지렁
이 · 새우 · 잠자리 유충 들이 주로 물 속을 우점하고 있는

데, 이것들은 새와 물고기와 개구리를 불러모으는 썩 좋은 먹이로서 초원의 피라미드의 든든한 기단 역할을 해주고 있다.

새들의 낙원 갈대숲

방화둔치는 오랜 세월 무인지경이었던 터라 그대로 새들의 낙원이 되었다. 겨울철새는 말할 것도 없고 여름철새와 텃새들도 마을을 이루고 있다. 우선 눈에 띄는 것은 백로무리이다. 특히 백로는 영종도공항과 일산 신도시를 잇는 대교가 생기면서 전에 살던 김포 전호산을 버리고 강 건너 행주산성 숲으로 집단이주해 갔다. 여름날이면 둥지를 박차고 나온 새끼백로 수십 마리가 날아들어 어미에게서 활강기술을 배우느라 여념이 없다.

　사람 키를 덮는 갈대숲은 개개비들의 서식지이다. 연갈색 옷을 입은 개개비는 몸집이 참새보다 크고 비둘기보다

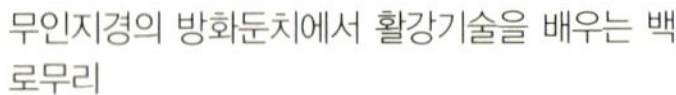

무인지경의 방화둔치에서 활강기술을 배우는 백로무리

는 좀 작다. 여름철새라서 가을이며 갈대줄기에 빈 둥지만
남겨놓는다.

갈대숲 속의 늪에서는 오리류가 화들짝 놀라 솟아오른다.
텃새인 흰뺨검둥오리이다. 몸 전체가 갈색이지만 깃털 끝은
붉은빛 도는 흰색이며, 하얀 뺨에 검은 부리를 가졌다. 다만
부리 끝은 노랗다. 갈대숲을 헤치고 늪지 가까이 들어가 보
면 여기저기 오리류가 노닐고 있다. 이곳은 쇠물닭과 흰뺨
검둥오리가 사는 숲의 골목이다.

이 밖에 이 초원에 주민등록이 되어 있는 조류로는 왜가
리, 괭이갈매기, 물떼새, 멧비둘기, 황조롱이, 붉은머리오목
눈이, 참새, 종다리, 멧새, 까치, 덤불해오라기, 까마귀, 알락
할미새, 제비, 뻐꾸기, 꿩, 꼬마물떼새, 촉새, 울새, 도요새,
황로, 깝짝도요가 있다.

그리고 무엇보다 놀라운 것은 근래 들어 이 둔치에서 고
라니가 발견되고 있다는 사실이다. 하지만 국립공원 북한산
과 관악산에서조차 사라진 고라니가 언제 어디서 들어와
살기 시작했는지는 아직 정확히 조사된 바 없다. 다만 행주
대교 아래 한강 남북단의 야산과 둔치의 갈대밭에서 자주
고라니가 발견되고 있는 점을 미루어볼 때, 그곳의 고라니
가 강변을 타고 이곳까지 들어오지 않았나 추측만 해볼 따
름이다. 그나저나 서울시가 이 지역을 생태공원으로 개발한
다고 삽질을 하기 시작하면 고라니도 끝장이다. 더욱이 경
인운하 놓는답시고 행주대교와 굴포천 주위 수십만 평의
생태계가 뒤집히는 날이면 고라니의 앞날에는 오직 죽음밖
에 없다.

갈대숲 속의 개개비둥지

최근 생태공원이 많이 생기고 있지만, 미래는 그리 밝지 않다. 조급한 조성으로 원래의 영역을 축소시키고 서식종의 멸종과 단순화를 앞당기고, 인간 중심의 관리로 생태적 수명을 단축시킬 우려가 높다. 결국 나중에는 공원팻말만 남는 비극도 예상된다.

이곳도 그럴 위험성이 높다. 당국에서는 차라리 그냥 내버려두는 것이 더 나은 곳도 있음을 깨달아야 할 것이다. 마구잡이 공원개발을 막기 위해서는 공원조성 입안자와 시공자의 실명제와 책임제가 뒤따라야 한다.

생태공원은 생태띠가 튼튼해야 한다. 생태띠가 끊긴 나홀로 생태공원은 생태적 수명도 짧거니와 제 역할을 해내지 못한다. 그러므로 인근지역과 생태적으로 단절된 '닫힌 공원'이 아닌, 생태띠로 연계되어 있는 '열린 공원'이 되어야 한다. 특히 이 지역은 개화산, 범어리 못, 강서 농경지, 전호산, 굴포천, 김포 수로, 하류 남북단 민통선 둔치, 유도 등과도 생태적으로 연결되어야 한다. 또 생태공원 휴식년제도 함께 고려되지 않으면 안 된다.

방화둔치에서 행주대교 밑을 지나면 김포 둔치다. 김포 둔치로 굴포천이 흐르고 있다.

이 지역은 밀물이 올라오는 기수지역이라서 생태계가 참 재미있다. 굴포천과 수로에는 망둥어와 실뱀장어가 눈에 띄고 참게도 어렵잖게 관찰할 수 있는 곳이다. 그런가 하면 군데군데 작은 늪지가 남아 있어서 여러 곤충과 새들을 불러모은다. 갈대숲과 갯버들숲에 둘러싸인 굴포천에는 백로와 왜가리가 무리지어 놀고 흰뺨검둥오리, 논병아리, 물닭

이 새끼 치고 산다. 이따금 철새들도 빈 들녘에 장관을 이
루며 내려앉는다. 하지만 이곳 역시 다리가 속속 세워지면
서 생태계가 크게 교란되고 있어서 걱정이다. 하물며 경인
운하까지 건설되면 필시 생태계는 깡그리 망가질 것이다.

　바람 부는 강변에 서서 갈대숲 위로 솟아오르는 철새들
의 군무를 보고 있노라면 눈물이 핑그르르 돈다. 그래서 이
곳에 오면 마치 대자연의 임종을 보러 온 듯한 기분을 씻을
수 없다.

　자전거를 타고 떠나온 나의 한강 문병은 굴포천 강가에
서 늘 막막한 감정으로 끝이 난다.

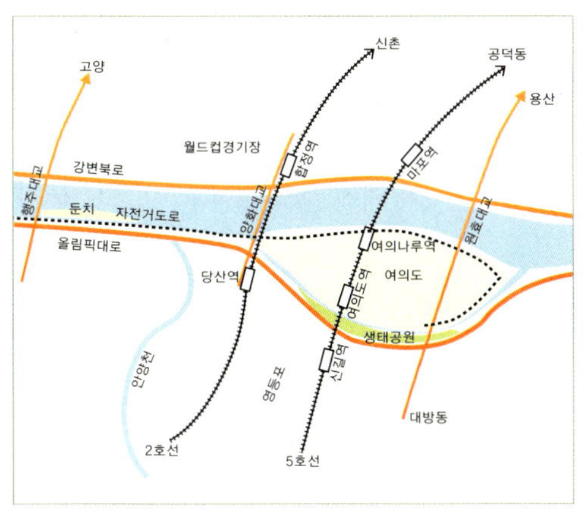

교통
자전거 외에 대중교통은 없다. 5호선 여의나루역에 내리면 시민공원에
서 자전거를 시간당 2천 원에 대여해 준다. 신분증을 맡겨야 대여할 수
있다.

기타
여의도 SBS 뒤쪽 식당가에서 점심을 먹고 출발하거나 도시락을 준비
해야 한다. 식수는 반드시 챙겨가야 한다.

창덕궁 금원과 종묘

중국과 우리나라는 같은 문화권이지만, 두 나라의 궁궐을 비교해 보면 흥미롭다. 중국 궁궐이 군악(軍樂) 같은 '장엄'(莊嚴)이라면, 우리 궁궐은 협주곡 같은 '조화'(調和)이다. 특히 '자연과 인간의 조화'라는 측면에서는 그들보다 한 품계 위에 있다. 이러한 특징은 창덕궁에서 더욱 두드러진다.

창덕궁은 1405년 태종이 개성에서 다시 한양으로 돌아올 때 이궁(離宮)으로 지은 궁궐이다. 창덕궁은 경복궁에 비해 곡선이고 여성적이다. 전각들을 자연지형에 맞춰서 앉히다 보니 그렇다. 자유분방한 전각배치는 은밀하고 긴장된 분위기를 연출한다.

대개의 고궁관광은 전각이나 기웃거리다가 의자에 앉아 커피 뽑아 마시고 오는 게 고작이다. 더러 문화와 역사에는 관심이 있어도 고궁의 조경과 자연생태를 눈여겨보는 이는 거의 없다.

창덕궁은 서울의 고궁 가운데 자연생태가 가장 건강하다. 특히 후원은 우리 시대까지 용케도 살아남은 옛 숲이다. 사람 손으로 심은 나무들도 천연덕스럽게 자연림과 잘 어울려 있다.

꽃 못지않게 화려한 가을단풍의 궁궐

창덕궁의 정문인 돈화문을 들어서면 안쪽에 느티나무와 회
화나무가 보인다. 이 나무들을 정문 안에 심은 까닭은 주나
라 때 삼공정승들이 이 나무들 아래서 국정을 논했다는 고
사에서 비롯되었다.

회화나무는 중국에서 들어왔으며 크게 자라면 높이가 30
미터에 이른다. 흑갈색 줄기에 나무껍질이 세로로 깊게 갈
라져서 느티나무와 쉽게 구별된다. 여름이면 황백색의 작은
꽃이 핀다. 둥글고 온화한 이미지를 두고 동양에서
도 학자(學者)나무라 했고, 서양에서도 같은 의미
의 'scholar tree'라고 했다. 활엽수 중에서는 산소
방출량이 많아 환경정화 기능이 뛰어나고 비교적
공해에 강한 편이다. 그래서 서울시에서 밀레니엄
나무로 정했다.

궁역으로 들어가자면 작은 개울을 건너야 한다.
북쪽의 산기슭에서 내려오는 이 개울은 창덕궁의
명당수이다. 왕과 백성의 세계를 경계짓는 이 개울
에는 물의 정화성(淨化性)을 빌린 또 다른 지혜가
깃들어 있다. 궁을 드나드는 신하들의 나쁜 마음
〔逆心〕을 씻어주는 상징적 역할이 그것이다.

인정전은 창덕궁의 정전이다. 글자 그대로 어진
정치를 펴는 곳이다. 설령 인정을 베풀지 못했다
해도 그 뜻은 실로 가상하다. 겉모양만 보고 이름

낙엽 지는 콩과식물 회화나무

청향각 굴뚝에 조각된 토끼문양

지은 지금의 '청와대'(靑瓦臺)와는 그 의미가 사뭇 다르다.

정전의 마당을 조정(朝廷)이라고 한다. 어떤 이들은, 조정에 나무 한 그루 없는 것을 보고 너무 밋밋하지 않느냐고 한다. 그러나 입 구(口) 자 마당에다 나무[木]를 심으면 곤궁할 곤(困) 자가 된다 하여 예부터 기피해 왔다. 게다가 나무가 있으면 그늘이 져서 인정전 내부가 어두워지고 숲 때문에 주위가 음습해져 건물이 오래 가지 못한다.

왕후의 침전인 대조전 앞뜰에 개복숭아 한 그루가 서 있다. 복숭아는 그 모양이 정숙하지 못하다 하여 일찍이 도화색(桃花色)이라며 함부로 심지 않았다. 그런데 일제가 북한산에 쇠말뚝 박듯이 황후의 내전에다 복숭아를 심은 것이다. 우리를 못살게 하려는 교술(狡術)이 아니었겠는가 싶다.

대조전 주변은 금남(禁男)의 여성공간인 만큼 화계가 아름답다. 화계는 담 너머 뒷산과 자연스럽게 이어지는데, 그 아름다움은 자연과 인공의 절묘한 조화에서 나온다. 화계와 대조전 주변에는 모란, 함박꽃, 대나무, 철쭉, 매화, 앵두, 배나무 등 화려한 관목들을 주로 심었다.

대조전 후원의 담이 유난히 높은 것은 여성 공간의 특징인 밀폐성을 확보하기 위함이다. 담 안을 쉽게 넘겨다본다면 왕후인들 어찌 자유로울 수 있겠는가. 서양은 '열림'으로써만 자유를 얻지만, 우리는 '닫힘'으로써도 이렇게 절묘한 자유를 만들어낸다.

청향각 뒤뜰에 누운주목이 있다. 누운주목을 '눈주목'이라고 해도 틀린 말은 아니다. 눈이 잦은 높은 산에 살면서 오랜 기간 설해(雪害)를 입어 줄기가 누워버린 것이 나중에

별개의 종이 되었다고 한다. 봄에 깨알만한
꽃이 피고 가을에 콩알만한 빨간 열매가 달
린다. 우리나라에서는 설악에 많이 분포되
어 있다.

낙선재(樂善齋)는 이름과 달리 오랜 세월
슬픔을 품고 있었던 집이다. 그 슬픔을 달래
주려고 꽃담이 있나 보다. 경복궁의 꽃담보
다 화려하지는 않으나 상궁처럼 단아하고
깊은 맛이 있다. 주홍빛 담이 가을 색조에 딱 어울린다.

낙선재 화계도 아름답다. 철마다 철쭉, 수국, 물레나물 등
속이 피어 여성의 처소답게 화려함을 더해 준다. 가을이면
단풍도 꽃 못지않게 화려하게 물든다.

후원의 괴석은 마치 돌을 심은 듯한 분재다. 이 괴석은
땅의 정기요, 지맥의 뼈라고 여겼다. 그리고 괴석을 통해 자
연을 음미하려는 조상들의 풍류가 담겨 있다.

눈에 의해 줄기가 누워버린 누운주목

사계의 숲

금원으로 가는 언덕길의 숲과 담이 만들어주는 그윽함은
그만이다. 궁에 들어와서는 흙을 밟아야 제 격인데, 시멘트
로 덮어서 운치가 덜해졌지만. 오른쪽 담 너머가 창경궁이
다. 담 밖에 층층나무가 곱게 물들고 있다. 가지가 층층이
돌려난다고 해서 이름이 층층나무이다. 나무껍질에 세로 홈
이 무수히 나 있으며 달걀모양의 잎사귀에 하얀 꽃이 피고
검붉은 열매가 익는다. 검은 나무껍질이 거북 등처럼 갈라
진 말채나무, 흰 꽃이 아름다운 산딸나무, 나무껍질이 비늘

처럼 벗겨지는 산수유도 모두 층층나무 종류이다.

'비원'이라는 이름은 본래 후원을 관장하는 기구의 이름이었다. 일제가 후원을 관광지로 개방하면서 의도적으로 그렇게 부르게 한 것이다. 따라서 창덕궁 후원을 가리키는 여러 이름 가운데 가장 적절한 것은 아무래도 금원(禁苑)일 것이다. '금(禁)'은 '왕' '왕실'을 의미한다. 금궐(禁闕)은 '궁궐'을 뜻하고 금문(禁門)은 '궁문'을 가리키는 말이니, 금원은 '왕실의 원림(園林)'이라는 의미로 아주 적절한 말이다. 왕실을 나타내는 '禁' 자를 파자하면 '林+示'이다. 즉 왕은 숲(자연)을 지키는 사람이요, 궁궐은 숲(자연)을 지키는 곳이다. 시사하는 바가 참 많다.

금원은 창덕궁이 창건된 이듬해인 1406년에 조성되기 시작하여 세조 때 완성되었다. 임진왜란으로 한때 골병이 들었으나 광해군 때 온전히 복구되었다. 하지만 일제 때 여기저기 잘라먹어서 지금은 7만여 평만 남았다.

금원은 사시장철 숲이다. 신록의 봄숲은 눈부신 꽃들의 잔치로 해서 매일 축제기간이다. 녹음 짙은 여름날 숲은 마치 연병장에 나온 젊은 병사들처럼 건강하고 싱그럽다. 다양한 활엽수들이 만들어내는 가을의 단풍숲은 꽃보다 아름답고 눈부시다. 침묵하는 겨울숲은 자기 정체성을 잃고 방황하는 도시인들을 성자로 만들어준다. 또 비 오는 날의 숲은 깊은 명상에 잠긴 수도자처럼 엄숙하고

가을빛에 곱게 물든 층층나무

경건하다.

금원은 평화의 숲이다. 식물들 사이에서도 치열한 생존 경쟁이 있어서 싸움에서 진 것들은 흔적도 없이 퇴출된다. 그러나 금원의 숲은 참나무류가 우점하는 가운데 느티나무, 귀룽나무, 벚나무류, 밤나무, 음나무, 말채나무, 회화나무, 주엽나무, 물푸레나무, 팥배나무… 종의 다양성이 매우 충실하다. 덩치 좋다고 으스대지 않고 덩치 작다고 기죽지 않는다. 작은 나무는 작은 나무대로, 큰 나무는 큰 나무대로, 풀꽃은 또 풀꽃대로 자신의 키를 낮추며 살고 있다.

금원의 숲이 수백 년 동안 건강하게 보존될 수 있었던 것은 조선의 금산(禁山)제도에 힘입은 바 크다. 금산제도는 요즘의 그린벨트와 기능 면에서는 비슷하지만, 풍수지리를 바탕으로 했다는 점에서 그린벨트와는 또 다르다. 그린벨트는 도시의 팽창을 막기 위해 띠 모양을 하고 있지만, 금산은 지기(地氣)와 지맥을 보호하기 위해 산줄기를 중심으로 하고 있기 때문이다. 이런 차원에서 보면, 금원은 하나의 독립된 산이라기보다 북악의 수족이요 북한산의 몸체라 할 수 있을 것이다. 북악과 북한산의 자연을 지키기 위해서는 금원이 지켜져야 한다.

부용정의 소년어부 자태

금원의 숲 탐방은 크게 부용지 주변, 연경당 주변, 반도지 주변, 옥류천 주변의 숲으로 나누어 관찰한다.

언덕길을 내려가면 부용지 지역이다. 창덕궁 후원에는 현재 7개의 연못[池塘]이 남아 있는데, 이 가운데 부용지가

300여 평으로 가장 넓고 영왕지가 가장 작다.

우리 연못은 중국 연못처럼 턱없이 넓어서 위압감을 풍기거나 일본 연못처럼 작아서 답답함을 주지 않는다. 자연미도 훨씬 많이 간직하고 있다. 그들의 연못은 주로 타원형 아니면 굴곡형이지만 우리 연못은 네모꼴이 많다. 그 가운데 둥근 섬을 조성하고 나무를 심은 것은 천원지방(天圓地方)의 우주관과 함께 천지인(天地人) 사상을 구현한 결과이다. 섬 안에 운치 있게 휘어진 적송이 바로 인간이다.

부용지의 물은 지하수와 산에서 내려오는 물이다. 산비탈을 타고 자연스레 내려와 용머리 누조를 통해서 들어온다. 우리의 물 다스림은 자연의 이치에 따르기 때문에 마음을 편하게 해준다. 분수처럼 사람을 긴장시키지 않는다.

아(亞)자형의 부용정은 마치 아랫도리를 둥둥 걷고 천렵하는 어동(漁童)의 모습 같다. 〈동궐도〉에는 곳곳에 버드나무가 많이 그려져 있는데, 그 동안 많이 뽑아 버린 모양이다.

부용지와 그 주변

부용지 석축 한쪽에 방금 물 위로 뛰쳐오른 잉어 한 마리
가 생생하게 조각되어 있다. 잉어는 신하를 상징한다. 건너
편의 어수문은 신하[魚]와 임금[水]이 만나는 상징의 문이
다. 즉 부용지의 고기가 어룡(魚龍)이 되어 오르는 등용문
이다. 그래서 어수문 현판도 물길[水路]을 상징하여 세로로
내걸었다. 어수문에서 주합루로 오르는 계단(물길)은 수기
치인(修己治人)의 이상을 상징하는 한편, 군신이 물과 물고
기처럼 화합하는 천인합일(天人合一)의 사상을 보여준다.

서향각과 춘당지 주변에는 잠실(蠶室)과 논이 있었다고
한다. 왕과 왕비는 나라의 잠업을 일으키기 위해 직접 누에
를 쳤고 백성들의 고충을 이해하기 위해 직접 농사도 지었
다. 청와대 안에는 백성을 위해 무엇을 두고 있을까 갑자기
궁금해진다.

금원의 숲은 소나무나 전나무 같은 상록수가 의외로 드
물다. 상록수보다 낙엽 지는 활엽수를 심어 철마다 바뀌는
숲의 다양한 모습을 보고자 했던 모양이다. 숲의 종 다양성
도 그로부터 비롯된다. 금원 숲에 오면, 상록수와 몇몇 수종
으로 획일화된 요즘의 공원에서 느낄 수 없는 그 무엇을 느
끼게 되는 것도 그 때문일 것이다.

낙엽 지는 숲길은 더욱 호젓하다. 잎은 시나브로 떨어지
고 나무는 앙상한 모습으로 허허로이 서 있다. 수행자처럼
우주 앞에 벌거숭이가 되어 서 있는 나무들을 보면 문득 그
들의 진면목이 보고 싶어진다. 새순 파릇파릇 돋아나던 봄
날의 모습은 무엇이었으며, 가지마다 녹음 무성하던 지난
여름날의 모습은 무엇이었는지. 꽃보다 아름답게 단풍 드는

부용지 석축의 잉어. 신하를 상징한다.

모든 욕망과 정열을 미련 없
이 떨군 듯한 금원 숲길

가을날의 모습은 또 무엇인지. 어느 것이 그대 나무들의 참 모습인가. 아니면 원래 나무는 아무것도 아니었던 것인가. 애초부터 실재하지 않았던 것일까.

생명이란 어쩜 '변화'의 다른 이름인지도 모른다. 세상에 영원한 것은 없다. 그것을 깨닫는 나 자신부터가 영원한 존재가 아니다. 영원을 보려면 그것을 보는 내가 영원하지 않으면 안 된다. 영원, 그것은 아무래도 나로서는 가당찮은 일이다.

그렇다. 모든 것은 실체가 없다. 하나의 현상이요, 움직임이요, 무상(無常)이다. 모든 것은 영원하지 않기에, 꽃도 꽃이 아니며, 새도 새가 아니다. 그것들은 어떤 것들의 잠깐의 모습이거나 아무것도 아니었던 것이다. 지금 나의 모습 또한 어떤 것의 잠깐의 모습에 불과하다. 자연은 공(空)의 각기 다른 모습이요, 각기 다른 이름이다.

모든 욕망과 정열을 떨군 숲속을 거닐다 보면, 가을이

사색의 계절이라는 말이 마냥 허사(虛辭)만은 아님을 깨닫
는다.

금원 깊숙한 곳의 반도지와 옥류천

반도지 영역은 창덕궁에서도 가장 깊숙한 곳이다. 주택가까
지 직진코스로 50미터 거리인데도 소음이 전혀 들리지 않
는다. 울창한 숲이 천혜의 방음벽 역할을 해주기 때문이다.

화살나무의 단풍 든 모습이 정겹다

가을이면 화살나무도 단풍이 든다. 우리 산 어디서나 쉽
게 볼 수 있는 나무다. 덩치가 크지 않아서 눈에 잘 띄지는
않지만, 줄기며 가지며 잎이며 요모조모 뜯어보면 참으로
정감이 간다. 줄기와 가지에 화살 모양의 날개를 달고 있어
서 이름도 화살나무이다. 잎은 별로 특징이 없지만, 가을이
면 붉은 단풍을 정열적으로 뿜어내어 사람들의 눈을 황홀
케 한다. 열매 또한 작고 앙증맞다.

옥류천 지역은 금원에서 가장 깊고 외져서 여름에도 냉
기가 느껴지는 곳이다. 출입이 통제된 이 DMZ는 관광객들
에게 스트레스를 받은 동물들의 피난지 역할을 톡톡히 해
낸다.

동네싸움이 났는지, 직박구리들이 이 나무 저 나무 건너
다니며 요란을 떨어댄다. 새들도 텃세를 한다. 먹이가 많고
둥지 짓기가 쉽고 적으로부터 은신하기 좋은 곳일수록 그
곳을 지키려고 안간힘을 쓴다. 여름날이면 해오라기까지 날
아들지만, 단풍 지는 계절에는 텃새 몇 종만 보인다. 직박구
리, 박새, 쇠박새, 진박새, 곤줄박이, 동고비, 멧새, 노랑턱멧
새, 쇠딱따구리, 오색딱따구리, 멧비둘기….

점점 사라지고 있는 다람쥐

금원에 살고 있는 네발동물로는 너구리, 족제비, 청설모, 다람쥐, 들고양이 등이 있다. 하지만 근래 들어 금원 숲에 다람쥐가 줄어 걱정이다. 집 나온 들고양이 때문인지, 못된 청설모 때문인지, 아니면 너구리 때문인지, 그도 아니면 어디 으슥한 데로 자리를 옮겼는지 아무튼 눈에 잘 띄지 않는다.

단풍이 지면 다람쥐도 좋은 세상 다 간 셈이다. 숲이 앙상해지기 전에 미리 양식을 모아두고, 부지런히 낙엽을 물어다 겨울 이부자리도 만들어야 한다. 그리고 얼음이 얼기 전에 서둘러 땅속으로 들어가 긴 겨울잠에 들어가야 한다. 다람쥐는 겨울잠을 자는 동안 열량의 낭비를 막기 위해 체온을 5도 안팎으로 떨어뜨린다. 호흡도 1분당 5회 정도로 줄인다고 한다. 제 살을 깎아 그야말로 반죽음상태로 겨울을 나는 것이다. 무릇 살아 있는 것들은 이렇게 제 살을 깎으며 어려움을 난다. 인간들만 자기 살을 깎지 않으려고 온통 난리를 피울 따름이다.

다시 되돌아나가면 불로문(不老門)을 만난다. 수명이 짧았던 역대 조선왕들의 비원(悲願)이 애절하게 와닿는다. 얼마 전 유럽의 어느 학술대회에서 호킹 박사가 인류의 미래는 생명공학의 급속한 발전으로 대변혁기가 도래할 것이라고 예언했다. 인류가 스스로를 파괴하지 않는다면 100년 뒤에는 다른 행성에 가서 살 수도 있을 것이고, 태아가 체외에서 태어나고 자랄 것이라고 했다. 아마 그때쯤이면 조선왕들의 비원이었던 무병불로도 훨씬 앞당겨질지 모르겠다. 하지만 생명공학이라는 불장난으로 인류전멸의 위험도 어느 시대보다 높아질 것이다.

궁궐 속의 민가

불로문을 들어서면 연경당 지역이다.

　금마문 담에 기대어 서 있는 덩치 좋은 상수리나무에 열매가 주렁주렁하다. 옛사람들은 구황식품으로 상수리가 첫째요, 소나무가 둘째라고 했다. 상수리묵은 도토리묵보다 떫은맛도 덜하고 맛도 낫다.

　애련정 뒤로 단풍이 물들고 있다. 누가 그린 한 폭의 그림인가. 관광객들은 연신 셔터를 눌러댄다.

　여름이면 애련지에도 수련이 눈부시다. 토종 수련꽃은 희고, 일본에서 원예종으로 들어온 수련꽃은 붉다.

　연경당 장락문 앞으로, 내명당수가 흘러 연지로 들고 있다. 명당수는 서입동출(西入東出)하고 흐름이 좋아야 한다. 명당수의 흐름을 거슬리지 않게 하기 위해 돌로 곡선 물길을 만들었다. 그 물길 옆에 나무 한 그루가 서 있는데, 그 나무를 다치지 않게 하려고 물길을 둥글게 돌린 선조들의 배

애련정 뒤로 곱게 물드는 단풍은 한 폭 그림이다.

정각당 석분의 두꺼비

려가 가상하다.

장락문 앞 돌화분〔石盆〕 가장자리에 두꺼비 네 마리가 앙증맞게 조각되어 있다. 비록 돌두꺼비지만, 습한 숲지역이라 그 느낌이 매우 생태적이다. 일찍이 옛사람들은 해는 까마귀〔三足烏〕로 상징하고 달은 두꺼비를 상징했으니, 연경당은 월궁(月宮)인 셈이다.

연경당은 순조가 1827년에 민가를 모방하여 세운 속칭 99칸의 사대부 건물이다. 나랏일에 얼마나 골치가 아팠으면 왕이 궁궐 후미진 곳에 민가를 지어놓고 세상일 잊고자 했겠는가. 그러나 연경당은 참 아름다운 집이다. 수채화처럼 가볍지도 않고 유화처럼 무겁지도 않은, 느낌 있는 집이다. 이런 느낌은 겸허함과 실질과 소박함에서 나온다.

연경당은 음양사상으로 지은 집이다. 장양문은 남성의 문답게 솟을문으로 올렸고, 수인문은 여성의 문답게 지붕을 낮추어 평문으로 했다. 장양문은 권위 있는 계단으로 되어 있는 데 비해 수인문은 안방마님이나 딸들이 가마를 탄 채 편리하게 나다닐 수 있도록 계단을 없앴다. 또 사랑채는 남성 공간이라 트여 있고, 안채는 여성 공간이라 닫혀 있다. 이곳말고도 음양사상은 곳곳에서 드러난다.

우리 한옥이 친환경적 생태건축물이라는 것은 익히 알고 있지만, 연경당에 오면 새삼 더 느껴진다.

한옥의 건축재료는 모두 자연에서 얻어진 것들이다. 그래서 집을 헐어도 쓰레기가 남지 않는다. 특히 황토는 습도 조절능력이 우수하고 냉난방 효과가 높으며 탈취와 항균 효과가 크고 곰팡이가 피지 않는다. 또 건강에 좋은 원적외

정심수와 괴석

선 방사량이 많다. 온돌은 겨울에 따뜻하고 여름에는 지열
(地熱)을 막아주는 구들과 고래가 있어서 시원하다. 아궁이
는 집 안팎 쓰레기를 다 태워없애는 소각장이다. 조상들은
태울 수 없는 쓰레기를 만든 적도 없고, 태울 수 있는 쓰레
기를 집 밖으로 버린 적이 없다. 남은 재는 논밭으로 실어
가 비료로 쓴다. 대청마루는 볕이 많은 마당과 볕이 적은
후원 사이에 있어서 늘 서늘한 바람이 흐르게 되어 있다.
앉은키에 맞춘 안방의 천장은 낮아서 열효율이 높고, 선 키
에 맞춘 마루 천장은 높아서 시원하다.

연경당 안마당 한쪽에 정심수 한 그루가 서 있다. 어떤
이들은 나무 시집보내기 민속으로 보기도 하고 또·어떤 이
는 나무뿌리가 자라서 집채로 들어갈까 봐 박아놓은 것이
라 하지만, 양석(陽石)일 가능성이 더 높다. 왕비에게 성적
인 자극을 주어서 자손을 많이 얻고자 하는 왕실의 바람이
주술적으로 나타난 것은 아닐까….

금원의 연경당 주변(왼쪽)
99칸 연경당의 사랑채(오른쪽)

연경당 앞 숲광장은 홍매화, 등나무, 느티나무, 철쭉, 함박꽃나무, 수양버들, 버드나무 등속이 일찍 잎을 떨구고 텅 빈 충만으로 숲을 이루고 있다. 거기 오갈피나무가 열매를 달고 있다. 『본초강목(本草綱目)』에서 "寧得一把五加 不用 金玉滿車"(한 줌의 오가피를 얻었으니 금옥보물 한 수레 얻은 것보다 낫구나)라고 했던 나무다.

오갈피라는 이름은 마치 손바닥처럼 펼친 다섯 장의 잎사귀 모양 때문이다. 흑갈색의 줄기에 간혹 가시가 달려 있다. 자주색 꽃은 마치 공처럼 둥글게 모여 피는데, 여름이면 이미 지고 없고 그 자리에 공같이 둥근 열매가 까맣게 익는다. 나무뿌리의 껍질이 약재로 유명하게 쓰인다. 어린잎은 차로도 달여 마시지만, 나무뿌리를 넣어서 만든 오가피술이 더 유명하다.

오갈피 열매(위)
산사나무(아래)는 늦봄에 자그마한 흰 꽃이 피는 키 작은 교목이다.

은근히 풍겨나는 그 내밀함

금원의 숲은 남산 숲이나 북한산 숲이 주는 분위기와는 사뭇 다르다. 궁중 비화에서 느껴지는 내밀(內密)한 분위기를 풍긴다.

금원의 숲길은 이곳에서 저곳을 이어주는 단순한 교통로가 아니다. 여기서는 숲길 자체가 하나의 목적물이 된다. 낙엽 진 언덕길의 돌계단 운치도 예사롭지 않다. 언덕을 넘어서도 숲은 계속 이어진다. 신갈나무, 졸참나무, 갈참나무, 굴참나무, 상수리나무, 은행나무, 회잎나무, 보리수나무, 살구나무, 뽕나무, 딱총나무, 국수나무, 산사나무, 귀룽나무, 벚나무, 음나무… 모두가 여름날의 열정을 식히며 겨울을 준비하고 있다.

산사나무는 북방계 식물이라서 남도지방에서는 볼 수 없다. 잎사귀는 국화잎처럼 생겼고, 가을에 사과를 닮은 앙증맞은 열매를 달아서 산사나무라 지었다. 열매도 사과맛 그대로 새콤달콤해서 새들이 좋아한다. 서양에서는 5월의 나무라고 해서 'May'라고 한다. 줄기에 가시가 있어 예전에는 벽사(辟邪)의 의미로 울타리로도 심었다. 성경에 나오는 아론의 지팡이도 이 나무라고 한다. 서양에서도 가시 있는 나무는 사된 것을 물리친다고 믿었던 모양이다.

〈동궐도〉에 보면 금원에 노송이 많이 우거져 있다. 솔향 그득하던 금원에 소나무를 밀어내고 참나무류가 들어서기 시작한 것은 일제 때부터이다. 일부러 심은 것이 아니라 자연천이 현상으로 들어온 것이라고 한다. 그래서 금원 숲의 참나무류 나이는 대개 60~70년 정도이다.

관광객들은 그런 것에는 별로 관심이 없다. 아는 게 없으면 눈에 보이지 않는다. 설령 알음알이를 갖고 있다 해도 자연을 읽고 재해석하기까지는 상당한 노력이 있어야 한다. 대학에서 그 분야를 공부한 학생들도 생태맹이긴 마찬가지다. 정보나 지식의 눈을 익혔다고 해도, 자연을 읽고 해석하는 능력은 학문으로 되는 일이 아니기 때문이다.

식물만 단풍 드는 것은 아니다. 모든 목숨이 다 단풍이 든다. 곤충도 서서히 단풍색깔을 닮

창덕궁 은행나무

또 다른 풍취를 자아내는 종묘 숲길

아가며, 단풍이 지면 늦털매미 울음소리도 불꽃처럼 사그라 든다. 메뚜기도 흙이나 돌틈에 알을 묻어놓고 사라지고, 사 마귀도 푹신한 알주머니에다 알을 잠재워 놓고는 사라진다. 모든 생명체는 없어지는 것이 아니라 그렇게 사라지는 것 이다.

숲길을 빠져나오면 바로 담이 있고, 담 너머는 사람 사는 동네다. 동네 골목의 왁자지껄한 세상소리가 귀에 여간 낯 설지 않다. 오던 길을 뒤돌아보노라니 도심 한가운데 저토 록 깊고 아름다운 숲이 숨어 있다는 사실이 도저히 믿어지 지 않는다.

나오는 길 옆의 향나무도 볼 만하다. 천연기념물 제194 호인 이 나무는 높이가 무려 6미터가 넘고 둘레 또한 어른 두 사람이 끌어안지 못할 만큼 거목이다. 창덕궁 창건 때 심었다고 가정하면 수령이 600년은 족히 된다.

신들의 숲의 무위이작

기왕에 나선 걸음이라면, 조선왕실의 사당인 종묘(宗廟)도 함께 돌아보면 좋을 것이다. 궁궐에 비해 찾는 이는 적지만, 유서 깊은 숲이 거기에 앉아 있다. 6만 평의 묘역에는 여러 종류의 나무를 심어 지세가 허하지 않도록 하였다.

창경궁과 종묘의 숲은 여러 면에서 대비가 된다. 궁(宮)은 산 자의 집이요, 묘(廟)는 죽은 자의 집이다. 따라서 창경궁의 숲은 산 자를 위한 숲이며, 종묘의 숲은 죽은 자를 위한 숲이 된다.

창경궁 숲을 인간의 숲이라고 하면, 종묘 숲은 신의 숲이다. 궁의 숲은 아름답고 화려해야 하고, 종묘의 숲은 장중하고 경건해야 한다. 그래서 종묘에는 꽃이 요란스레 피는 나무는 심지 않았다. 궁의 숲에는 화계와 정자와 누각을 두었으나, 종묘 숲에는 휴락(休樂)의 공간이 절제되어 있는 것도 그런 까닭이다.

종묘 산책로

종묘 정문을 들어서면 음양의 조화를 위한 연못 두 개가
있다. 천원지방(天圓地方) 사상에 따라 네모난 연못 안에
인공으로 만든 둥근 섬을 놓고, 섬 안에는 소나무 대신 향
나무를 심었다. 향나무를 심는 것은 제례 때 분향하는 것과
같은 이치이다. 향나무는 마치 사람과 같다. 어릴 때는 곧게
자라다가 나이가 들면 이리저리 휘어진다. 나무껍질도 벗겨
지고 뾰족하던 잎도 붉은색을 띠면서 부드러워진다.

원래 능묘에는 과일나무나 꽃나무를 심지 않는 법인데,
어인 일인지 감나무 한 그루가 무례하게 들어와 재실 옆에
서 여러 해를 나고 있다. 낙엽 지고 앙상한 나무에는 감이
대롱대롱 매달려 있다. 까치밥으로 남겨둔 것을 청설모가
오르내리며 부지런히 자기 집으로 따가고 있다. 감을 안고
뛰는 모습이 재미있는지 관광객들이 넋을 잃고 바라본다.

종묘의 정전은 국보이자 세계의 문화유산이다. 정전 건
물을 두고 어느 일본 건축학자는 '동양의 파르테논 신전'이

종묘의 감나무(왼쪽)와 향나무(오른쪽)

라고 표현하기도 했다. 그만큼 신성하고 장엄하다는 뜻일
것이다. 그러나 종묘는 조상들의 위패를 봉안하는 단순한
건물이 아니다. 종묘는 산 자들이 때를 잊지 않고 죽은 자
를 찾아와 제사를 지내는 공간이다. 과거와 현재가 만나고,
산 자와 죽은 자가 만나는 공간이다.

정전 담 옆의 은행나무가 잎을 떨구고 섰다. 그 아래 떨
어진 낙엽이 눈부시다. 어느 시인의 말마따나 "세상에 대한
미련을 한꺼번에 버리기라도 하려는 듯이 황망히 흘리는
황금빛 눈물"이다.

정전과 영묘전 뒤로 숲길이 나 있다. 원래 종묘의 뒷숲은
창덕궁 금원을 통해 북악으로 이어져 있었다. 연산군 때는
호랑이가 나타날 만큼 깊고 으슥했다고 한다. 지금도 종묘
뒤쪽은 앞쪽보다 숲의 자연성이 훨씬 낫다.

잠시 나무의자에 앉아 숲을 바라보면서 눈대중으로 야장
조사를 해본다. 숲속에다 가로세로 10미터의 정사각형 공

장중하면서도 절제의 미가 깃든 종묘숲

간을 만들어놓고, 그 안에 나타나는 출현종들부터 손꼽아본다. 갈참나무, 느티나무, 단풍나무, 소나무, 전나무, 국수나무, 향나무, 은행나무, 산초나무, 서어나무, 가중나무, 졸참나무, 상수리나무, 쪽동백… 그것을 다시 활엽과 침엽, 상록과 낙엽으로 나눠보고 나무들의 수령도 짐작해 본다.

그 다음 숲의 층위를 살펴본다. 키 큰 교목 아래 중간키의 아교목이 자라고 그 아래에 키 작은 관목들이 있고, 관목 아래는 초본과 낙엽이 자라고 있다.

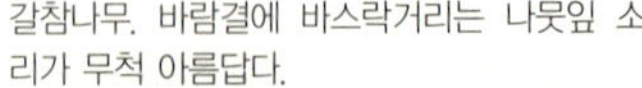
갈참나무. 바람결에 바스락거리는 나뭇잎 소리가 무척 아름답다.

그리고 숲속에는 풀벌레들의 콘서트가 종일 열리고 새들은 나무 사이로 발레 하듯 날아다닌다. 숲 사이로는 청설모와 다람쥐가 사람들을 아랑곳하지 않고 뛰어다닌다.

이 정도만 해도 도심의 숲으로서는 더 이상 욕심낼 것이 없을 것이다. 이렇게 숲은 무위이작(無爲而作)으로 절로 이루어져야 한다. 인간의 계산〔機心〕에 의해 만들어지고 가꾸어지는 숲은 숲이 아니다.

수백 년 동안 터주대감 노릇 해오던 소나무 세력이 쇠잔해지고 지금 종묘의 숲은 갈참나무들이 전성시대를 구가하고 있다. 이들의 전성시대가 지나면 이곳도 서어나무 등의 극상림으로 바뀌어갈 것이다.

갈참나무는 '가을 참나무'로 기억해도 좋다. 가지에 떨켜가 없어서 늦게까지 잎사귀를 달고 있기 때문이다. 바람이 지나갈 때 나뭇잎 바스락거리는 소리가 참 아름답다. 잠시나마 갈잎 서걱거리는 소리로 세상일을 잊어버린다.

종묘 숲에는 야생너구리가 새끼를 치며 살고 있다. 너구리는 생활영역이 반경 1킬로나 되어 인근의 창덕궁과 창경궁 숲에도 서식하고 있다고 한다. 너구리는 야행성이어서 낮에는 주로 배수로 속이나 큰 나무 밑의 구멍에 숨어지내다가 밤에 돌아다닌다. 겨울에는 잠을 자기 때문에 관찰이 어렵지만, 날씨가 풀리면 정문을 빠져나가 거리공원까지 진출한다. 도심 한복판에 야생너구리가 산다는 것은 분명 적지 않은 기쁨이다.

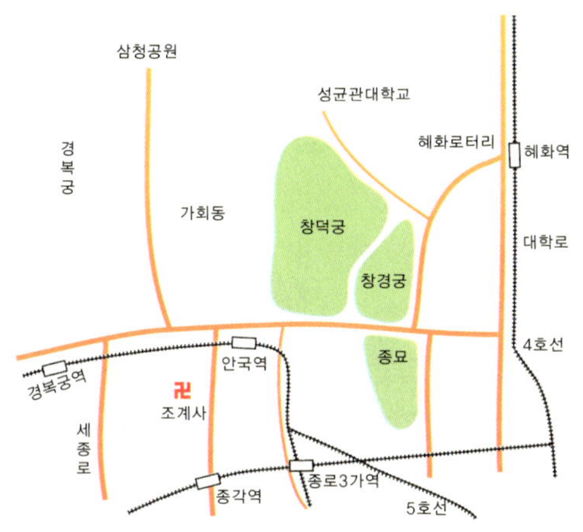

교통
지하철 안국역에 내리면 100미터 거리이다. 그 앞으로 지나가는 버스노선도 10개나 된다.

기타
돈화문 삼거리에 큰 식당이 여럿 있다.

도봉산

가을이 깊어가고 있다. 푸르던 잎들이 단풍 들고 낙엽 지는 것은 우주 윤회의 섭리이다. 가을을 사색의 계절이라는 이유도 그 때문일 것이다.

도봉산에도 10월 중순이면 단풍이 산꼭대기에서부터 서서히 하산하기 시작한다. 보고서에 따르면, 우리나라 단풍은 위도상으로 매일 20킬로미터씩 남하하고 같은 산의 고도에서는 매일 40미터씩 내려온다고 한다. 이번 생태기행

위에서부터 단풍물이 내려오는 도봉산의 가을

은 하늘 꼭대기로부터 단풍이 내려오고 있는 도봉산을 찾
았다.

도봉(道峰)이라는 이름은 이곳에서 조선 개국의 길을 닦
았다고 하여 붙은 이름이다. 우이령을 경계로 서울 도봉구·
의정부·양주의 경계를 이루고 있는 도봉산은 이웃한 북한
산과 함께 국립공원으로 지정되어 있다.

일찍이 이중환은 『택리지』에서 "함경도 안변부 철령의
일맥이 남으로 500~600리를 달려서 양주의 여러 작은 산
이 되고, 북동쪽에서 비스듬히 돌아들면서 갑자기 솟아나
도봉산 만장봉이 되었다"고 했다.

지명도에서는 만장봉이 앞서지만, 최고봉은 해발 740미
터의 자운봉이다. 그 밖에 선인봉, 주봉, 오봉, 우이암, 사패
산 같은 암봉이 어깨를 겨루고 그 사이로 사동계곡, 원도봉
계곡, 무수골, 회룡골, 용어천계곡, 오봉계곡, 송추계곡이
숨어 있다.

무수골계곡

맑게 물든 단풍의 실루엣

도봉산 생태기행은 도봉산역에 내리면서 시작한다. 도봉산 매표소에서 50미터 거리에 있는 도봉동문을 지나 도봉서원-구봉사-천진사-원통사까지 갔다가 무수골을 끼고 자현암-난향원-서낭당 마을로 내려오면 좋을 것이다.

바위글씨 "도봉동문"(道峰洞門)은 조선 중기의 유학자 우암 송시열이 도봉서원에 참배 왔다가 남긴 것이라 한다. 동문은 '동천(洞天)의 들머리'란 뜻이며, 동천은 운치 어린 계곡을 일컫는 말이다.

도봉산의 가을꽃들은 9월이 한창이지만, 단풍빛깔이 짙어질 때면 그리 다양하지 않다. 분홍색 꽃이 피는 땅비수리, 산씀바귀와 같은 노루발풀, 기생식물인 새삼, 습한 땅을 좋아하는 산부추, 잎이 주름진 주름조개풀을 비롯하여 짚신나물, 맥문동, 물봉선화, 양지꽃, 실새삼, 돌양지꽃, 달뿌리풀, 고마리, 쇠뜨기, 황새냉이, 소리쟁이, 뱀차조기 등속이 보이지만 개체수도 적고 꽃을 피운 것도 많지 않다. 한물가는 시기이기 때문이다.

자식 하나라도 더 보려고 보랏빛 닭의장풀이 꽃을 피워 놓고 안간힘을 쓰고 있다. 오존상태에 따라 보라색이 아닌 분홍과 흰색으로도 핀다.

도봉동문을 지나 포장된 숲길을 15분쯤 가면 도봉서원에 이른다. 조선조 사림의 대부였던 조광조가 청년시절부터 학문을 하고 산수를 즐겼다는 자리에 후학들이 그를 기려 세운 서원이다. 지금은 모두 떠나고 없지만, 예전에는 서원 주변에 마을이 있어서 '서원말'이라 했고 그 앞을 흐르는 개울

서어나무의 꽃

조광조 후학들이 세운 도봉서원 앞을 흐르는
에메랄드빛 서원내(왼쪽)
딱정벌레목의 알락하늘소(오른쪽)는 주로 버
드나무를 좋아한다.

은 서원내라고 불렀다. 숲빛이 내려와 개울물빛은 그대로가
초록빛 에메랄드다.

서원내 주변은 토양이 기름진 탓인지 서어나무가 유독
많이 보인다. 서어나무는 세계적으로 우리나라가 분포의 중
심지이다. 그러나 따뜻한 곳을 좋아해서 한강 이북에는 흔
하지 않다. 서어나무는 가을이면 주황색으로 물든다.

마을아이들 한 무리가 올라와서 뭔가를 잡아놓고선 옹기
종기 머리를 맞대고 있다. 몸통은 검푸르고 앞가슴과 딱지
날개에 흰 점이 불규칙하게 찍혀 있는 걸 보니 알락하늘소
가 분명하다. 알락하늘소는 더듬이에도 하얀 점이 나 있어
서 초심자들도 금방 찾아낸다.

등산로가 여러 갈래로 나뉘는 문사동계곡에서 오른쪽 등
산로를 타면 도봉산장과 천축사로 오르고, 왼쪽 등산로를
타면 천진사와 원통사를 만난다.

등산로 길섶에 누가 돌탑을 쌓아놓았다. 무슨 간절한 소
망이 있어 저리 가지런히 쌓았을까. 그 뒤로 서둘러 물든

맑은 단풍이 실루엣을 이루고 있다.

곁들여 식생조사도

대개 숲의 구성은 교목층, 아교목층, 관목층, 초본층으로 4분할된다. 도봉산 지역은 온대 중부 활엽수림대에 속하므로, 정상적인 토양을 가진 곳은 신갈나무, 상수리나무, 굴참나무 등의 참나무가 주류를 이루고 있으며 그 사이에 산림녹화와 사방조림을 위해 심은 리기다소나무, 아까시나무, 은수원사시나무, 물오리나무 등이 섞여 있다.

가족들과 함께한 나들이라면 식생조사를 해보는 것도 재미있을 것이다. 식생조사란 우리 동네에 누가 살고 무슨 직업을 가지고 있는지 알아보는 인구조사와도 같은 식물조사이다. 굳이 전문적인 지식을 갖출 필요도 없다. 숲속에 들어가 가로세로 10미터의 네모난 공간을 만들고, 그 안에 어떤 나무와 어떤 풀들이 살고 있으며 건강상태는 어떤지 알아보는 것이다.

식생조사를 해보면, 신갈나무군락 아래는 산초나무, 산앵두나무, 미역취, 기름새 등이 눈에 띄고 굴참나무군락 아래는 참싸리, 제비꽃 등을 볼 수 있다. 계곡 주변의 갯버들군락 주위에서는 달뿌리풀, 고마리, 쇠뜨기, 뱀차조기 같은 호습성 식물이 보인다. 또 아까시가 많은 곳에서는 맑은대쑥, 새, 그늘사초가, 건조한 양지쪽 소나무군락에서는 진달래와 때죽나무 등을 발견할 것이다.

돌탑

그 밖에 도봉산에 와서 친구삼을 만한 나무로
는 물오리나무, 노린재나무, 귀룽나무, 노간주나
무, 개박달나무, 리기다소나무, 은수원사시나무,
청가시덩굴, 꿩의다리, 쪽동백, 좁은단풍, 국수나
무, 광대싸리, 철쭉, 선밀나물, 사위질빵, 노루발
등이 있다. 그중 우리의 눈길을 끄는 것은 물오리
나무이다.

물오리나무는 사방공사용으로 외국에서 도입
된 외래종이다. 우리의 척박한 토양에 적응치 못
하던 차에 토종인 신갈나무가 텃세를 부리자 견
디다 못해 지금은 계곡으로 내려와 기진맥진하
고 있다. 수명도 겨우 40년 안팎으로 짧으며 근
래에는 오리나무잎벌레까지 발생하여 곳곳에서
악전고투중이다. 머지않아 비료목이 되어 넘어질 물오리나
무가 도봉산에도 상당수 된다. 비료목이란, 나무가 경쟁에
서 자연도태되면서 썩어서 토양의 일부가 되어 비료 역할
을 하는 나무를 말한다.

계곡에서 물오리나무와 이웃하고 있는 붉나무는 이름에
걸맞게 가을이면 짙붉게 물드는 나무이다. 옻나무와 비슷하
게 생긴 아교목나무이며, 가을에 열리는 오배자 열매는 약
재로 쓰인다. 도봉산의 붉나무들은 거의가 개울 주변에 내
려와 산다. 더러는 개울 한가운데 섬같이 생긴 둔덕에도 살
고 있다. 이처럼 개울 가장자리나 한가운데 자리잡은 것은
텃세를 하는 신갈나무를 따돌리고 햇빛이 좀더 많은 곳을
찾아 내려왔기 때문이다.

물오리나무

당단풍. 중부와 북부 지방에 가장 흔한 단풍나
뭇과이다.

금강암을 지나 제3휴식처에 이르면 갈림길이 나온다. 천
진사로 가는 등산로는 그 갈림길에서 왼쪽으로 나 있다. 해
발 300~500미터의 이 등산로는 제법 숨이 가쁘다.

천진사는 다른 절과 달리 대웅전 옆에 단군상을 모시고
있어서 이채롭다. 여기서 1킬로쯤 올라가면 보문능선을 만
난다. 보문능선에서 보는 도봉산은 이미 단풍의 붉은 기운
이 서려 있다.

단풍은 지구상에서 온대지방에서만 볼 수 있다. 사계절
이 뚜렷한 온대지방 사람들이 인류문화의 역사를 이끌어온
것은 결코 우연한 일이 아니다. 사시장철 푸른 밀림으로 덮
여 있는 열대림에서는 그 생태적 긴장 때문에 사색의 여유
를 갖기 어려웠을 것이다.

일반적으로 '단풍' 하면 두 가지를 뜻한다. 하나는 잎사귀
가 아기 손바닥처럼 생긴 단풍나무를 비롯하여 단풍나뭇과
의 여러 나무를 의미하고, 또 하나는 가을이면 나뭇잎이 다

양하게 물드는 단풍현상을 말한다.

　우리 산에서 볼 수 있는 단풍나뭇과 나무는 고유종 12종과 외래종 5종이 있다. 중부와 북부 지방에서 가장 흔하게 눈에 띄는 당단풍은 잎이 크며 잎사귀의 손가락(열편)이 9개 안팎이다. 그에 비해 남부지방의 단풍은 손가락이 7개 안팎이다.

　복자기는 단풍나무류 중에서 색깔이 가장 진하며, 고로쇠나무는 잎이 아주 얇게 갈라지고 노랗게 물든다. 신나무는 잎사귀가 크며 손가락이 3개이다. 사시장철 붉은색을 띠는 홍단풍은 일본에서 건너온 노무라단풍이다. 정원에 많이 심는 청단풍은 잎이 작으며 노란빛이 많은 주황색으로 물든다. 덩치가 큰 은단풍은 원산지가 북미이며 가로수로 많이 심는다. 역시 북미산인 네군도단풍은 작은 잎 3~5개가 한 잎을 이루어 가을에 노랗게 물든다. 그러면서도 이 나무들은 하나같이 비행기 프로펠러처럼 씨앗에 날개가 달려 있다.

　식생 면에서, 단풍은 여름이 끝나고 기온이 떨어져 나무의 푸른 엽록소(잎파랑이) 생산이 멈추면서부터 진행된다. 단풍은 꽃보다 성미가 더 까다롭다고 한다. 비가 너무 잦아도, 너무 가물어도 그 아름다움이 제대로 나오지 않는다. 비가 잦으면 나뭇잎이 거무죽죽하게 썩어들고, 너무 메마르면 물이 들기도 전에 가지에 달린 채 시들어버린다. 또 그 빛깔이 아무리 아름다워도 일단 땅에 떨어지는 순간부터 썩기 시작한다. 그래서 바람이 너무 불어도 안 된다.

　단풍은 일교차가 심할수록 깨끗이 물든다. 우리나라 가

을은 '여름과 겨울의 중간'이 아니라 기후의 특징을 뚜렷이
보이기 때문에 세계 어느 지역보다 단풍이 아름답다. 올해
는 비가 잦아서 단풍이 예전에 비해 맑은 편은 아니지만,
도봉산 남사면은 일조량이 많아 서울지역에서는 가장 곱다.

마로니에의 눈부신 단풍

원통사는 바로 그 보문능선 아래 기기묘묘한 바위들에 둘
러싸여 있다. 보문(普門), 원통(圓通) 모두가 관세음보살을
의미하는 말이다.

원통사에서 자현암까지는 내리막길이지만, 40분은 족히
걸린다. 등산로와 함께 내려오는 무수골 맑은 물은 성신여
대의 생활관 난향원과 서낭당을 지나 노원교 아래서 중랑
천과 만난다.

바위틈에 소나무들이 여기저기 뿌리를 박고 있다. 보기
에 안쓰럽지만, 참나무 등쌀에 말라죽는 동료 소나무에 비
하면 그야말로 '탁월한 선택'인지 모른다.

자현암을 내려서면서부터 참나무류의 우점도가 점점 높
아진다. 사람들은 두루뭉실하게 말하지만, 참나무도 종류가
여럿이고 또 한눈에 구분하기가 쉽지 않다. 참나무를 구분
할 줄만 알아도 나무에 반눈은 뜬 셈이다.

참나무는 잎을 보고 구분하는데, 크게 두 종류가 있다. 밤
나무처럼 잎이 긴 피침형과 달걀처럼 둥근 도란형 잎사귀
이다. 피침형에는 상수리나무와 굴참나무가 있다. 잎의 뒷
면에 윤기가 있으면 상수리나무, 흰털이 나 있으면 굴참나
무이다. 그리고 도란형에는 졸참, 갈참, 신갈, 떡갈 나무 등

단풍 든 칠엽수(일명 마로니에). 우리나라에 많은 일본칠엽수는 7장의 큰 잎사귀가 한데 모여 나며 줄기는 단정하면서도 준수하다.

이 있다. 졸참과 갈참은 잎자루 길이가 1센티가 넘으며, 졸참은 잎 가장자리가 뾰족하고 갈참은 잎 뒤에 하얀 털이 있다. 그에 비해 신갈과 떡갈은 잎자루가 짧다. 신갈은 잎이 신발코처럼 뾰족하고 떡갈은 떡처럼 부드럽게 생겼다고 생각하면 판별하기 쉬울 것이다. 도봉산의 식생도 이웃한 북한산과 크게 다르지 않아 신갈나무가 우점한다.

무수골매표소를 지나면 난향원 지역인데, 참나무숲은 이 난향원까지 이어진다. 참나무는 도토리 때문에 우리나라의 대표적인 구황식물이었다. 사람들은 참나무가 너무 고마워서 이런 이야기까지 지어냈다.

옛날 어느 마을 뒷산에 참나무숲이 있었다. 여러 해를 살다 보니 참나무숲은 마을에 흉년이 들 것인지 풍년이 들 것인지 미리 알았다. 흉년이 드는 해는 미리 도토리를 많이 달아 마을사람들이 굶주리지 않게 해주었기 때문이다.

담 너머로 훔쳐본 난향원 안에 칠엽수 한 그루가 눈부시

역귀과 한해살이풀 고마리(왼쪽)와 산씀바귀(오른쪽)

게 단풍 들고 있다. "지금도 마로니에는 피고 있겠지…"로 유명한 이 나무는 유럽 원산이다. 유럽에서는 가로수로 많이 심지만, 공해에 약해 요즘은 인기 하락중이라는 소식이다. 우리나라에 들어와 있는 칠엽수는 대개 일본칠엽수이며, 잎이 큼지막하고 줄기는 단정하면서도 준수하다. 황갈색으로 단풍이 들면 그 운치가 일품이다.

난향원을 둘러 내려온, 유리알같이 맑은 물에 버들치가 놀고 있다. 아빠를 따라온 꼬마 하나가 돌을 뒤집어 가재를 찾는다. 꼬마의 등 너머에 활짝 핀 고마리가 화사하다. 주로 냇가나 습한 곳을 좋아하는 고마리는 줄기에 아래로 향한 가시가 있고 가을이면 흰색이나 연붉은 작은 꽃이 핀다.

난향원을 지나 가을햇살 밝은 곳에는 씀바귀꽃도 피었다. 씀바귀나 고들빼기 나물은 몹시 쓰다. 쓴맛은 입맛을 돋운다고 했다. 그래서 어머니는 봄에 밥투정하는 아이들 앞에 "요녀석들 어디 쓴맛 좀 봐라!" 하시며 이 나물을 생채로 올려놓곤 했다.

밤나무와 떡갈나무 숲을 내려오면 윗무수울이다. 지도에도 윗무수울로 나와 있지만 밤나무골로 더 잘 알려져 있다.

마침 가을이 깊어져 골짜기마다 아람들이 터지고, 그 아래 동네아이들이 모여 있다. 등산객 몇몇도 지나던 발걸음을 멈추고 밤나무 아래 들어와 떨어진 알밤을 한줌씩 주워 간다. 아이들은 재미를 줍고 어른들은 추억을 줍는다. 하지만 개중에 지난봄 밤꽃 향기를 기억해 내는 이들은 얼마나 될까.

밤나무는 경사가 급한 지형에서도 비교적 쉽게 재배할 수 있고 다른 과수에 비해 관리하기도 쉽고 수송과 저장도 편리해서 우리나라에서는 전국적으로 재배되는 과실이다. 나무의 질도 단단하여 가구재, 건축재, 침목, 선박건조용, 장승 제작에 많이 쓰였으며 요즘은 버섯재배용으로 이용되고 있다.

무수골의 곤충은 거의가 이 밤나무골 초지에서 산다. 관목이 듬성듬성한 초지에 들어가면 얼굴을 스치는 거미줄 때문에 성가실 정도다. 거미줄이 많다는 것은 사냥할 곤충이 많다는 뜻이다.

늦털매미 우는 숲속에는 날개에 흰깨소금 같은 점이 박힌 깨다시하늘소를 비롯하여 딱정벌레류 몇 종류가 보인다. 송장벌레, 대유동방아벌레, 고마로부집게벌레, 무당거미도 마지막 가을을 보내고 있다.

한 뼘 남은 논과 논둑에도 벼메뚜기와 방아깨비 등 메뚜깃과 곤충들이 가을햇살을 쬐고 있다. 초지 쪽에는 잘 익은 태양초 고추를 닮은 고추좀잠자리와 큰줄흰나비, 장수말벌, 호랑나비, 노랑무당벌레, 나비잠자리, 긴무늬왕잠자리, 날베짱이 등이 보인다.

호랑나비. 호랑나비 애벌레는 산초나무나 탱자나무처럼 가시 있는 나무의 어린잎을 먹고 자란다.

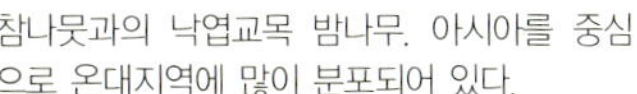

참나뭇과의 낙엽교목 밤나무. 아시아를 중심으로 온대지역에 많이 분포되어 있다.

만장봉

이들 한해살이는 가을이 깊어지면 그만큼 살아갈 날이 짧아진다.

그러나 대자연의 법칙에 죽음은 없다. 죽음은 삶의 변화된 한 모습, 즉 삶의 다른 모습일 뿐이다. 그저 사라져 갈 뿐이다.

멀리 만장봉이 연보랏빛으로 우뚝 서 있다. 다시금 또 돌아보고 다시금 또 돌아보고….

밤골과 서낭당 마을은 이웃이다. 지도와 자료에는 '성황당'으로 나와 있으나, 모시는 신의 성격으로는 '서낭당'이라야 옳다. 이 서낭당 마을은 요란한 차림의 등산객들만 아니면 더없이 한적한 산골마을이다.

서낭당 아래쪽 개울은 사질토층이 깊어서 갈수기에는 마른내가 되지만, 위쪽으로는 화강암층이라 갈수기 때도 물이 마르지 않는다. 위쪽으로는 1급수에 사는 버들치와 가재를 비롯하여 날도래, 강도래, 하루살이, 멧모기, 물날도래 유충들을 볼 수 있고 마을 가까이 내려오면 뱀잠자리 유충, 플라나리아, 소금쟁이, 물둥구리, 물장군 등을 만난다.

북방산개구리도 도봉산 식솔이다. 중요한 환경지표종인 개구리가 이곳에 있다는 것은 건강한 물이 있고 먹을 곤충이 있다는 이야기이다. 개구리 없는 산은 이미 산으로서 생태적 생명을 다했다고 할 수 있다.

서낭마을을 내려오면 도봉산역을 오가는 마을버스가 기다리고 있다.

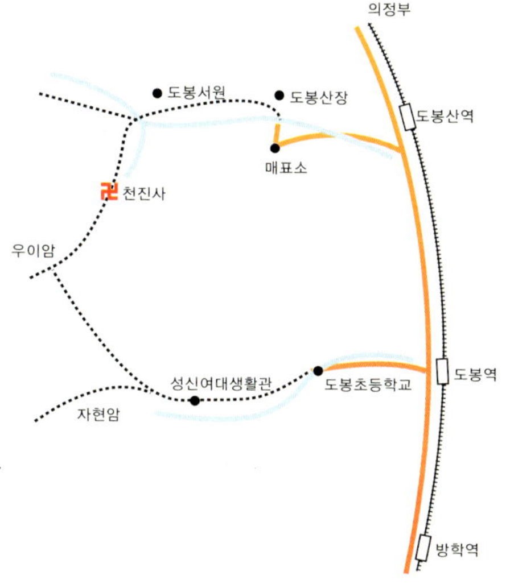

교통
1호선과 7호선 도봉산역에 내리면 도봉산 종점까지 가는 버스가 여럿 있다. 내려올 때는 무수골에서 마을버스를 타고 도봉역을 이용한다.

기타
도봉산 버스 종점에 식당이 여럿 있으나, 도시락을 준비해서 산행하는 것이 좋다.

갈대꽃

양재천과 탄천

그 동안 고도의 산업화로 도시인구는 기하급수적으로 늘어나고 규모 또한 엄청나게 비대해졌다. 그에 따라 도시의 자연생태계가 빠르게 파괴되면서 도시는 살생적 시멘트숲으로 변했다. 그러나 최근 들어 이에 대한 반성으로 도시 속의 자연경관 보전과 생태적 건전성 향상에 대한 관심이 높아지고 있다. 도시하천의 자연성 복원이나 생태공원 조성도 이런 관심의 결과라고 하겠다. 이러한 시도들은 총체적인 경관생태학적 계획(ecological landscape planning)의 시험적 단계라고 할 수 있다.

시인의 가을이 그득한 숲으로
겨울로 가는 문턱에 늦가을 그림자가 길게 드리워져 있다. 이번 걸음은 낙엽이 지고 있는 시민의 숲과 자연성을 회복해 가는 양재천 그리고 겨울철새가 내려앉는 탄천으로 나가본다. 가을날 하루쯤 짬을 내어 산책삼아 돌아보기에 딱 좋은 곳이다. 아무래도 첫걸음은 시민의 숲에서부터 시작해야 번거롭지 않을 것 같다.

숲속에 시 같은 가을이 그득 내려앉아 있다. 도심에도 이런 가을이 있었나 싶게 낙엽이 풍성하게 덮고 있다. 그 위로 가을 잔광(殘光)이 시편(詩片)처럼 떨어져 내린다. 이런 가을숲이라면 석 달 열흘을 거닐어도 좋을 것 같다.

그 동안 우리 공원의 모습이란, 들어가서는 안 되는 드넓은 잔디밭과 듬성듬성 서 있는 이름 모를 나무 몇 그루 그리고 화려한 튤립화단과 길가의 벤치로 깊이 각인되어 있다. 적어도 반세기 가량은 그런 유럽식 공원이 달력이나 액자를 장식했다. 그러나 조금만 관심 있게 들여다보면 그곳은 사시장철 곤충 한 마리 날아들지 않고 새 한 마리 깃들이지 않는 죽음의 녹색공간임을 알게 된다. 이렇듯 우리의 공원은 시각적으로만 녹색공간이었을 뿐, 결코 생태적으로는 녹색공간이 아니었다.

이곳 시민의 숲은 그런 공원모습에서 조금이나마 벗어나 있다. 우선 잔디밭에 들어가지 말라는 팻말이 보이지 않아

메타세쿼이아(왼쪽)와 양재천 시민의 숲(오른쪽)

서 좋다. 잔디와 숲은 사이가 좋지 않은 이웃이다. 잔디는 햇볕을 좋아하는 양지식물이기 때문에 숲을 싫어한다. 숲뿐만 아니라 풀꽃도 곤충도 가까이 오는 것을 싫어한다.

시민의 숲은 서울의 공원 가운데 나무가 가장 많다. 70여 종의 나무 10만여 그루를 심어놓은 숲공원이다. 소나무, 잣나무 등 비록 식재한 것이지만 키 큰 나무 아래 키 작은 나무가 자라고 그 아래에 풀꽃들이 어우러져 있다. 도심에서는 관찰되지 않는 곤충들이 있고 새들도 여럿 날아든다. 블록을 깐 산책로며 잡다한 편의시설과 체육시설이 눈에 거슬리긴 하지만, 그래도 동구 밖 서낭당 언덕배기의 우리네 숲을 많이 닮았다.

『동국여지승람』과 『대동여지도』에 따르면, 시민의 숲이 자리한 곳은 조선시대 양재역이 있었던 곳이다. 이곳에 숲이 생긴 것은 아시안게임이 열리던 지난 1986년인데, 당시로서는 기존의 공원과 크게 다른 모습을 보여주는 공원이었다. 이런 공원이라면 많으면 많을수록 좋을 것이다. 또 이 숲공원이 도심의 다른 공원보다 비교적 생태계가 양호한 것은 숲을 끼고 도는 양재천 덕분이기도 할 것이다.

숲속 오솔길을 걸어 북단으로 나가면 양재천이 있다. 시멘트로 뒤덮은 넓은 주차장이 있어서 숲과 양재천의 만남을 훼방놓고 있지만, 아래쪽으로 내려가면 거듭 태어난 양재천을 만날 수 있다. 양재천은 산책로가 잘 나 있어서 산책하기도 좋거니와 잠실 한강시민공원까지 자전거도로가 되어 있어 자전거로 돌아보는 맛도 있다.

양재천에 되살아나는 자연의 힘

양재천은 관악산과 청계산에서 발원해 잠실에서 탄천에 안겨 한강 본류로 흘러드는 개천이다. 본류로 흘러드는 개천을 흔히 '샛강'이라고 하는데 정확한 용어는 아니다. 샛강은 "본류에서 갈라져 나간 물줄기가 섬을 만들고 하류로 내려가 다시 본류를 만나는 개천"을 가리킨다. 따라서 양재천은 샛강이 아니라 '지천'(支川)이라고 해야 옳다. 그리고 지천이라고 할 양이면 아름다운 우리말 '가지내'라고 부르면 더 좋을 것이다.

서울에는 이제 개천이 없다고 한다. 본류도 마찬가지이지만, 그 많던 가지내[支川]들도 콘크리트와 시멘트 블록으로 죄다 덮어버렸다. 식생은 말할 것도 없고 새와 곤충도 얼씬거리지 않는 죽음의 하수도가 되고 말았다. 게다가 엄청난 넓이를 복개해서 시궁창처럼 만들어버렸다.

한때 양재천의 모습도 그랬다. 복개되지 않은 하수도에 불과했던 양재천의 모습이 근래 들어 크게 달라진 것이다. 치수와 이수만을 위한 시멘트 호안을 과감히 철거하고 개천을 자연의 모습으로 돌려놓았다. 자연은 복원력을 가지고 있어서 시멘트만 걷어내도 수변에 갖가지 습지식물들이 들어오게 되어 있다.

달라진 양재천에는 호안을 따라 갯버들, 물억새, 줄, 부들, 달뿌리풀 같은 습지식물이 가득 자란다. 이 식물들은 양재천의 자정능력을 높여주고 사라졌던 곤충과 물고기와 새들까지 불러모았을 뿐 아니라 물 속의 수초와 무척추동물들에겐 좋은 이웃이 되어주고 있다. 물론 우리의 가슴속에

양재천 호안을 다시 찾아온 수초(위)와 물억새(아래)

추억으로 남아 있는 옛 정취도 조금은 되살려주고 있다.

군락이랄 것까지는 없지만, 아래쪽 호안에는 갯버들이 많다. 갯버들은 뿌리가 무성해서 홍수에 흙이 떠내려가는 것을 막아주고, 뿌리께서 많은 가지가 나와 물 위에 그늘을 만들어 수온이 올라가는 것도 막는다. 아직 나이는 어리지만, 앞으로 제 몫을 톡톡히 해낼 버들숲이다. 요즘 아이들은 버들피리를 모른다. 본 적도 들은 적도 없기 때문이다. 굳이 가지를 꺾어 피리를 만들지 않아도 강변에 앉으면 가슴속으로 피리소리가 들리는 세대는 그래도 행복하다.

강도 제 소리를 갖고 있다. 물 흐르는 소리뿐만 아니다. 조약돌 구르는 소리, 강변의 풀잎소리, 갈댓잎소리, 풀벌레소리, 새소리, 바람소리… 모두가 강이 거느린 소리이다. 이제 양재천도 가냘프지만 조금씩 제 소리를 내고 있다. 자연보전은 소음으로 가득 찬 도시에 자연의 소리를 되살려내는 일에 다름 아닐 것이다.

여름날의 격정을 견뎌낸 박주가리도 갈대줄기에 몸을 감고 바람결에 제 소리를 내고 있다. 햇볕이 잘 드는 양지를 좋아하며, 줄기를 자르면 젖이 나오는데 독성이 있어서 곤충들도 잘 달려들지 않는다. 여름에 나팔꽃처럼 생긴 꽃이 피고, 가을이면 표주박 같은 열매가 달려 그 가을이 다 갈 무렵 열매가 터지면서 은빛 깃털이 달린 씨앗이 바람에 날아간다.

도시인들이 물의 중요성을 깊이 인식하지 못하는 이유 중 하나는 친수(親水)의 기회가 없다는 점이다. 한강이 도시 가운데로 도도히 흐르고 가지내가 집 앞으로 졸졸 흘러도

여러해살이 덩굴식물 박주가리

양재천 징검다리(왼쪽)와 수변 데크(오른쪽)

바짓가랑이 걷고 첨벙첨벙 들어갈 수 없고 손에 물을 적실 수도 없다. 이렇듯 친수의 기회가 없어진 것은 반생태적으로 이루어진 하천의 구조 때문이다. 곳곳에 마련한 수변 데크와 징검다리는 시민들에게 친수의 기회를 제공한다.

산책로를 따라가다 보면 몇 개의 거석보를 만나는데, 수량을 확보하고 수질을 정화하기 위한 인공시설이다. 거석보 아래에는 소(沼)와 여울이 생긴다. 소는 물고기들의 은신처가 되고, 여울은 물 속에 산소를 넣어주는 공기펌프 역할을 한다. 다만 보 위쪽으로 모래가 퇴적하여 수심이 점차 얕아지는 흠이 있다. 몇 해에 한 번씩 준설을 해주어야 하는 번거로움은 있겠지만, 없는 것보다야 훨씬 낫다.

거석보 아래쪽에 흰뺨검둥오리 한 쌍이 유유히 헤엄을 치고 있다. 그 동안 시민들과 친숙해져서 가까이 다가가도 달아나지 않는다. 흰뺨검둥오리는 원래 겨울철새였으나 상당수가 텃새화된 종이다. 겨울이면 일부가 북쪽에서 내려와 한데 어울리기도 한다. 북쪽에서 내려온 것들은 주로 탄천에서 겨울을 나고 양재천으로는 들어오지 않는다.

양재천 바닥에는 모래와 자갈이 깔려 있어서 수질정화에 도움을 주고 있다. 수초와 조개도 수질의 부영영화 속도를 늦추어준다. 흔히 물이끼라고 하는 녹조류도 오염물질을 분해해 준다. 그러나 녹조류가 너무 번성해도 좋지 않은데 양재천 물고기들이 그 양을 알맞게 조절해 주고 있다.

어도(魚道)는 물고기들이 보를 거슬러 오를 수 있도록 해 놓은 사다리 같은 시설물이다. 양재천 물고기는 대부분 3급수 어종이라서 어도 없이는 물을 차고 오를 수 없다. 그리고 어도는 적당한 낙차가 있어서 물 속에 산소를 공급하는 작은 폭포 역할도 한다.

아래쪽 구간에서 아파트촌으로부터 누수된 것으로 보이는 생활하수가 흘러들고 있다. 미생물들로 출수구 주위가 뿌옇다. 한강의 발원지는 이제 더 이상 태백도 오대산도 아니다. 환경시대의 발원지는 이제 각자가 살고 있는 아파트라는 인식이 필요하다. 아파트촌에서 나온 세제거품 같은 것도 이따금 둥둥 떠내려간다. 샴푸는 머릿결을 거칠게 하고 정전기를 일으킨다고 항상 린스와 함께 쓴다. 하지만 둘 다 물에 잘 분해되지 않아 수질을 떨어뜨리고 막을 형성해서 물 속에 산소가 공급되는 것을 막아 물을 썩게 한다. 샴푸 대신 비누로 머리를 감고 약한 식초물에 헹구면 수질오염이 훨씬 줄어든다.

양재천의 생태계가 좀더 튼실해지려면 가까운 산지생태계와 이어져야 할 것이다. 그리고 각종 편의시설과 체육시설들도 살을 좀 빼주면 좋겠다.

흰뺨검둥오리. 겨울철새인데 상당수가 텃새가 되었다.

물고기들이 보를 거슬러 올라갈 수 있게 해놓은 어도(왼쪽)와 온갖 새들이 산다는 새 여울에서 유래된 학여울(오른쪽)

양재천의 끝자락은 학여울이다. 탄천과 만나는 합류지를 예전에는 '새일'이라고 불렀다. 온갖 새들이 사는 '새 여울'의 준말이다. 지금도 양재천에서는 새들이 가장 많이 살고 있다. 나중에 '학여울'로 단순화되었지만, 그래도 '학여울역'은 지하철 역이름 중 가장 생태적인 이름이 아닌가 싶다.

호젓한 갈대숲 사잇길의 탄천

탄천은 용인시 구성면에서 발원하여 분당-성남시를 거쳐 서울로 들어와 송파구와 강남구의 경계를 이루며 잠실로 내려와 양재천을 얼싸안고 한강 본류로 들어간다.

탄천은 양재천과 또 다른 운치가 있다.

갈대숲 사이로 난 호젓한 길이며 보기 좋게 펼쳐진 넓은 초원, 자갈과 모래가 밟히는 들길, 온갖 풀벌레와 새들의 지저귐… 게다가 양재천처럼 잡다한 편의시설이 없어서 자연 냄새가 물씬 풍긴다. 생태계 또한 양재천보다 다양하다. 귀화식물이 우점하고 있지만, 식생도 비교적 다양하다. 따라서 곤충과 조류의 다양성 면에서도 양재천에 앞선다.

이것은 탄천이 양재천보다 길고 둔치면적도 넓기 때문이다. 또 주거지역과 멀리 떨어져 있고 좌우의 차도에 교통량이 많지 않아서이다. 다만 여러 도시를 거쳐오다 보니 수질은 양재천보다 좀 떨어지는 편이다.

탄천 역시 귀화식물이 판세를 장악하고 있다. 환삼덩굴, 망초, 개망초, 가시도꼬마리, 토끼풀, 달맞이꽃, 돼지풀, 뚱딴지, 미국쑥부쟁이, 서양등골나물, 좀명아주, 털비름, 털여뀌… 이들 귀화식물은 우리 토종과 때로는 실랑이를 벌이기도 하지만, 그들은 점령군이 아니라 이름 그대로 귀화인이다. 우리가 푸대접하고 파괴한 곳으로 먼저 들어와 그곳 식생을 부드럽게 일구어놓고는, 사라졌던 토종을 불러오고 쫓겨났던 곤충과 새들을 불러모은다.

가시도꼬마리도 귀화식물이다. 한강 이남에 주로 분포하며 외모가 전체적으로 거칠다. 잎은 사포처럼 거칠고 잎 가장자리에 톱니가 나 있으며 꽃과 열매에는 가시가 돋쳤다. 풀밭에 들어갔다 나오면 갈고리 가시가 달린 열매가 바지에 달라붙어 귀찮게 군다. 하지만 그들은 그렇게 해서 후손을 멀리 퍼뜨린다.

눈에 익은 우리 풀꽃은 소리쟁이, 부처꽃, 명아주, 가시여뀌, 갈퀴나물, 제비꽃, 감국, 쑥부쟁이, 메꽃, 고마리, 개쑥부쟁이, 괭이밥, 꽃마리, 쑥, 닭의장풀, 꽃다지, 냉이, 띠, 강아지풀, 갈대, 물억새, 수크령 등이 있다.

소리쟁이는 소루쟁이라고도 부른다. 줄기는 곧추 자라서 1미터에 가깝고, 색깔은 녹색바탕에 자줏빛이 돈다. 여름에

국화과의 귀화식물 가시도꼬마리(위) 소리쟁이(아래)는 전국의 논밭둑, 길가, 빈터 등지에서 흔히 볼 수 있는 여러해살이풀이다.

도시 주변에서 가장 흔히 볼 수 있는 네발나비(여름형)와 쑥부쟁이

황록색의 이삭 모양의 꽃을 피우지만 밉게 생겨서 아무도 거들떠보지 않는다. 열매를 약용으로 쓰던 시절에는 밭에다 일부러 심기도 했는데, 시절이 하수상해서 이제는 천덕꾸러기가 되어버렸다.

탄천의 곤충도 인위적으로 관리되고 있는 양재천보다 종의 다양성이나 개체수에서 앞선다. 둔치가 일원-수서-자곡동으로 이어지는 산지와 농경지 가까이에 있기 때문일 것이다. 풀무치, 실베짱이, 방아깨비, 애메뚜기, 콩중이, 벼메뚜기, 사마귀, 배추흰나비, 네발나비, 남방부전나비, 고추좀잠자리, 노린재, 칠성무당벌레, 감탕벌 등을 강남 도심에서 볼 수 있다는 것은 참으로 행복한 일이다.

네발나비는 주로 나무의 상처에 달라붙어 진을 빨아먹는다. 어른 나비들이 탄천을 즐겨 찾는 이유는 어린 애벌레들이 환삼덩굴 같은 귀화식물을 좋아하기 때문이다. 네발나비는 1년에 두 차례 나타나며 여름형의 날개는 황갈색이고 가을형은 좀더 붉은색을 띤다. 둘 다 날개에 검은 점이 흩어져 있어서 이름을 외우기 쉽다.

덤불에서는 참새, 멧새, 오목눈이, 꿩, 종다리, 촉새, 울새 등이 관찰되고 갈대숲에는 개개비가 살고 갯버들숲에는 까치, 멧비둘기, 뻐꾸기가 날아앉는다. 이따금 황조롱이도 허공을 빙빙 돌다 간다. 또 물가에는 백로, 왜가리가 지킴이처럼 서 있고 간혹 한강 본류로부터 물줄기를 타고 갈매기들도 찾아온다. 여름날 모래톱에는 노랑할미새, 물떼새, 깝짝도요가 종종걸음을 치기도 한다. 10월 중순이면 겨울철새도 내려앉기 시작하는데, 주로 성남시와 경계를 이루는 대

자연냄새가 물씬한 탄천둔치(왼쪽)
탄천의 청둥오리(오른쪽)는 몇 개체가 텃새화
되어 아예 이곳에서 새끼를 친다. 올해 깐 새
끼들이 햇병아리마냥 어미 뒤를 쫄랑쫄랑 따
라다니고 있다.

곡교에서부터 양재천이 들어오는 탄천2교까지의 5킬로미
터 구간에 내려앉는다.

탄천은 중랑천에 비해 수심이 얕고 수량이 적어서 종의
다양성은 좀 떨어지지만, 개체수는 결코 뒤지지 않는다. 인
적이 드물고 수변지역이 넓고 손을 대지 않아 호안이 자연
적인 탓이다.

그 위로 펼치는 철새들의 장관

탄천의 철새들을 보면 역시 자연은 자연이라는 생각이 절
실하다. 자연은 저들 스스로 알아서 하도록 내버려두는 게
약이다. 어설프게 손을 댔다가는 오히려 망치기 십상이다.
철새가족은 청둥오리, 흰뺨검둥오리, 쇠오리, 홍머리오리가
주종을 이룬다. 어림잡아도 1천 마리가 훨씬 넘는 철새들이
때로는 약속이라도 한 듯이 한꺼번에 솟아올라 장관을 보
여준다.

쇠오리가족이 물 속에 머리를 처박고 정신 없이 먹이를
찾고 있다. 쇠오리는 한강의 겨울철새 가운데 덩치가 가장

갈대꽃과 쇠오리

작은 녀석이다. 그래서 이름 앞에 '쇠' 자가 붙었다. 온몸이 회갈색이고 가슴과 배만 연회색에 검은 점이 많아서 한눈에 알아볼 수 있다.

또 탄천에는 갈대와 물억새가 유난히 많다. 늦가을이면 가을빛에 노랗게 물들어 무척 보기가 좋다. 갈대를 보면 이슬람인들의 피리 전설이 떠오른다.

마호메트가 알라신으로부터 받은 진리를 사위인 알리에게 전달하면서 그 누구에게도 누설하지 말라고 일러주었다. 그러나 알리는 참지 못하고 샘물에게 가서 그만 천기를 누설하고 말았다. 그때부터 샘물가에 전에 없던 갈대숲이 무성하게 자라더니 샘물이 말라버렸다. 아이들은 갈대를 꺾어 피리를 불고 다녔다. 이슬람에서는 그 피리소리를 진리의 소리라 하여 의식 때마다 피리를 불었다고 한다.

이 이야기는 매우 생태적인 구조를 갖고 있다. 갈대는 습지가 말라갈 때 맨 먼저 들어오는 선수종이다. 물이 줄 때마다 갈대는 습지 안으로 들어서서 자기 땅을 넓혀간다. 갈대밭이 넓어지고 샘이 점점 마르는 것은 사막의 이슬람인들에게는 생사가 걸린 문제였을 것이다. 그래서 아이들에게 갈대를 꺾어 피리를 만들어 불게 함으로써 갈대숲을 조절하고 오아시스 같은 샘물을 보전한 것 아닐까.

최근 들어 수질이 조금씩 나아지면서 상류 쪽에서 모래무지, 피라미, 버들치, 돌마자 들이 보인다. 더러는 '죽지 못해' 사는 것도 있겠지만 전반적으로는 예전보다 좋아졌다.

탄천은 도시의 가지내치고 둔치가 넓고 귀화식물로 뒤덮여 있어서 관리가 녹록치 않다. 그러나 관련된 지자체, 환경 NGO, 주민 들이 연대하여 자연하천형으로 관리하면 식생과 곤충, 조류생태계도 지금보다는 훨씬 튼실해질 것이다. 다행히 최근에 뜻을 가진 이들이 '탄천NGO네트워크'를 구성했다고 한다.

오던 길을 되돌아 하류로 내려간다. 양재천이 들어오는 탄천2교부터는 둔치도 좁아지고 식생도 눈에 띄게 단순해진다. 물억새가 자취를 감춘 자리에 도로와 주차장이 턱하니 차지하고 있다. 건너편은 더욱 삭막하다.

시멘트로 강이 직강화되고 식생이 파묻히면서 수질도 크게 떨어지고 있다. 물흐름이 느린 가장자리나 물이 고인 곳에는 기포가 간헐적으로 보글보글 올라온다. 바닥에서 썩은 유기물의 메탄가스가 나오는 것이다.

수질은 수시로 변한다. 여름과 겨울이 다르

탄천하구

외래종 떡붕어는 아마 살이 퉁퉁하게 쪄서 이름이 떡붕어인 듯싶다.

고, 밤과 낮이 다르다. 수질은 수량이 많은 여름이 갈수기인 겨울보다 양호하고, 폐수와 하수 유입량이 적은 밤시간이 낮시간보다 양호하다. 특히 홍수가 지나간 다음의 탄천 하류는 수질이 2급수는 된다. 그럴 때면 발벗고 뛰어들어가 물장구라도 치고 싶다.

본류 합수부 다리 위에 몇몇 사람이 낚시를 드리우고 있다. 그들 옆의 망태기에는 잉어와 떡붕어 몇 마리도 담겨 있다.

교통
3호선 양재역에서 성남 방향의 버스를 이용해 시민의 숲 앞에서 내린다. 도곡역이나 매봉역에 내리면 걸어서 5분 거리에 양재천이 있다.

기타
양재천을 끼고 있는 양재동, 도곡동, 개포동, 대치동에 좋은 식당들이 있다. 식수는 준비해 가는 것이 좋다.

불의 산
관악

관악산은 풍수적으로 참 재미있는 산이다.

관악산은 음양오행상 '불의 산'〔火山〕으로 통한다. 고려시대 남경(지금의 서울) 천도가 거론되었을 때 산모양이 날카로운 화산(火山)이라 하여 천도가 무산되었다. 태조가 한양으로 천도할 때도 무학이 '왕도남방지화산'(王都南方之火山)임을 들어 문제를 제기한 적이 있었다. 그때 정도전이 관악 앞으로 한강〔防火水〕이 있어서 무방하다고 주장하는 바람에 왕궁이 지금의 자리에 앉게 되었다. 그러나 무학의 주장대로 왕실이 계속 엎치락뒤치락하자 남대문 이름을 '숭례'(崇禮)라 짓고 문 앞에 연못을 파고 숭례문의 편액을 세로로 내걸고…. 대원군 때는 물짐승인 해태상을 궁궐 안에 안치하고 부적을 넣은 물항아리를 관악산에다 묻는 등 조선왕조 500년 내내 난리를 피웠다.

그래도 남쪽의 불세례(임진왜란)를 막지 못해 경복궁이 270년 동안이나 잿더미로 있었고 종내는 일본에 나라까지 내주게 되었다고 풍수들은 믿고 있다.

이번 걸음은 겨울의 문턱에 와 있는 관악산을 찾는다.

아까시와 리기다소나무의 산

관악산은 서울·과천·안양시 경계의 삼각선상에 있다. 서울사람들은 주로 서울대입구 쪽에서 오르고, 안양사람들은 안양유원지에서 오르며, 과천사람들은 과천유원지에서 즐겨 오른다.

서울대입구 버스정류장에 내리면 도로변 콘크리트 옹벽에 관악산에 서식하고 있는 곤충과 새 그림이 벽화로 장식되어 있다. 벽보로 지저분하게 뒤덮여 있는 것보다는 훨씬 낫다.

들머리에 '관악산자연공원'이라는 이름이 커다랗게 내걸려 있다. 이름은 그럴싸하지만 오히려 사람공원이라고 불러야 할 정도로 등산객들이 많다. 휴일이면 시민들이 미어터지게 몰려들어 출퇴근길 지하철을 방불케 한다. 특히 행락철 휴일의 입장객이 하루 15만 명이나 된다는 것은 가히 살생적인 기록이다. 이제는 관악산의 환경용량을 생각해

관악산. 흔히 관악산과 무너미고개 너머의 삼성산까지를 통틀어 관악산이라고 한다.

관악산 입구의 벽화

볼 때다.

관악산에는 색안경(선글라스)을 낀 사람들이 유난히 많다. 산을 관광지나 피서지 정도로 여기고 있기 때문은 아닐까. 춘하추동으로 변하는 아름다운 자연의 색깔을 색안경을 쓰고 제대로 감상할 수 있을지 의문이다.

봄이면 등산로 입구부터 코가 매울 정도로 아까시 향이 그득하다. 화염병과 최루탄이 난무하던 고난의 시대가 언제 있었냐는 듯 봄이면 아까시나무들이 다투어 꽃을 피워낸다. 한때는 '아카시아'라고 썼지만, '아까시'로 학명이 통일되었다. 꿀이나 향을 지칭할 때는 예전 그대로 '아카시아'를 허용하기로 했다.

아까시는 우리나라의 대표적인 귀화식물이다. 1890년에 사카키라는 일본인이 유럽으로부터 중국 상하이에 들어와 있던 아까시 묘목을 들여와 인천공원에 심은 것이 처음이다. 아까시는 성장이 빨라서 다른 나무들의 성장을 방해하

아까시는 토양을 비옥하게 해주는 비료목으로 손꼽힌다. 오른쪽은 아까시 수피

며 맹아 번식력이 강해서 농경지와 무덤을 침범하여 문제를 일으킨다. 연료가 석유, 가스로 바뀌면서 땔감으로서의 가치도 없어졌다. 심지어는 일본이 우리나라를 망치게 하려고 심었다는 유언비어까지 나돌아 지금도 여전히 퇴출 1호 나무로 꼽히고 있다.

하지만 아까시 유용론도 만만찮다. 실제 조사에서는 아까시가 다른 나무에 끼치는 피해가 그리 크지 않은 것으로 나타났다. 아까시의 산사태 예방기능은 여전히 탁월하며, 우리나라 꿀 생산량의 70%를 담당하는 제1의 밀원수(蜜源樹)라는 명예도 여전히 유효하다. 또 비틀림이 적고 항균성 물질을 함유하고 있어서 잘 썩지 않기 때문에 목재용으로도 그만이다.

관악산은 등산로가 유난히 많다. 마치 달동네 골목 같고, 거미줄 같다. 등산로가 많은 것은 지형과 지질에도 그 원인

등산로가 된 관악계곡

이 있어 보인다. 보행에 방해되는 바위들이 많은데다 물이 마른 개울을 함부로 등산로로 이용했기 때문이다. 자연을 위해서는 등산로를 줄이는 것이 바람직하다. 산은 관광지도 아니며, 등산객들만을 위해 있는 것도 아님을 이제는 깨달아야 한다.

관악산은 리기다 밭이라고 해도 좋을 만큼 리기다소나무가 많다. 개중에는 유난히 솔방울을 많이 단 나무가 있다. 병이 들어 곧 죽을 나무이다. 나무는 위기에 이르면 열매를 많이 단다. 특히 등산로 주변에 그런 소나무들이 많은 것은 등산객들의 등쌀에 위기를 느꼈기 때문이다.

그러나 아무리 솔방울을 많이 달아도 그 아래에는 자연 발아한 후계목이 눈에 띄지 않는다. 후계목이 자연발아하지 않으면 건강한 산이라고 볼 수 없다. 사람이 손을 써야만 가꾸어지는, 도시화된 숲은 이미 숲이 아니다.

제1광장 옆 나무기둥에 "길 잃은 뽀삐를 찾아주세요"라고 쓴 쪽지가 붙어 있다. 옆에 개 사진까지 붙여놓았다. 누군가가 개를 데리고 나왔다가 그만 잃어버린 모양이다. 하지만 개를 찾기에 앞서 잃어버린 시민정신부터 찾는 게 더 급한 일이 아닐까.

개 이야기가 나왔으니 말인데, 1980년대만 해도 복날이면 야만인들이 관악산 으쓱한 데로 개를 끌고 와서는 '개 패듯이' 해서 개를 잡아먹었다. 그것도 모르고 쫄랑쫄랑 뒤따라왔다가 그야말로 '개죽음'을 당하는 개들이 부지기수였다. 그 무렵 산등성이에 올라가 내려다보면 으슥한 골짜기마다 개고기 굽는 연기가 피어올랐다.

물오리나무. 이처럼 이름에 '물' 자가 붙은 나무는 개울이나 습기 있는 곳을 좋아한다.

낙엽 속에서 느끼는 나무들의 회향

오른쪽으로 용화약수터로 가는 등산로가 나 있다. 관악산만큼 약수터가 많은 곳도 드물 것이다. 약수터마다 어김없이 수도꼭지가 박혀 있다. 그리고 "수도꼭지를 잘 잠가주세요"라는 팻말까지 걸어놓았다. 약수터 수도꼭지는 인간이 얼마나 염치없고 인정머리 없는 동물인가를 보여준다. 인간들만 그 물을 마시겠다는 살생적 이기주의가 얄밉다.

약수는 본래 인간의 것이 아니라 그 산에 살고 있는 동식물의 소유였다. 산속의 동식물들은 수천 수만 년을 그 물을 먹고 살았다. 인간이 약수를 독차지하면 갈증에 시달린 동식물들은 산을 떠날 수밖에 없다. 관악산 골짜기가 날로 말라가는 것도 턱없이 많은 약수터 때문일 것이다.

약수는 우리가 그들에게서 얻어마시는 것이다. 이제는 약수를 본래 주인에게 돌려줄 때가 되었다. 아래쪽에 연못을 만들어두고 약수가 자연스럽게 괴도록 하면, 청설모도 내려와 목을 축이고 새들도 날아와 목욕을 할 것이다. 이끼 며, 풀꽃, 나무 심지어 모래와 돌까지, 산에 있는 모든 것들 이 좋아할 것이다.

쇠딱따구리 한 마리가 목이 말랐는지 아까부터 약수터 주위를 기웃거리고 있다.

동식물 이름 중 '쇠' 자가 들어간 것이 많다. 쇠물푸레, 쇠 뜨기, 쇠서나물…처럼 식물일 경우에는 '소가 잘 먹는다'는 뜻이 담겨 있고, 또 '크기가 작은' 새들에게 흔히 '쇠' 자가 붙 는다. 쇠딱따구리, 쇠오리, 쇠기러기, 쇠박새 등이 그렇다.

쇠딱따구리 역시 같은 종류 가운데서 가장 작고 못생긴 딱따구리이다. 회갈색 등에 가로로 하얀 줄이 연달아 나 있 어서 나무에 바짝 붙어 있으면 눈에 잘 띄지 않는다. 다만 부리로 나무줄기를 탁탁 치는 소리를 듣고 찾아낸다.

용화약수터 뒤쪽 그늘진 습한 곳에 물오리나무 30여 그 루가 튼실하게 서 있다. 물오리나무는 사방용으로 들여온 외래종인데, 오리나무와 가끔 혼동한다. 우리 토종 오리나 무는 한동안 땔감으로 남벌하는 바람에 눈에 띄게 줄어들 었다. 물오리나무는 수명이 짧아서 지금 보이는 것은 거의 가 2세 나무들이다.

제2광장을 지나면 오른쪽으로 성주암을 거쳐 장군봉으로 가는 등산로가 나 있다.

골짜기에 주인 없는 감나무가 몇 그루 서 있다. 감이 가 지 끝에 매달린 채 그대로 곶감이 되고 있다. 산속의 유실 수는 언젠가 그곳에 사람이 살았다는 흔적이다. 직박구리,

쇠딱따구리는 나무에 구멍을 뚫고 둥지를 틀 어서 나무 속에 숨어 있는 곤충의 애벌레를 잡아먹고 산다.

까치, 들고양이 들도 그곳에 사람이 거주했음을 알려주는
지표종이다.

들고양이 한 마리가 어슬렁거리며 지나간다. 관악산 곳
곳에 있던 매점들이 들머리 매표소 쪽으로 모두 이전해 가
면서 고양이들만 주인을 잃게 된 것이다. 이 들고양이들은
몇 개체 남지 않은 족제비와 함께 관악산의 육식동물이다.
들고양이에게 혼쭐난 다람쥐와 청솔모는 위쪽으로 모두 도
망을 가고 보이지 않는다.

제2광장 주변은 참나무류가 많다. 낙엽은 시나브로 떨어
지고 앙상한 가지만 눈이 시리게 남아 있다. 나무가 잎을
떨구는 것은 겨울나기를 위한 자기 감량이다. 그들이 떨군
낙엽은 그대로 대지의 자양분이 된다. 숲속에 수북이 쌓인
낙엽을 보면 나무들의 성스러운 회향(回向)을 생각하게 된
다. 나무는 여름 내내 공덕으로 닦은 나뭇잎을 자신을 길러
준 대지에게 돌려준다. 나무들의 회향은 차라리 성자(聖者)
의 삶이다.

관악산에도 곳곳에 회양목이 군락을 이루고 있다. 관악산
회양목은 주로 능선의 척박한 바위틈에 뿌리를 박고 있다.
바위에 뿌리박은 나무는 대체로 키가 작달막하며 또 모진
비바람과 등산객들의 등쌀에 못 이겨 생육이 좋지 못하다.
게다가 기온까지 떨어져 녹색 잎이 붉그죽죽하게 변해 있
다. 도심공원이나 아파트단지에서 만나는 기름진 얼굴의 회
양목과는 퍽도 다른 모습이다. 민초(民草)가 느껴진다.

매점이 있는 야영장 쪽으로 내려오면 주등산로를 다시
만난다. 야영장의 매점을 둘러싸고 여기저기 술판이 벌어져

관악산 회양목에게서는 왠지 안쓰러움이 느껴
진다.

있다. 관악산은 불산이라서 등산객들까지도 화기(火氣)가 충만한 듯하다. 술도 잘 마시고 화도 잘 내고 걸핏하면 싸운다.

이곳에 오면 또 한 가지 궁금한 것이 있다. 그 숱한 사람들이 먹고 남긴 음식찌꺼기, 특히 라면국물을 어떻게 처리하는지 궁금하다. 그것을 짊어지고 산을 내려갈 것 같지는 않다.

자귀나무열매

예까지 오는 동안 잎을 떨군 자귀나무가 군데군데 보인다. 콩꼬투리처럼 생긴 길따란 열매가 바람에 서로 부딪쳐 딸그락거린다. 그래서 옛사람들은 '여설수'(女舌樹)라고 이름붙였다. 절로 벌어진 열매는 더러 저들끼리 부딪쳐 씨앗을 땅으로 떨구기도 하지만, 멀리까지 씨앗을 퍼뜨리는 데는 아무래도 새들의 힘을 빌리는 것이 낫다. 새똥과 함께 나온 씨앗은 새똥을 영양분으로 해서 발아가 더 잘된다. 자귀나무 열매가 딸그락 소리를 내는 것은 다름아니라 새들을 유혹하는 소리이다. 쇠박새 한 마리가 열매에 달라붙어 정신 없이 씨앗을 쪼고 있다.

소나무능선의 운치

제4야영장은 네거리이다. 왼쪽으로는 약수다리를 지나 호수공원으로 내려가고, 곧장 가면 연주암이 나오고, 오른쪽으로는 삼성산으로 가는 무너미고개에 이른다.

약수다리로 내려가다 보면 규모는 작지만, 화강암이 만드는 계곡풍치가 예사 아니다. 하지만 갈수기인 늦가을부터 이른봄까지는 마른내이다. 그래도 군데군데 작은 소(沼)가

버들치. 버들치는 몸색깔 바꾸는 데는 선수인
데, 바위 밑으로 들어가면 좀더 진해지고 밖
으로 나오면 좀더 옅어져 바깥에 깔린 모래색
을 띤다.

남아 있어서 버들치와 가재와 수서곤충들이 살아남는다. 특
히 1급수에서 사는 버들치는 관악산의 지표종이다. 몇 개체
남지 않은 버들치가 약수다리 소에서 사라지는 날이면 관
악산 생태도 끝장이다.

좀더 내려가면 계곡은 서울대 캠퍼스의 옆구리를 지나게
된다. 거기 정화되지 않아 뿌연 생활하수가 내려오고 거대
한 시멘트옹벽이 흉물스럽게 서 있다. 이 반생태적인 현장
은 이 나라의 대학들이 얼마나 반학행적(反學行的)인가를
말해 준다.

그 아래쪽의 호수공원도 반생태적이긴 마찬가지이다. 중
병으로 드러누운 계곡을 살리기보다 시멘트로 수영장 같은
연못 만드는 게 더 손쉬웠을 테지만, 이건 아니다 싶다. 호
수공원이 생기기 전에는 여러 해 동안 그 계곡에서 흰목물
떼새를 보곤 했는데, 우연의 일치인지 모르지만 호수공원이
생기고 난 후 그 계곡에서 한 번도 물떼새를 보지 못했다.

다시 제4야영장으로 돌아오면 철쭉동산이 있다. 봄이면
철쭉꽃이 그득하다. 철쭉은 관악산의 대표적인 관목이다.

철쭉은 진달래와 사촌간이다. 그래서 특히 꽃과 잎이 지
고 난 겨울에는 더 헷갈린다. 이때는 가지 끝에 달린 열매
를 보면 쉽게 구별할 수 있다. 진달래 열매는 원통형이지만,
철쭉은 길쭉한 타원모양의 도란형이다. 발 아래 떨군 잎사
귀는 그와 반대다. 진달래 잎은 타원모양의 피침형인 데 비
해 철쭉은 도란형이다.

시민단체에서 철쭉동산 주위 여기저기에 새집을 만들어
얹어놓았다. 새들을 내쫓고 청설모들이 들락거린다.

철쭉열매

철쭉동산을 지나 무너미고개를 넘으면 관악산의 아우 격인 삼성산이 솟아 있다. 그러나 대개는 따로 삼성산이라고 부르지 않고 그냥 관악산이라 한다.

참나무에 쫓겨 올라온 소나무들이 능선의 운치를 만들어 주고 있다. 관악산과 삼성산에서 만나는 소나무는 중부내륙형이라 미끈하지는 않지만 노송들이 더러 군락을 이루고 있어서 청량감을 더해 준다.

그 아래 계곡으로 내려가면 620헥타르 규모의 서울대학교 수목원이 자리하고 있다. 소나무와 활엽수가 울창하고 외래수종도 많이 심어져 있다. 이곳말고도 과천지역과 신림동 계곡에도 서울대 수목원이 있다. 출입금지 지역으로 묶여 있어서 더러 등산객들은 불평을 하지만, 관악산의 생태계를 위해서라면 감수해야 할 일이다. 수목원은 사시장철 온 산을 헤집고 다니는 등산객과 유흥객들에게 쫓기는 동식물들에겐 썩 좋은 피난지가 된다.

수목원 부근과 그 아래로는 비교적 물이 많아, 군데군데 보가 있고 겨울에도 물이 그득하다. 버들치, 밀어, 미유기, 미꾸리, 붕어 등의 어류와 1급수 수서곤충들도 볼 수 있다. 물에 기대어 사는 무자치를 비롯하여 파충류도 6종이나 살고 있다고 한다. 두꺼비도 관악산의 특정 야생동물 중 하나이다. 여름이면 그 아래로 달뿌리풀이 군락을 이룬다.

식물상만큼 다양한 곤충상

다시 제4야영장에서 연주대를 향해 오른다. 이 코스는 관악산에서 가장 붐비는 등산로이다. 등산로를 저만큼 비켜선 계

좀작살나무

곡 중간에는 반 뼘의 작은 폭포도 있고, 한 뼘의 소도 있다.

소(沼)는 생명의 원천이다. 물이 마르는 겨울철이면 아래 위로 흩어져 살던 버들치며 수서곤충들이 이 소로 피난 온다. 버들치는 바위틈에서 겨울을 나고, 수서곤충은 켜켜이 가라앉은 낙엽들 사이에서 실낱같은 목숨을 이어간다. 소 주위에는 눈 속에서도 파랗게 살아 있는 이끼들이 보인다. 풀꽃보다 나무보다 먼저 이 지구상에 나타난 식물이다. 북한산처럼 관악산도 이들을 위해 계곡 휴식년제 같은 것이 필요하다.

왼쪽으로 자운암 올라가는 길이 개울을 따라 나 있고, 응달에는 좀작살나무가 자줏빛 열매를 눈부시게 달고 있다.

작살나무와 사촌간이지만, 더 작다고 해서 '좀' 자를 붙였다. 여러 개가 뭉쳐서 달리는 열매는 자수정을 연상할 만큼 아름답고 요염하다. 꽃이 사라진 겨울산에서 마치 꽃을 만난 듯 반갑다.

관악산은 수도권을 통틀어 식물상이 가장 다양한 산이라

이끼(왼쪽)와 관악산 생명의 원천 소(오른쪽)

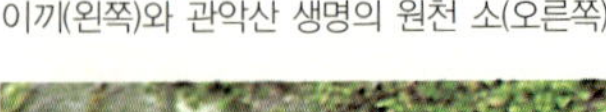

한다. 어느 연구소의 보고서를 따르면, 582종이나 된다. 식물상이 가장 단순한 인왕산에 비하면 무려 3배나 많다.

목본류로는 소나무 세 종류와 참나무류 여섯 종이 우점종이다. 그 밖에 특이한 성분으로 개미를 유인해 자신을 보호하는 산벚나무, 역시 특이한 냄새 때문에 벌레가 잘 꾀지 않는 생강나무, 줄기가 육체미 하는 남자들의 근육을 닮은 서어나무, 날카로운 가시와 청회색 열매를 가진 노간주, 겨울에 더욱 푸른빛을 띠는 조릿대, 오가는 등산객들에게 '심심풀이 알밤'을 선사하는 밤나무 그리고 가을이면 새들이 좋아하는 열매를 맺는 팥배나무, 보리수나무, 산딸나무, 찔레도 관악산 숲의 식솔이다. 느티나무, 은사시, 물오리나무, 가중나무, 붉나무, 철쭉, 진달래, 싸리 등은 초심자들의 눈에도 쉽게 들어오는 나무들이다.

숲이 그윽한 곳에서 관찰되는 산딸나무는 나무재질이 매끈하고 단단해서 쓸모가 많다. 특히 속살이 곱고 순결해서 좋아하는 이들이 많다. 9월이면 열매가 서서히 익기 시작하는데, 황백색의 청초하고 화사한 꽃과 달리 열매의 색깔과 모양은 산딸기를 그대로 빼닮았다.

지표종으로는 멸종위기에 있는 개살구나무를 비롯하여 저지대 습한 곳에서 관찰되는 끈끈이주걱, 이삭귀개, 땅귀개, 고란초 등이 있다.

우리 식물 이름을 곱씹어보면 참 재미있게도 지었다는 생각이 절로 든다. 옛사람들이 산으로 들로 다니며 지은 이름이라 이름마다 풀향기가 난다. 개불알꽃, 개구리자리, 괭이밥, 까치박달, 까마귀머루, 꿩고비, 낙지다리, 말발도리,

산딸나무(위)와 팥배나무 열매(아래)

참나무숲

올챙이풀, 제비쑥, 토끼풀 등은 동물이름을 빌려다 지었다. 며느리밥풀꽃, 며느리발톱, 애기똥풀, 애기나리, 사위질빵, 할미질빵, 처녀치마, 할미꽃, 홀아비꽃대 등 사람을 두고 지은 것도 미소를 머금게 한다.

더욱 고상한 것은 옛사람들이 부르던 것을 그대로 학명으로 쓴 분류학자들의 생각이다. 국어학자들이 책상머리에 앉아서 지었더라면 큰일날 뻔했다.

연주대로 오르다 보면 곳곳에서 썩은 고목들을 만난다. 나무 속에는 다양한 곤충의 애벌레가 들어가 있다. 고목은 그들에게 집도 되고 밥도 된다. 그녀석들을 파먹으려고 딱따구리들이 억센 부리로 여기저기 들쑤셔놓았다. 나무 쪼는 소리만 들어도 그 속의 애벌레들은 기겁을 할 것이다. 그러나 딱따구리보다 더 두려운 것은 등산객들이다. 더러 장난삼아 그 고목들을 함부로 발로 차서 망가뜨린다. 나무 속에 사는 애벌레는 피부가 극도로 약해서 밖으로 노출되면 금방 얼어죽고 마는데.

관악산은 식물상만큼이나 곤충상도 다양하다. 나비류 11
종은 서울의 산 가운데 가장 많고, 딱정벌레류도 20여 종이
나 된다. 특히 붉은산꽃하늘소는 서울지역에서는 희귀종에
속한다.

하지만 낙엽이 지면 대개의 곤충들도 자취를 감춘다. 더
러 성충으로 겨울을 나는 것도 있으나, 초심자들은 찾아내
기가 쉽지 않다. 네발나비는 어둡고 후미진 바위틈으로 몸
을 감추고, 노린재는 나무껍질 속에 저네들끼리 옹기종기
모여서 겨울을 난다. 네발나비는 산과 들에서 보는 가장 흔
한 나비 가운데 하나이다. 여름형과 가을형이 있는데, 성충
으로 나는 것은 가을형이며 날개 표면에 붉은색이 감돈다.

그러나 조류상은 별로 특기할 만한 것이 없다. 겨울철에
눈에 띄는 것은 쇠딱따구리, 박새, 쇠박새, 곤줄박이, 동고
비 정도이다. 탐조는 산속보다 차라리 중턱 아래 넓은 계곡
주변에서 하는 것이 좋다. 새들은 깃털 속의 기생충들을 떨
쳐내기 위해 자주 목욕을 해야 하므로 물이 멀지 않은 곳에
서식하기 때문이다.

포유류는 너구리, 청설모, 다람쥐, 등줄쥐, 멧토끼, 족제
비 등이 살고 있지만 등산로 주변에서는 잘 볼 수 없다. 그
대신 혼자 온 여자 등산객들을 갈취하고 농락한 뒤 다람쥐
처럼 내빼는 인간 다람쥐가 한때 있었다.

등산객들 중에는 먹다 남은 음식이나 과일껍질을 야생동
물 먹이랍시고 함부로 숲에 버리는 이들이 있다. 그러나 '몹
쓸 짓'이다. 먹을거리가 달라지면 무릇 모든 동물은 생체리

죽은 고목의 벌레집

관악산 숲길

듬을 잃는다. 심하면 중병을 앓는 수가 있다. 전세계를 불안에 떨게 하는 광우병도 먹을거리의 갑작스런 변화에서 생긴 병이다.

제4야영장을 떠난 지 1시간 가량이면 연주대에 이른다. 연주대를 목전에 두면 밧줄을 잡고 올라가야 할 정도로 경사가 급하다. 연주대는 관악산의 모든 등산로가 집결하는 곳인데, 그곳에 중앙기상대의 기상 레이더시설이 있어서 등산객 출입금지 구역이다.

연주대 아래로는 천길 벼랑 위에 나한전이 아슬아슬하게 얹혀 있다. 서울 시가지가 발 아래 보이고 서울의 진산인 북악도 멀리 보인다.

풍수적으로 관악산은 서울의 조산(朝山) 자리에 앉아 있다. 조산이란 글자 그대로 조상의 산이다. 조상이 늘 열(火氣) 받쳐 있으니 후손 왕들이 편할 리 없다. 왕위계승에서 장자계승보다 편법 계승이 월등히 많았던 사실을 비롯하여 왕위에 오른 장자들이 모두 제명에 못 죽은 비운도 그와 무관치 않다. 현대사에서도, 은퇴한 대통령들이 두 발 제대로 뻗지 못하는 이유도 관악산의 화기를 제대로 못 다스렸기 때문이다. 화기는 모름지기 숲을 가꾸어 덮는 게 제일이다.

관악산은 다른 명산에 비하면 큰절이 별로 없다. 그나마 작은 암자 규모들이다. 연주암도 이름 그대로 본래는 암자 규모였으나, 과천이 개발되면서 신도수가 늘어나 엄청나게 커졌다. 신도가 늘어나는 만큼 절의 외형을 키우다 보면 주위의 자연환경이 훼손되지 않을 수 없다. 또 얼마 전에는 연주암이 쓰레기를 부근에 함부로 묻었다고 해서 환경단체로

부터 핀잔을 듣기도 했다. 변명하고 발끈할 것만은
아니다. 하심(下心)으로 돌아볼 일이다.

하산은 과천 쪽으로 난 과천유원지 코스나 육봉
능선 코스를 이용한다. 과천유원지 코스는 연주대
등산로 가운데 가장 짧은 코스이다. 육봉능선 코스
는 가파른 암릉이 있어서 눈맛은 좋으나, 등산경력
이 미미한 초심자들에게는 힘든 코스다.

유원지로 내려가는 코스에도 암석능선이 많아
몇 군데 등산로프가 설치되어 있다. 곳곳에 아기자
기한 바위계곡이 있고 여름이면 탁족(濯足)을 즐길
정도로 수량도 제법 많다. 겨울이면 빙폭이 생기는
폭포도 있다.

연주대

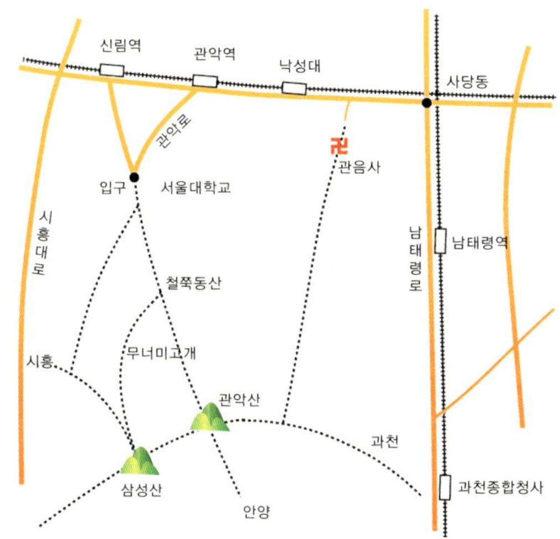

교통
지하철 4호선은 과천종합청사에 내려 과천유원지 코스를 이용한다.
지하철 2호선은 신림역에 내려 서울대행 버스를 탄다. 하산할 때 쓰
레기 500그램을 갖고 내려오면 입장료 500원을 환불해 준다.

기타
도시락과 식수를 준비해 가는 것이 좋다.

남한산의 겨울

"너희들이 도탄에 빠진 것은 내가 원한 것이 아니라 너희 군신(君臣)이 너희 나라 백성을 재앙으로 몰아넣은 것이다. 너희들이 성업에 종사하며 편안히 살고자 한다면 망령되이 도망치거나 우리에게 창 끝을 대려고 하지 마라. 만약 거역하는 자는 도륙할 것이요, 따르는 자는 품을 것이니…."

1637년 겨울 병자호란으로 남한산성으로 파천해 있던 인조와 그 신하들에게 항복을 요구하는 청나라 태종의 글이다.

병자호란의 역사현장인 남한산성의 겨울 생태계를 돌아본다.

우리의 허파와도 같은 숲이 있는 산

흔히 남한산으로 불리지만 산성이 앉은 산의 공식 명칭은 청량산이다. 『산경표』에는 청량산(479미터)을 한강을 사이에 두고 북한산과 마주한 한남정맥의 지봉이라고 씌어져 있다. 한남정맥은 백두대간 속리산에서 충주-괴산-진천을 지나 안성 칠현산에서 금북정맥과 갈라져 북상한 줄기다. 한남정맥은 용인 시궁산을 거쳐 광주땅으로 북상하면서 차

남한산성 성곽. 남한산성은 역사·문화 유적 못지않게 보석 같은 자연생태를 보듬고 있다.

례로 태화산-노고봉-백마산-검단산을 세워놓은 뒤 한강이 내려다보이는 곳에 이르러 맑고 깨끗한 막내산을 만들어놓았다. 그것이 청량산이다.

청량산은 북쪽과 서쪽으로 드넓은 평야를 양탄자처럼 깔고 동남쪽으로 낮은 구릉을 끼고 있다. 사방에 막힘이 없어 밤보다 낮이 긴 독특한 지형으로 해서 통일신라 시대에는 주장산(晝長山) 혹은 일장산(日長山)이라 불렸다.

경기도의 유일한 도립공원 청량산은 서울을 비롯하여 성남, 광주, 과천 등지의 수도권 시민들이 즐겨 찾는 산이다. 사람들이 건강한 삶을 유지하려면 같이 살아가는 동식물 등 자연생태계도 함께 건강해야 한다. 서울과 수도권 사람들이 좁디좁은 땅에서 하루하루 별 탈 없이 살아갈 수 있는 것도 이곳에 우리의 허파와도 같은 건강한 숲이 있기 때문이다.

청량산의 자연생태적 가치는 상당하다. 천년을 버티어온

소나무숲을 비롯한 갖가지 나무와 곤충, 조류, 야생화, 야생 동물 들은 남한산성에 와서 문화유산과 역사유적 이상으로 새롭게 관심을 기울여야 할 부분이다. 그러나 대개의 내방객들은 유적 몇 군데나 보고 산채비빔밥에 동동주만 한 사발 걸치고 내려갈 뿐 자연생태에 대해서는 그리 관심이 없는 것 같다.

청량산 생태기행의 주제는 크게 겨울 나무와 산새이다. 특히 겨울 문턱에서 만나는 청량산의 소나무는 삭풍한설 속에서도 꼿꼿하게 푸르름을 지켜가는 세한(歲寒)의 나무이기에 그 느낌이 새롭다.

청량산은 남문을 거쳐 산성 로터리에서 출발하면 행궁터-숭열전-수어장대-국청사-북문-벌봉외성-장경사-망월사-동문-지수당-연무대-산성마을로 이어지는 길이 가장 무난하다. 높고 낮은 능선을 이은 성벽을 따라 여기저기 흩어져 있는 문화유산을 보면서 자연학습도 자연스럽게 함께 이루어진다.

남문 주변에는 잣나무숲이 무성하다. 1980년을 전후해 솔잎혹파리로 소나무숲이 쓰러지자 당국에서 조성한 숲이다. 잣나무는 북방계 나무로 소나무보다 추위에 강하다. 청설모는 남겨둔 잣 생각이 나서 겨울잠도 안 들고 개구쟁이처럼 숲을 헤집고 다닌다.

남문에서 길을 따라 5분쯤 내려가면 로터리에 닿는다. 로터리에서 행궁터까지는 300미터. 행궁은 임금이 지방으로 거동하였을 때 묵었던 작은 궁이다. 인근은 활엽수가 우점하였지만, 위쪽으로는 늙은 소나무들이 튼실하게 숲을

청량산의 지킴이 흔적인 '금림조합 불망비'

이루고 있다. 청량산의 소나무는 주로 남문-
서문-북문을 잇는 산의 8부능선에 자리하고
있다.

청량산 소나무숲은 경기도에서는 가장 튼
실한 숲으로 꼽힌다. 일제의 수탈과 한국전
쟁 속에서도 이리 건강하게 남아 있게 된 것
은 산성마을 사람들의 정성 덕분이다. 일제
때부터 스스로 금림조합을 만들어 남벌을
삼가온 것이다. 행궁터 옆에 그때의 역사를 말해 주는 '금림
조합 불망비'가 서 있다. 청량산 지킴이였던 금림조합은 유
감스럽게도 한국전쟁 이후 해체되어 버렸다.

숭렬전의 은행나무

금림조합 불망비 앞으로 난 길을 올라가면 백제의 시조
온조를 모신 사당 숭열전이 나오고, 그 마당 안에 덩치 좋
은 은행나무 한 그루가 서 있다. 은행나무는 지구상에서 가
장 오래 된 화석나무이며, 모습과 달리 침엽수로 분류된다.
녹음과 단풍도 아름답거니와 환경오염에도 잘 버틴다 하여
가로수로 많이 심고 있다. 그러나 자생력이 약해서 사람들
이 심고 가꾸어주지 않으면 이런 산속에서는 살아남지 못
한다.

소나무 숲길의 호국기상

숭열전 뒤로 5분쯤 올라가면 청량산 정상에 수어장대가 앉
아 있다. 인조가 청태종의 13만 대군을 맞아 친히 군사를
지휘하고 격려하던 곳이다. 그러나 왕은 45일 만에 성문을
열고 삼전도에 나아가 항복을 하고 만다. 이 성이 함락되어

호국기상을 한껏 뽐내고 있는 소나무숲

서가 아니라 왕족과 신하들이 피해 있던 강화도가 적의 수중에 넘어갔기 때문이었다.

남한산성은 병자호란을 비롯해 그 숱한 외침에도 불구하고 단 한 번도 함락된 적이 없는 난공불락의 성이었다. 성이 앉은 자연조건의 탄탄함 때문이다. 남한산성은 성안에 여러 골짜기를 두고 있는 포곡형 산성이라 항상 물이 넉넉했다. 이는 장기전에서 첫째가는 필수조건이다. 또 갖가지 나무들이 울창한 숲을 이루고 있어서, 무기를 자체 제작할 수 있었고 겨울철 군사들의 난방에도 큰 어려움이 없을 만큼 땔감 또한 풍족했다. 뿐더러 논밭이 있어 식량을 자급자족하고 야생동물을 사냥하여 단백질을 섭취할 수 있었다. 만약 청량산의 자연이 파괴되었더라면 이 성도 청나라의 파상공격을 이겨내지 못했을 것이다.

수어장대를 돌아 돌계단을 내려오면 산성을 쌓은 이회 장군의 넋을 모신 청량당을 만난다. 여기서 성벽을 따라 서문으로 내려가는 길은 호국기상을 한껏 뽐내는 소나무 숲길이다. 청량산의 푸른 솔숲은 마치 성벽을 지키는 초병들처럼 기상이 늠름하다. 한강을 사이에 두고 마주보고 있는 북한산의 소나무보다 강하고 튼튼하다.

소나무는 일찍이 민족의 나무로 일컬어져 왔다. 단일수종으로 우리 산림의 42%나 차지하는 우점종인 점도 있지만, 그 생태가 주는 정서가 우리 민족의 심성과 매우 닮았기 때문이다. 소나무는 정중하고 고결하며 위선과 기교 없이 늘 푸른 모습으로 변치 않는 절개와 기상을 갖추어서, 민족의 정신문화와 생활문화에 큰 영향을 미쳤다.

특히 강 건너 수도 서울을 굽어보고 있는 이곳의 소나무는 질곡 많은 민족사를 상징하고 있다. 태백줄기에 있는 금강송처럼 미끈하지는 않지만, 이리 휘어지고 저리 뻗은 힘찬 근육질은 조선조의 숱한 전란과 일제 36년의 수탈, 한국전쟁 등 질곡의 역사를 극복해 온 맥처럼 여겨진다.

청량산의 소나무는 학술적으로 인정되고 있는 몇 가지 소나무 품종 가운데 중남부고지형에 속한다. 이 형질의 소나무는 평안남도에서 전라남도에 걸친 내륙지방에 분포해 있으며, 위로 올라갈수록 줄기에 붉은 기운이 돌고 가지는 마치 우산처럼 위에서 무성하게 뻗었다.

서문은 서울 송파구 마천동으로 트인 관문이다. 병자호란 때 인조가 만조백관을 거느리고 청태종에게 항복하러 송파 삼전도로 내려갔던 비극의 길이다.

남한산성을 천연의 요새로 만들어준 솔밭

소나무 수피

　서문과 국청사 주변 역시 온통 소나무숲이다. 이 숲이 없었더라면 청량산도 성을 쌓을 적지(適地)는 아니었을 것이다. 소나무숲은 성곽을 보호해 주고 성곽은 소나무숲의 울타리가 되어주었다.

　60년대까지만 해도 5부능선까지 소나무가 내려와 있었으나 솔잎혹파리가 극성을 떨친 뒤로 8부능선 위쪽에만 남아 있다. 우점면적도 전체 식생면적의 20%에 불과하다. 이따금 소나무 등걸에 나 있는 새끼손가락 굵기의 구멍은 솔잎혹파리 치료를 위해 맞은 수간주사의 흔적이다.

　등산로를 걷다 보면 그때의 병충해에서 완치되지 못하고 지금껏 시름시름 앓고 있는 소나무도 눈에 띈다. 솔방울을 많이 단 소나무일수록 약골이다. 소나무는 병이 들면 제 스스로 솔방울을 많이 단다. 죽기 전에 후손을 더 많이 퍼뜨리기 위함이다.

　엎친 데 덮친 격으로 산성비에 의해 토양의 산성화가 촉진되면서, 산성에 약한 소나무는 더욱더 약해졌다. 또 한 가지, 아쉽게도 청량산 소나무는 자식농사를 제대로 못했다. 키 큰 소나무 아래 어린 소나무들이 있어야 대를 이어갈 수 있는데 그렇지가 못하다. 몇 군데 인공식재된 곳이 있기는 하지만 청량산 종자는 아니다.

　이렇게 소나무들이 위기에 놓이자 아래에서 신갈나무 같은 참나무를 비롯하여 서어나무, 팥배나무, 쪽동백나무까지 올라와 있다. 이대로 놔두면 낙엽활엽수들이 건강한 소나무들까지 몰아내고 말 것이다. 소나무를 지켜내자면 하는 수 없이 인간의 간섭이 필요하다. 소나무들을 위협하는 활엽수를 솎아내고 소나무의 자연발아를 도와주어야 한다. 또 사람들의 발길이 잦아서 땅이 단단해지면 솔씨가 떨어져도 뿌리를 내리지 못하므로 휴식년제도를 도입할 필요가 있다.

활엽수 속의 갖가지 산새와 곤충

북문 밖으로는 법화골을 지나 하남시 교산동으로 이어지는 옛길이 나 있다. 법화골은 거의가 참나무류이고 소나무는 거의 눈에 띄지 않는다. 성곽을 사이에 두고 이렇듯 뚜렷하게 분서현상을 보이는 것이 신기하다.

소나무는 성질이 고약해서 가꾸기가 까다롭고 불안하다. 게다가 산은 소나무만을 허용하지 않는다. 아이들이 그렇듯이 숲도 서로 싸우면서 자란다. 소나무와 참나무는 서로 천적이다. 눈에 보이지 않는 땅 뺏기가 이 산 저 산에서 벌어지는데, 싸움에서는 번번이 참나무가 이긴다. 소나무는 생육이 더디기 때문이다. 소나무는 참나무의 도토리가 땅에 떨어져도 발아하지 못하게 솔잎을 많이 떨구어 땅을 덮지만 역부족이다. 싸움에 진 소나무는 자꾸만 위쪽으로 도망을 간다.

흔히 사람들은 상수리, 떡갈, 신갈, 굴참, 졸참을 두루뭉실하게 '참나무'라고 하고 또 그 열매를 그저 도토리나 상수리라 부르는데 도토리와 상수리는 완전히 다르다. 타원형으로 생긴 것은 도토리이고 둥글둥글하게 생긴 것이 상수리다. 또 도토리는 떡갈·갈참·신갈·졸참 나무에 열리고 상수리는 상수리와 굴참 나무에만 열린다. 잎모양과 줄기도 다르다. 참나무가 이렇게 분화된 것을 참나무의 혼혈현상이

상수리열매

라 한다.

이 지역은 참나무지역이기 때문에 많은 곤충을 먹여살리는 나무답게 봄부터 가을까지 다양한 곤충들을 볼 수 있다.

북문을 지나면서부터 성곽은 많이 허물어지고 소나무숲도 점차 활엽수로 바뀐다. 그 옛날 약수가 좋아서 유명했던 옥정사 절터에 이르면 소나무와 활엽수가 섞여 있다. 커다란 맷돌이 저 혼자 나뒹구는 절터 아래쪽에는 관목들이 우거져 있어서 각종 산새들이 찾아든다.

산새 관찰은 잎이 무성한 여름철보다 오히려 낙엽이 진 겨울철이 더 효과적이다. 따로 준비할 것도 별로 없다. 7×50 정도의 쌍안경, 필기도구와 수첩, 가벼운 등산화, 모자 정도면 충분하다. 옷은 화려한 원색보다 겨울숲을 닮은 색깔이면 더욱 좋다.

산새는 주로 계곡 주변이나 낮은 기슭에 많다. 새들도 세수를 하기 때문에 주위에 맑은 물이 있어야 하고, 겨울철에도 먹이를 사냥해야 하므로 관목숲이나 덤불이 있어야 한다.

청량산의 산새 관찰은 산성입구와 남문을 잇는 남문계곡 주변, 북문에서 동문에 이르는 활엽수림, 옥정사지와 개원사지 등 절터 부근의 관목숲이 적지이다. 청량산의 산새들은 사람들과 친숙해져서 사람을 별로 두려워하지 않는다.

인간은 생리적으로 적당한 긴장감이 필요하다고 한다. 숨을 죽인 채 새를 관찰하며 노랫소리를 듣는 침묵의 순간은 인간의 정신건강에 더없이 좋은 긴장감을 제공한다.

산새 관찰에는 나름대로 요령이 있다. 숲속의 산새들은 덩치가 작아서 눈으로 찾기보다는 먼저 소리로 산새의 유

무와 위치를 파악해야 한다. 산새들끼리도 소리를 통해서
자기의 위치를 알리고 무리를 찾는다.

산새를 좀더 상세하게 관찰을 하려면 가까이 접근해서는
안 된다. 오히려 적당한 거리를 두고 쌍안경을 이용해서 오
랫동안 관찰하는 것이 요령이다. 게다가 눈으로 보는 것만
으로는 즐거움이 적다. 숨을 죽인 채 노래를 감상하는 것이
야말로 큰 즐거움이다. 녹음기를 준비해서 새소리를 녹음하
여 집에 가서 다시 들어보는 것도 재미를 더해 준다.

관찰할 때는 몸통·부리·날개·꼬리의 길이와 모양을
먼저 확인한다. 앉은 자세와 날아다닐 때의 날갯짓도 유심히
살피고 딱따구리류처럼 나무타기를 하는지도 살펴보아야
한다. 울음소리에 귀기울이는 것도 잊지 말아야 할 것이다.

청량산에서 관찰되는 조류로는 참새만큼이나 흔한 박새
를 비롯하여 흔히 산까치라고 하는 어치, 떠버리 직박구리,
나무를 잘 타는 딱따구리류, 까치와 까마귀, 황조롱이 같은
맹금류 등이 있다.

박새는 전국 어디서나 관찰되는 텃새다. 눈이 밝아서 숲
에서 가장 먼저 일어나는 새이다. 그리고 사람을 별로 경계
하지 않아서 참새보다 오히려 더 친숙하다. 박새는 종류에
따라 약간씩 차이가 나지만, 크기는 참새만하고 회색빛이다.
가장 흔하게 눈에 띄는 박새, 덩치가 작은 쇠박새, 꼬리가 짧
은 진박새 그리고 곤줄박이 모두 박새무리이다.

어치 역시 흔한 텃새이다. 까치보다는 덩치가 작고 몸은
대개 갈색이며 머리에는 짙은 잿빛의 얼룩무늬 세로줄이
있다. 등과 허리는 잿빛 띤 포도주색이고 꼬리 위쪽의 덧깃

박새(위)
참새목 까마귀과 어치속의 어치(아래)는 어디
서나 흔히 볼 수 있는 텃새이다. 지방에 따라
서는 산까치라고 부른다.

오색딱따구리(왼쪽)는 검은 몸통에 가로로 하얀 줄이 여러 개 나 있고 가슴에는 연황색의 가늘고 긴 세로줄이 있다. 수컷은 머리 위가 붉다. 까치(오른쪽)는 3~4월에 산란을 하며 3~4개의 알을 낳는다.

은 흰색이다.

딱다구리 종류로는 쇠딱따구리, 딱따구리, 오색딱따구리, 청색딱따구리, 검은딱따구리 등이 있으며 청량산 부근에는 주로 오색딱따구리가 많다.

오색딱따구리는 암수가 함께 살며 나무에 손가락 굵기의 구멍을 내어 긴 혀를 이용하여 그 속에 있는 곤충의 유충을 잡아먹거나 식물의 열매를 먹는 잡식성이다. 다른 새들처럼 자주 날지 않고 꽁지깃을 나무줄기에 바짝 붙여서 타고 다니기 때문에 '키웃 키웃' 하는 울음소리를 듣고 찾아낸다.

마을에 있던 까치들이 찬바람을 피해 양지골을 찾아 한가로이 오수를 즐기고 있다. 까치는 너무도 잘 알려진 새답게 인적이 있는 곳에서만 서식한다. 그래서 산길을 잃었을 때 까치집은 나침반 역할을 한다. 마른 가지를 주어다 나무의 높은 곳에 둥지를 쌓고 그 속을 진흙으로 단단히 붙여 무너지지 않게 마감하는데, 이렇게 새로 둥지를 짓기도 하고 묵은 둥지를 보수하여 사용하기도 한다. 까치집의 크기로 그 집에 사는 까치의 나이를 알 수 있다.

관목숲 사이로 흐르는 작은 개울가에는 주엽나무가 우뚝 서 있다. 이렇듯 주엽나무는 주로 산기슭 아래 냇가에서 자라며 6월이면 연한 녹색 꽃이 핀다. 나무줄기에 편평한 가시가 듬성듬성 나 있는 것이 특색인데, 줄기에 가시가 없는 민주엽나무도 있다.

옥정사 절터를 지나 성벽을 끼고 내려가면 숲은 큰키나무들의 교목층과 그보다 작은 나무들의 아교목층, 지상에서부터 줄기가 여러 갈래로 갈라져 뻗는 키 작은 관목층, 한두해살이풀의 초본층으로 이루어져 있다.

벌봉외성에서부터 동문에 이르는 지역은 참나무류가 우점하고 소나무는 간혹 섞여 있을 정도이다. 참나무류 사이사이에 오리나무, 개박달나무, 서어나무 같은 교목이 자리 잡고 있다.

서어나무는 회색빛 근육질 줄기가 인상적이다. 우리나라 중부지방의 극상종이다. 극상종이란 천이의 마지막 단계에 나타나는 종으로, 토양이 비교적 기름진 곳이라야 나타난다. 그리고 낙엽 지는 소교목 때죽나무는 봄이면 꽃이 아름답고 가을이면 럭비공 모양의 열매가 달랑달랑 매달려서 조경수로서의 가치가 높다.

이 지역에서는 봄부터 가을까지 야생화를 볼 수 있다.

청량산 특산 야생화로는 서울제비꽃, 분취, 쥐꼬리망초, 선피막이, 장억새, 꽃창포, 태백제비꽃, 병아리풀, 부싯깃고사리 등이 보고되고 있다. 특히 장억새는 경기도 일부 지역에만 서식하고 있어 환경부가 희귀종으로 못박아둔 화본과 식물이다. 그 밖에 구절초, 동자꽃, 패랭이꽃, 꽃향유, 자주쓴풀, 감국, 할미꽃 등은 초심자들도 쉽게 관찰할 수 있다.

벌봉외성에서 성곽을 타고 내려오면 장경사에 닿는다.

낙엽 교목 주엽나무(위)는 키가 20미터 가량 자라며 5∼8쌍의 잎이 마주보기로 난다.
회색빛 근육질 줄기가 인상적인 서어나무(아래)

패랭이꽃(위)
할미꽃(아래)은 독성이 있어서 예전에는 시골 변소 속에 뿌리를 넣어두고 구더기를 없앴다.

남한산성 축성 당시에 지었던 성내 9개 사찰 가운데 옛 모습을 간직한 유일한 사찰이다.

장경사 입구에는 보기 좋은 전나무숲이 있고 법당 뒤쪽으로도 덩치 좋은 전나무 몇 그루가 서 있다. 그리 멀지 않은 일제시대에 장경사 대중스님들이 식재한 것인 듯하다.

전나무는 습한 곳을 좋아하는 음수이다. 그래서 직근보다 측근이 발달하여 비바람에 잘 넘어진다. 말하자면 허우대는 좋지만 깡다구가 없는 나무이다. 남한산성 안에서는 지수당 부근과 연무대 부근에서도 몇 그루 볼 수 있다.

느티나무의 사철 아름다움

청량산에 서식하고 있는 포유류는 멧돼지와 노루 등 20여 종이며 그중 개체수로는 다람쥐, 청설모, 멧토끼가 다수를 차지한다.

망월사는 남한산성 안에서는 역사가 가장 깊은 절이다. 폐사 후 근래 대대적인 불사를 벌이고 진입로를 새로 포장하여 새 절 같다. 그러나 그 바람에 주위의 자연생태계가 많이 파괴되어 안타깝다.

장경사–망월사–동문을 잇는 장자골 주변의 식생도 거의가 활엽수로 이어져 있다.

동문께 내려오면 길가에 산성안내도가 있는데, 가능하다면 사적만 표시할 게 아니라 생태지도도 함께 그려넣으면 좋았을 걸 싶다. 더불어 관찰할 수 있는 조류·야생화·곤충 이름도 사적이름과 함께 표기해 두면 좋을 텐데.

동문 밖으로 주필암과 광지원을 거쳐서 광주로 나가는

도로가 산성천과 함께 나 있다. 도로변에는 벚나무와 아까
시나무가 식재되어 있다. 아까시나무가 심어져 있다는 것은
그전까지 헐벗었다는 것을 의미한다.

산성천은 엄미리까지 약 8킬로이다. 예전에는 수량도 많
고 수려했으나 이제는 옛말이 되었다. 특히 성안의 유흥업
소에서 버리는 생활하수 때문에 물고기의 종과 개체수도
많이 줄었다. 물이 좋을 때는 반딧불이까지 날아다니던 곳
이었는데, 이제는 아주 보기 어려워졌다.

동문을 지나 산성마을까지는 포장도로가 나 있으며 그
도로 좌우로 전나무가 아름다운 지수당, 우람한 느티나무들
이 대장군처럼 서 있는 연무당이 있다.

마을 한가운데 자리잡은 이들 노거수들은 당당하고 장엄
한 그 자태만으로도 뛰어난 자연경관으로서의 심미적 기능
을 다하고 있을 뿐만 아니라 산성마을의 역사와 함께해 온
산 증인들이다. 그리고 알게 모르게 이곳 사람들의 정서를
키워온 어머니들이다.

소나무, 은행나무, 팽나무, 회화나무와 더불어 느티나무
는 대표적인 노거수이다. 수명으로 보면 느티나무는 은행나
무 다음이지만, 크기로는 은행나무보다 더 큰 나무가 많다.
유서 깊은 마을에는 느티나무가 있어서 사람들은 이 나무
가 펼친 수관(樹冠)의 정제함에 예절의 덕목을 부여했고 봄
의 신록, 여름의 성록, 가을의 단풍, 겨울의 나목(裸木) 등
사철 변해 가는 아름다움에 매료되어 일종의 신앙과 같은
정서를 키워왔다. 또한 이 나무는 신목 또는 영목으로 여겨
지기도 했으며, 마을을 수호하는 수호목이 되어 우리의 삶

느티나무 수피

과 깊은 관계를 맺었다.

병자호란 전시관에서 개원사까지 길이 나 있다. 개원사는 병자호란 당시 도총섭이 머무르던 절이었으나 그후 소실되고 지금은 옛터에 새 절이 들어서 있다.

전시관-개원사-남장대 옛 터에 이르는 이 지역은 혼효림지대이다. 소나무 외에 단풍나무, 진달래, 철쭉, 산벚나무, 화살나무, 붉나무, 생강나무, 병꽃나무, 옻나무, 산딸나무, 고로쇠나무, 느릅나무, 피나무, 자작나무, 쪽동백, 때죽나무, 붉은병꽃나무 등이 있다. 특히 남장대지역은 가을단풍이 아름답다.

개원사에서 남장대 옛터를 지나 성벽을 끼고 내려오면 처음 출발했던 남문에 이른다.

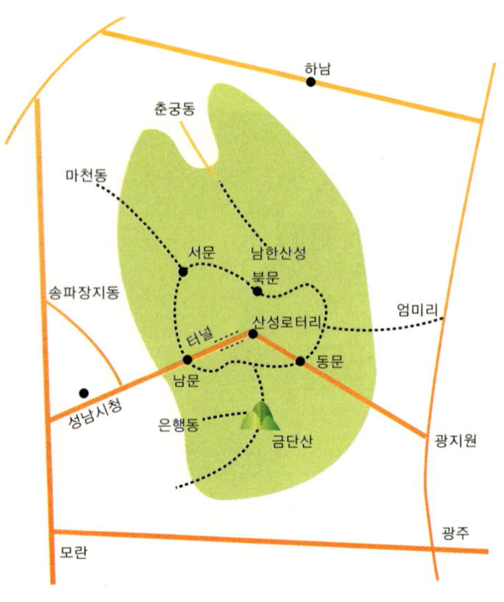

교통
서울 영등포 · 천호동 · 양재동 · 하남시 등지에서 시내버스를 이용하거나 지하철 8호선 산성역에 내려 마을버스를 이용한다. 고속도로는 중부 광주IC나 판교IC에서 들어간다. 승용차는 성남시내에서 산성로를 타고 터널을 지난다.

숙식
산성마을에 고향산천과 산성별장(031-743-5399) 등 식당이 여럿 있다. 숙소는 산성호텔(743-6543)을 비롯하여 여관과 민박집이 몇 곳 있다.

청계산

2조 혜가가 달마 밑에서 여러 해 수행을 했으나 달마는 거들떠보지도 않았다. 어느 겨울날 혜가가 달마를 찾아가 "어느 경지에 이르면 제자로 받아주시겠습니까?" 하자 달마는 "천하에 붉은 눈이 내리면 그때 받아주마"고 했다. 그러자 혜가가 칼로 팔을 잘랐다. 하얀 눈 위에 붉은 피가 낭자했다. 혜가가 한 소식을 한 것도 바로 그 순간이다.

중국 선종사에서 혜가가 중국 선종 2조로 인정받는 대목이다.

그런데 달마가 요구했던 붉은 눈이 지금 천지를 덮고 있다. 중국의 붉은 황사까지 섞인 산성눈이…. 요즘 내리는 눈이 예전보다 깨끗하지 않다는 것은 이미 어제오늘의 이야기가 아니다.

산성눈은 산성비의 다른 형태이다. 석탄과 석유 같은 화석연료가 연소할 때 나오는 황산화물과 질산화물은 대기중에서 수소와 결합되어 복잡한 화학반응을 거친 후 강한 산성을 띤다. 계절별로는 대기오염이 심한 겨울철이 산성도가 높다. 산성 눈비는 수질과 토양을 산성화시켜 자연생태계에

치명적인 영향을 끼친다.

황사는 고비사막에서 일어나 편서풍을 타고 중국대륙과 서해를 건너 한반도를 뒤덮는 먼지바람이다. 그 먼지바람 안에는 중국의 대규모 공단에서 뿜어내는 오염된 대기와 구제역 같은 질병까지 담고 있어 이만저만 골칫거리가 아니다. 특히 겨울과 봄 사이에는 눈과 비에 섞여서 우리의 위생과 생태계를 적지 않게 위협한다.

올해는 눈이 기록적으로 많이 내렸다. 눈을 치우는 데 든 경제적인 부담도 컸지만 엄청난 양의 제설제 살포로 자연생태계에 미친 영향도 우려할 정도라고 한다.

겨울산의 나무와 산새

이런저런 생각을 하며 청계산(淸溪山)을 오른다. 경칩이 지나도록 산머리는 눈을 허옇게 덮고 있지만 이미 봄은 시작되었다. 양지는 봄햇살이 벌써 눈을 다 쓸어냈다. 봄볕이 내

속리산에서 북으로 안성 칠장산까지 달려온 한남정맥이 용인 광교산–백운산–국사봉을 지나 한강이 내려다보이는 자리에 이르러 정좌한 청계산. 서울 서초와 의왕시, 과천시, 성남시의 경계에 있다.

리면 산하대지가 기지개를 켜기 시작한다. 느티나무도, 개불알풀도, 노루도, 다람쥐도, 하늘소도, 진딧물도, 말똥가리도, 뱁새도, 버들치도, 옆새우도 기지개를 켠다. ‘밤새 안녕’이 아니라 ‘겨우내 안녕’이다. 사람의 봄이 따로 오는 게 아니요, 미물의 봄이 따로 오는 게 아니다. 봄이면 다 봄이다.

청계산은 남북으로 긴 산이다. 동쪽으로는 성남을 사이에 두고 청량산(남한산)이 우뚝하고, 서쪽으로는 과천을 사이에 두고 관악산이 우람하다. 산의 동쪽은 경부고속도로가, 남쪽은 서울순환고속도로가, 북쪽과 서쪽은 과천대로가 금을 그었다. 예전에는 물이 산을 갈랐으나 지금은 도시와 도로가 칼이 되어 산을 가르고 있다.

유감스럽게도 환경 말세의 등산로는 산이 칼침을 맞은 곳에서부터 시작된다. 의왕 청계사 청계골, 과천 문원동 윗배랭이와 사기막골, 성남 금토골이 청계산으로 들어가는 들머리들이다. 서울에서는 서초구 원지동 들머리를 많이 이용한다.

원터골이라 부르는 원지동 일대는 일찍이 선사인들이 자리잡아 고인돌을 비롯한 여러 흔적을 남겨놓았고, 역사시대에 들어와서도 미륵불 등 유물 여러 점을 남긴 유서 깊은 곳이다. 원지동 한가운데를 경부고속도로가 질주하고 있다. 등산로는 고속도로 지하통로를 지나면서 시작된다.

서울시가 지난 1997년부터 조사한 청계산 생태를 보면, 식물은 멸종위기에 있는 *끈끈이주걱*을 비롯하여 도라지모싯대와 국화방망이가 있으며 양서류는 산개구리 2종을 포함한 무당개구리와 두꺼비가 관리를 요하는 종으로 조사되었

다. 야생동물은 살쾡이, 노루, 고라니, 오소리 등이 있다고
한다. 도시에 둘러싸인 고도(孤島) 같은 산임에도 불구하고
아직까지는 종의 다양성이 비교적 풍부하다.

그러나 겨울산 생태기행은 아무래도 나무와 산새가 주제
이다. 잎을 떨구고 허허로이 서 있는 나무는 아낌없이 모든
걸 다 보여준다. 무성한 나뭇잎 뒤에 숨어 제 모습을 드러
내지 않던 새들도 겨울이면 감출 것이 없다.

들머리를 막 지나면 왼쪽 상가 옆에 연륜을 물씬 풍기는
졸참나무와 느티나무가 마치 부부처럼 나란히 서 있다. 현
재 보호수로 지정되어 있는 두 노거수는 청계산
자연사의 살아 있는 증인이나 진배없다.

노거수란 단순히 '나이 많고 덩치 큰 나무'가
아니다. 베지 않고 놔둔다고 모든 나무가 다 노
거수로 자라는 것도 아니다. 노거수는 다른 나
무들보다 우수한 생물유전자를 갖고 있다. 오랜
세월 동안의 풍상을 이겨낸 강한 생명력도 가졌
는데, 그 생명력은 영성(靈性)에서 비롯된다.
노거수의 영성은 개인의 기복과 마을의 안녕을
위하고 탐관오리의 학정에 저항하며 나라가 기
울면 우국충정으로 피를 내뿜는 존재로 상징되
고 있다. 노거수를 생명문화재라고 하는 까닭도
여기에 있다.

우리나라 천연기념물 중 가장 많은 비율을 차
지하고 있는 것이 노거수이다. 그런데 노거수
관리라고는 고작 철망울타리 쳐놓는 정도이다.

특히 우수한 생물유전자와 생명력을 지녀 그
이름을 부여 받은 노거수

우수한 유전자를 받아 후계목을 키울 생각까지는 못하고 있다. 청계산의 두 노거수도 늙고 병들어 쓰러지면 그만일 것이다. 아니, 쓰러져가고 있는 징후가 곳곳에 나타나고 있다.

숲의 인드라망

등산로는 옆으로 개울을 끼고 나 있다. 양재천으로 흘러드는 개울이다. 곳곳에 봄눈 녹은 물이 말갛게 고여 있고, 햇살 비치는 곳에는 방금 세수를 하고 나온 이끼들이 파랗다. 한때 이 개울의 주인이었던 버들치며, 산개구리, 도롱뇽, 가재는 보이지 않고 날도래 등 물 속 곤충 몇 종류만 살아남아 꼼지락꼼지락 봄기지개를 켠다.

청계산에는 우리나라 산개구리 세 종류가 모두 서식하는 것으로 보고되고 있다. 이 개구리들은 청계산의 곤충 개체 수를 적절하게 조절해 주는 관리자인 동시에 조류와 파충류의 먹이가 된다. 그리고 청계산의 환경지표종이다.

산개구리는 글자 그대로 초지보다는 산지를 좋아한다. 봄부터 가을까지는 산속 숲에서 살다가 기온이 내려가면 산을 내려와 물 속으로 들어가서 물 속에 가라앉은 낙엽을 켜켜이 뒤집어쓰고 바위 밑에서 겨울잠을 잔다. 그나저나 경칩이 벌써 며칠이나 지났는데도, 아직 개구리는 눈에 띄질 않는다. 봄눈 때문에 늦잠을 자는지, 아니면 그 사이에 멸종되어 버렸는지….

인드라망(網)이라는 불교용어가 있다. 제석천 궁전에 드리워진 인과(因果)의 그물을 말한다. 곧 세상의 모든 만물은 그물코처럼 서로 얽혀 있다는 말이다. 제비꽃 한 포기,

이끼(위)
우리나라 산개구리 3종류(산개구리, 북방산개구리, 아무르산개구리) 가운데 하나인 산개구리(아래)

참나무 한 그루, 개미 한 마리, 쇠박새 한 마리, 산개구리 한 마리… 모든 생명체 하나하나가 모여 수많은 그물코를 만들어낸다. 그 어느 것도 하찮은 것은 없다. 인간도 물론 예외가 아니다. 한 코라도 빠지면 그물은 흔들리게 된다. 어느 날 갑자기 청계산 산개구리들이 멸종하면 그 순간부터 청계산의 인드라망은 심하게 휘청거려 상상을 초월하는 여파를 가져올 것이다.

천태사 골짜기로 넘어가는 작은 다리가 개울 위에 놓여 있다. 지난해부터 천태사 골짜기가 휴식년제에 들어가 출입이 금지되어 있다. 하지만 '출입금지' 팻말에도 불구하고 무수히 많은 발자국들이 반들반들하게 길을 내면서 개울을 건너갔다. 왜 출입금지구역인지, 설명이라도 있었다면 이같은 일은 좀 줄어들지 않았을까.

살아 있는 모든 것들은 쉬어야 한다. 휴식년제는 자연생태 보전과 복원 기회를 제공한다. 휴식년 지역은 천태산 생물들에게는 휴게소요, 대피소이다. 특히 계곡은 생물종의 다양성을 위해 휴식년제가 꼭 필요한 곳이다.

산에 들어와 식물들의 키를 보면 재미있는 사실을 발견하게 된다. 바닥에서부터 초본층, 그 위로 키 작고 줄기가 여러 갈래로 갈라진 관목층, 또 그 위에 아교목층 그리고 맨 위에 교목층이 있다. 나무줄기를 타고 올라가는 덩굴나무도 있다. 이런 구조를 수직적 공간분화라고 한다. 이런 층위구조가 무시된 단순한 숲은 아무리 울창해도 건강하다고 할 수 없다.

숲은 시간적으로도 그 모습이 조금씩 달라진다. 숲은 원래부터 그런 모습으로 존재해 온 것이 아니라 오랜 세월을 거치면서 그리 된 것이고 앞으로도 계속 변화해 갈 것이다. 벌목이나 산불이 난 지역을 오랫동안 지켜본 사람들은 안다. 처음에는 초본이 무성하다가 키 작은 관목 몇 종이 들어와 실세를 이룬다. 거기에 단풍나무 같은 아교목과 소나무 같은 키 큰 교목이 들어서면서 숲은 다양한 혼효림의 모습을 띤다. 지금 청계산의 모습이 그렇다.

인체 친화적인 자갈과 돌의 산길로 된 등산로

모든 생명은 곧 변화라고 했듯이, 우리의 지각을 통해 들어오는 모든 존재는 변화하는 과정의 한 모습일 뿐 완성된 것이 아니다. 아니, 생명을 가진 모든 것은 완성이 따로 없다. 인간도 예외가 아니다. 어릴 때부터 지금까지의 사진을 꺼내놓고 보면 같은 모습의 사진은 한 장도 없다. 어느 것이 나의 본래 모습[眞面目]인지 도무지 알 길이 없다. 그렇다. 모든 것은 무상(無常)을 자기의 진면목으로 삼는다. 숲은 이 우주와 함께 무상하다.

청계산에도 아까시가 흔하다. 아까시나 엄나무, 산초나무, 산사나무, 주엽나무, 탱자나무, 딸기류에는 가시가 있는데 이 가시는 잎이나 가지, 줄기가 변형된 것이다.

가시를 떼어낼 때 떨어지는 가시는 잎이 변형된 것이고 가시가 잘 안 떨어지고 가지나 줄기와 이어져 있으면 그것은 가지나 줄기가 변형된 것이다. 줄기가 변형된 가시는 단면을 잘라보면 나이테가 나 있다. 그래서 가시도 해마다 큰다. 아까시나무의 가시는 잎이 변형된 것이다.

토종 수원사시나무와 미국산 은백양나무를 교배시킨 새로운 품종의 활엽교목 은사시나무

개울가에는 은사시나무 여러 그루가 가족을 이루어 서 있다. 박정희 대통령 시절에 전국적으로 심어서 어딜 가나 쉽게 볼 수 있다. 키도 헌칠하게 크고 줄기도 푸른빛이 도는 흰색이라 초심자들은 간혹 자작나무와 혼동한다. 가죽을 연상케 하는 짙푸른 잎은 아버지인 사시나무를 닮았고 흰 털이 송송한 잎 뒷면은 어머니 은백양을 닮았다. 나무질이 가볍고 연해서 주로 펄프나 나무젓가락, 성냥개비, 상자 만드는 재료로 쓰인다. 그러나 잘 갈라지고 뒤틀리는 결점이 있기 때문에 요즘은 잘 심지 않는다. 이 새로운 품종을 내놓은 현신규 박사의 이름을 따서 '현사시나무'라고 부르자는 제안이 있은 뒤로 은사시나무를 그렇게 부르기도 했는데, 이곳에도 '현사시나무'라는 표찰이 붙어 있다. 처음엔 두 나무가 서로 다른 나무인 줄 알고 구분하느라고 여러 날을 머리 갸우뚱했다.

등산로 옆에 홍은표씨 비석이 있다. 여러 해 동안 녹지과장으로 재직하면서 숲을 푸르게 가꾼 공으로 서초구청에서 세워준 비석이다. 흔치 않은 비석이다.

산은 은둔과 자아실현의 장

등산로 길섶으로는 이따금 국수나무가 군락을 이루며 나타난다. 나뭇가지를 꺾으면 그 속에 국숫발 같은 것이 쏙 나온다고 해서 국수나무이다. 흰 쌀밥을 뜻하는 이팝나무, 조밥을 뜻하는 조팝나무도 음식이름을 붙인 식물이다.

국수나무 역시 낙엽 지는 관목이며 전국 어디서나 쉽게 관찰된다. 땅에서 여러 줄기가 한꺼번에 올라와 넓게 퍼지는데, 잎이 져서 회백색 줄기와 가늘고 작은 가지만 남아 있다. 늘씬하게 생긴 교목들에 비하면 국수나무는 그야말로 볼품이 없다. 꽃이나 향이 좋은 것도 아니요, 그늘이 좋은 것도 아니요, 재목이나 땔감이 되는 것도 아니다. 인간에게 별로 베푸는 게 없는 나무이다. 그래도 이 청계산에서는 나름대로 할 일이 있다. 곤충들의 먹이가 되고 새들의 보금자리가 되며 네발 달린 동물들의 먹이와 은신처가 되어준다. 이런 관목들이 있어야 산의 생태계가 튼튼하게 짜여진다. 숲에 들면 큰 나무만 눈에 띄지만, 이런 작은 나무에게도 애정을 가져야 한다.

청계약수터에 '옹달샘' 노래팻말이 걸려 있다. 노랫말처럼 옹달샘터에는 토끼발자국이 나 있다. 눈밭에서 만나는 동물발자국을 따라가 보면 즐겁고 흥미로운 사실을 맞닥뜨린다. 모든 길은 로마로 통한다는 말이 있듯이, 눈 위에 찍힌 동물의 발자국을 따라가면 약수터나 샘터에 이른다. 그래서 사냥꾼들이 산에서 갈증이 나면 토끼발자국을 쫓아갔다는 이야기가 결코 허구가 아니다. 주위에는 토끼똥도 여기저기 흩어져 있다. 물 마시러 왔다가 친구도 만나고 느긋하게 볼일까지 보고 간 모양이다.

'창세기'에 노아의 홍수 이야기가 나온다. 어떤 학자들은 그 홍수가 빙하기 때 대륙빙(大陸氷)이 녹은 물이라고 한다. 또 지금의 지구온난화 현상을 제2의 노아 홍수 징후로

'옹달샘' 약수터와 샘터 주변에 찍혀 있는 토끼발자국

보는 이들도 있다. 어쨌거나 노아 이야기의 감동적인 대목
은 노아가 가족 외에 이 지상의 동물 한 쌍씩을 방주에 태
우고 건넜다는 것이다. 혹자는 단지 식량으로 쓸 요량으로
동물들을 실었을 뿐이라고 하지만, 아무튼 그때 노아가 동
물을 버리고 인간만 태우고 떠났더라면 이 지구는 어떻게
되었을까. 상상만 해도 아찔하다. 아마 이 지구상에 인간은
이미 존재하지 않을 것이다. 사람은 사람 아닌 것들에 의해
여태껏 이 지구상에 살아남을 수 있었기 때문이다.

약수터를 지나면 길옆으로 낙엽송숲이 그득하다. 흔해서
그렇지, 낙엽송도 요모조모 뜯어보면 참으로 멋진 나무이다.
낙엽송의 아름다움은 봄날 파릇파릇 새순이 돋을 때와 가을
날 노릇노릇 단풍이 들 때이다. 눈 덮인 겨울날에도 곧은 줄
기와 가늘고 앙상한 가지들이 만들어내는 정제된 그 아름다
움은 여느 나무가 따라오지 못한다. 소나무
는 곧기는 해도 조건에 따라 이리저리 구부
러지기도 하지만, 낙엽송은 바위 위에 심어
도 결코 구부러지는 법이 없다. 전나무 역
시 낙엽송처럼 철따라 다채로운 아름다움
을 보여주지는 못한다.

낙엽송의 학명은 일본잎갈나무다. 누군
가가 표찰에서 '일본'을 지워버렸다. 식민
시대의 서러움이 얼마나 깊었으면 그랬을
까 싶다. 차라리 '낙엽송'으로 학명을 바꾸
면 어떨까 하는 생각마저 든다.

나무들도 이웃을 알아본다. 낙엽송과 소

요모조모 뜯어보면 멋이 묻어나는 낙엽송(오른쪽)의 학명(일본잎갈나무)에서 '일본'을 지워버린 표찰(왼쪽).

나무가 한 뼘 간격으로 서로 이웃해 있다. 낙엽송이 두 팔을 벌리자, 옆에 있던 소나무가 그쪽으로 뻗었던 팔들을 죄다 거두어들였다. 서로 함께 살기가 사람보다 낫다.

이따금 자생 느티나무도 눈에 띈다. 일반인들의 눈에 익은 느티나무는 대개 키보다 덩치가 우람하고 가지가 넓게 뻗어 수관(樹冠)이 좋다. 수관이 좋아야 그늘이 좋고 그늘이 좋아야 정자나무로 쓸 수 있다. 정자나무들의 덩치가 좋은 것은 주위에 경쟁수가 없기 때문이다. 느티나무도 여러 나무와 함께 있으면 몸집보다 키가 더 잘 자란다. 그래서 청계산 숲에서 가끔 보는 느티나무는 하나같이 몸매가 날씬하다.

갈림길에서 오른쪽으로 가면 과천사람들이 즐겨오르는 옥녀봉(375미터)이고, 왼쪽 산줄기를 타면 서울사람들이 잘 오르는 매봉(365미터)에 이른다. 옥녀봉은 큰오라버니 망경대와 작은오라버니 국사봉과 함께 청계산 삼남매로 일컬어지는 산이다. 막내누이지만 관악산, 우면산, 구룡산, 대모산 등 서울 강남의 기라성 같은 산들을 키워냈다.

역사 하는 이들은 청계산 하면 추사 김정희를 떠올린다. 그가 노년에 옥녀봉 북쪽기슭인 과천 주암동에서 살았기 때문이다. 일흔 가까운 나이에 옥녀봉 자락에 과지초당(瓜地草堂)을 마련한 것은 어지러운 세상을 떠나 은둔하기 위함이었다.

산은 동식물뿐만 아니라 인간에게도 삶의 공간을 제공한다. 산은 효용성 측면에서 인간에게 은둔과 자아실현의 장이 된다. 전자는 방편으로, 후자는 목적으로 존재한다. 선비

낙엽송과 소나무의 이웃사랑

에게는 은둔의 장이 되고, 수행자에게는 자아실현의 장이
되어왔다. 신선도 '선(仙)＝사람〔人〕이 산(山)으로 들어감'
이니 후자의 경우라 할 것이다. 추사의 말년도 끝내 옥녀봉
에서 세속으로 내려오지 않았으니 후자의 경우가 아닐까
싶다.

나무들의 패션쇼

갈림길에서 매봉 오르는 능선길은 군데군데 가파른 경사가
있고 곳곳에 겨우내 잎을 떨구지 못한 떡갈나무가 보인다.
　겨울에 나뭇잎이 떨어지는 것은 세찬 바람 때문만은 아
니다. 활엽수는 겨울이 되면 떨켜를 만들어 나뭇잎을 떨군

잔설 속에 마른 잎을 달고 있는 떡갈나무(왼
쪽)와 누더기를 걸친 듯한 물박달나무(오른쪽)

다. 떨켜는 나무줄기와 잎자루 사이에 있는, 나무들의 자기 구조조정 장치이다. 잎이 떨어지면 떨켜는 코르크처럼 굳어져서 수분의 증발과 해로운 물질의 침입을 막아준다. 물론 떨켜가 없는 나무도 있다. 그중 하나가 떡갈나무이다. 그래서 떡갈나무는 한겨울에도 마른 잎을 달고 있다.

물박달나무들은 잔설 속에 발을 묻고 있다. 사람마다 입는 옷이 다르듯 나무도 저마다 다른 옷〔樹皮〕을 입는다. 산에 와서 나무들의 패션쇼를 보는 것도 즐거운 일이다. 대개 나무는 세로무늬의 옷을 입는데, 산벚나무나 자작나무처럼 가로무늬 옷을 입은 것도 있고 느티나무나 양버즘나무처럼 얼룩덜룩한 비늘무늬 옷을 입은 것도 있다. 물박달나무가 걸친 외투는 사뭇 누더기 같다. 아니 회갈색의 얇은 종이를 덕지덕지 붙여만든 옷 같다. 그래서 눈에 한번 익으면 잘 잊어버리지 않는다.

청계산 소나무는 식재된 것말고는 거의가 능선 주변에 있다. 소나무는 우리나라 전역에 퍼져 있다. 하지만 지방마다 사투리가 특색 있듯이 동북형, 금강형, 중남부평지형, 위봉형, 안강형, 중남부고지형(중부내륙형) 등 지역에 따라 그 생태형 유전자가 조금씩 다르다. 그 지역의 특별한 자연환경에 따라 오랜 기간 형질의 분화가 거듭된 결과이다. 이곳 소나무는 위로 올라갈수록 줄기와 가지가 난맥상을 보이는 것이 특징이다.

지난 눈에 허리가 꺾인 설해목도 이따금 눈에 띈다. 저 굵은 줄기가 그 가벼운 눈송이에 힘없이 꺾어버리다니, 안쓰럽다. 눈 내리는 겨울산에서 밤을 세워본 이들은 설해목

중남부고지형의 청계산 소나무는 위로 올라갈수록 줄기와 가지가 난맥상을 보이는 것이 특징이다.

부러지는 소리를 가슴 저리게 들어보았을 것이다. 저 설해 목도 간밤에 숲이 울리도록 비명을 질렀을 터이다.

나뭇가지 끝에 자그마한 달걀처럼 생긴 쐐기나방 고치집이 붙어 있다. 쐐기나방류는 겨울이 오기 전에 서둘러 고치를 틀어서 눈에 잘 띄지 않게 보호색으로 알록달록 위장해 놓는다. 나뭇가지에 어찌나 단단하게 붙어 있는지 세찬 바람에도 끄떡없다. 설령 나뭇가지와 함께 땅에 떨어져도 깨어지지 않을 만큼 껍질이 단단하다. 쐐기나방은 번데기가 되어 겨우내 그 속에 틀어박혀 지낸다. 미물도 나름대로 겨울을 이겨내는 지혜를 갖고 있다. 이제 봄눈 녹고 햇살 따사로우면 껍질을 깨고 한 생명이 태어날 것이다.

도대체 생명은 어디서부터 시작되었을까. 동양철학의 일각에서는 기(氣)에서 모든 생명체가 탄생한다고 믿는다. 서양에서도 1953년 밀러가 실험을 통해 '단백질 기원설'을 처음 내놓았다. 그는 태초부터 지구를 둘러싸고 있던 대기(이

나뭇가지 끝에 매달린 쐐기나방 고치집

산화탄소, 암모니아, 질소)를 실험관에 가득 채우고 그 속에
다 번개와 같은 전기방전을 가하여 단백질의 구성물질인
아미노산을 합성해 내서 세상을 놀라게 한 적이 있다. 아미
노산과 단백질을 이어주는 '생명 핵산기원설'이 나온 것은
그 다음의 일이다.

지금도 과학자들은 생명의 기원을 캐기 위해 불철주야(?)
노력하고 있다. 그러나 생명의 기원이 어디서 시작되었든
인간에게 참으로 중요한 것은 우주만물을 어떻게 보고, 그
만물들과 어떻게 잘 어울려 살 것인가 하는 점이다.

나무계단을 오르면 눈앞에 매봉이 있다. 쉼터에서는 등
산객들이 숨을 고르고 있다. 더러는 먹을 것을 펼쳐놓고 점
심을 먹기도 한다. 그 부스러기를 얻어먹으려고 박새와 곤
줄박이들이 주변을 포르르 날아다닌다.

박새는 우리나라 어느 산에서나 쉽게 만날 수 있다. 사람
을 별로 두려워하지도 않는다. 숲에서 새소리를 흉내내 보
면 놀랍게도 박새들이 여기저기서 대꾸를 한다. 가운데 구
멍이 뚫린 토큰(버스표)으로 새소리를 내면 박새가 코앞까
지 날아온다. 박새의 사촌인 곤줄박이는 앞가슴이 붉어서
한눈에 알아볼 수 있다. 머리는 박새처럼 검지만 정수리와
뺨은 연노란색이고 날개와 등은 진회색이다. 뒷목은 앞가슴
처럼 붉고 깃털은 푸른빛 도는 회색이다.

청계산 조류는 수도권 산 가운데 가장 다양한 것으로 보
고되고 있다. 박새류 외에도 어치, 동고비, 오색딱따구리,
쇠딱따구리, 까치, 꿩, 까마귀, 황조롱이, 말똥가리 같은 텃
새를 등산길에서도 쉽게 볼 수 있다. 또 파랑새, 꾀꼬리, 물

박새(위)와 곤줄박이(아래)

쇠딱따구리(위)와 동고비(아래). 동고비는 굵고 검은 눈선이 있어서 눈이 예쁜 새이다.

총새, 후투티 등 여름새도 관찰된다.

바위투성이인 매봉에 오르면 남쪽으로는 청계산의 최고 봉인 망경대가 보이고 동쪽으로 멀리 청량산과 검단산이, 북쪽으로는 관악산 연주대도 보인다. 발 아래로는 서울대공원이 넓게 자리하고 있다.

언젠가 표범 한 마리가 대공원 사육장 우리를 뛰쳐나와 청계산 일대를 돌아다닌 사건이 있었다. 공포에 질린 시민들과 언론은 표범을 빨리 사살시키라고 아우성이었다. 사흘쯤 지나서였나, 결국 표범은 청계산 산중에서 저격수들에 의해 사살되었다. 표범이 사살되자 사람들은 한결같이 입을 모았다. "표범가죽은 누가 가지고 갔지?"

조선 태종 때 일본에서 사은품으로 코끼리가 들어왔다. 그런데 코끼리가 관리인을 밟아죽인 사건이 일어나자 병조 판서가 코끼리에게 사형을 내려야 한다고 상소를 했다. 태종은 고의적인 살인이 아니었던 점을 들어 코끼리를 전라도 소록도로 유배령을 내렸다. 하지만 환경이 맞지 않아 코끼리가 날로 수척해지자 이를 안타깝게 여긴 백성들이 탄원을 냈다. 왕은 다시 충청도로 코끼리를 이배시켰다. 그런데 거기서도 코끼리는 관리인을 밟아죽이는 실수를 저질렀다. 새로 등극한 세종은 살인 코끼리에게 기후 좋고 먹잇감 많은 어느 무인도로 옮겨 천명을 다하도록 다시 은전을 베풀었다. 고금을 사이에 두고 이 두 이야기는 시사하는 바가 많다.

매봉에서 혈읍재-마왕굴-망경대-청계사까지는 3시간 거리다. 혈읍재는 조선의 사림 정여창이 나랏일을 걱정하며 피눈물로 넘었다는 고개이다. 마왕굴과 망경대에는 고려의

멸망을 애통해하며 청계산으로 은둔한 조윤의 전설이 깃들어 있다. 청계사는 얼마 전 우담바라 해프닝이 일어났던 고찰이다.

청계사까지는 거리도 멀기도 하거니와 지형도 만만찮기 때문에, 서울 쪽에서 올라온 등산객은 대개 매봉이나 옥녀봉을 산행의 종점으로 한다. 특히 가족과 함께한 산행이라면 매봉이나 옥녀봉에서 쉬었다가 원지동 옛골이나 관현사 골짜기로 하산하는 것이 낫다. 굳이 망경대를 오르려면 따로 날을 잡아서 의왕시 청계사 골짜기로 오르는 것이 좋다.

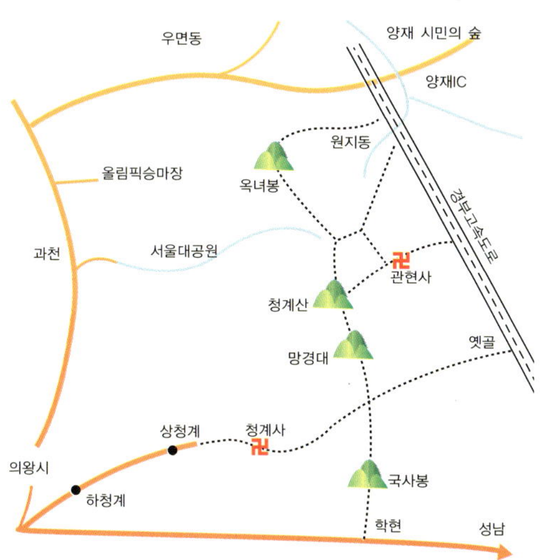

교통
지하철 3호선 양재역에서 옛골 가는 78-1번 시내버스를 타고 원터에서 내리거나 종점 옛골에서 내린다. 청계사 들머리는 인덕원역에서 청계산행 마을버스를 타고 종점에 내린다.

기타
원지동과 청계사 들머리에 식당가가 있다.

시민과 함께하는
한강변의 철새들

겨울철 생태기행은 뭐니뭐니 해도 철새탐조가 제일이다. 드넓은 강물 위에 수만 마리가 무리를 이루어 평화롭게 헤엄쳐 다니는 모습도 아름답거니와 수천 마리의 철새가 하늘을 뒤덮으며 솟아오를 때의 모습도 장관이다. 근래 들어 탐조여행 기회가 많아졌지만, 탐구를 위한 생태기행이 아닌 관광탐조는 오히려 철새들의 생태에 좋지 않은 영향을 주고 생태계를 오염, 파괴시킬 수 있다.

우리나라 어디에나 겨울철새는 날아든다. 그럼에도 불구하고 등잔 밑이 어둡다고 사람들은 자기 고장의 철새는 외면하고 굳이 먼데까지 기를 쓰고 간다.

인간이 버린 강으로 찾아드는 철새들
이번 생태기행은 한강 하구에 겨울손님으로 와 있는 철새 탐조를 하러 떠나보자.

한강개발로 강폭이 다소 줄어들었지만, 한강은 우리나라에서 유역이 가장 넓고 수량 또한 가장 풍부한 강인 만큼 도래하는 철새의 개체수도 상당하고 종류도 다양하다. 종류

한강의 청둥오리(왼쪽)와 중랑천 철새무리

에 따라 약간의 차이는 있는데 이곳 철새는 대개 11월 초부터 날아들어 3월 말쯤이면 거의 북상을 마친다.

한강 하구의 탐조지역은 중랑천 합수지역부터 한강과 임진강이 합수되는 파주지역까지 30킬로미터 강변이다.

첫 탐사지인 중랑천은 북한산에서 발원하여 성수대교 북단에서 본류와 합류하는 한강의 지천이다. 서울의 지천 가운데 오염이 심각하기로 악명 높은 중랑천이지만, 용비교와 성수교 아래에 청둥오리 등 각종 오리류가 진을 치고 있다. 지나가는 차량과 공사장 소음에도 아랑곳하지 않고 한가로이 노닐고 있다. 인간이 버린 중랑천을 잊지 않고 해마다 찾아드는 철새들을 보면 차라리 눈물겹다.

고방오리 한 쌍이 사이좋게 햇볕을 쬐고 있다. 비교적 목이 길고 뾰족하고 긴 꼬리에 꽁지깃이 검어서 다른 새들과 구별하기 쉽다. 고방오리는 잠수는 못하지만 싱크로나이즈 하는 사람들처럼 두 발을 물 위에 드러내놓고 물구나무를 서서 물 속의 수초를 먹는다.

키가 커서 늘씬한 왜가리와 백로도 가끔씩 눈에 띈다. 왜

고방오리는 목의 하얀 선이 머리 뒤까지 이어지고 뒷머리에서 뒷목 아래까지는 흑갈색 줄이 있다.

가리는 회색이고 백로는 이름 그대로 흰색이다. 본래는 여름새들인데 무슨 까닭인지 남쪽 고향으로 돌아가지 않고 이곳에서 겨울을 난다. 이들이 텃새가 되어가고 있는 것은 어쩜 한강의 오염과 관계가 있을지도 모른다. 오염된 물은 순수한 물보다 잘 얼지도 않고 수온도 높다. 그래서 이들의 먹잇감인 물고기며 곤충, 양서류가 겨울에도 중랑천에 많이 서식하고 있기 때문이 아닐까….

여의도와 바꾸지 않을 보물섬, 밤섬

거기서 강변 남쪽도로를 타고 여의도 밤섬으로 간다. 곳곳에 철새들이 유유히 날고 있다.

개발 후 환경이 다소 깨끗해지기는 했지만, 강변의 습지가 사라진 탓에 잠수성 오리가 예전보다 많이 불어났다고 한다. 여의도와 마포 사이에 있는 밤섬은, 여의도가 개발되면서 이곳 주민들은 마포구 창전동으로 옮겨가고 지금은 철

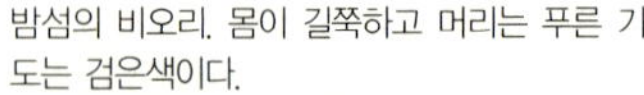

밤섬의 비오리. 몸이 길쭉하고 머리는 푸른 기도는 검은색이다.

새도래지가 되었다. 탐조인들 사이에서 밤섬은 '여의도와 바꾸지 않을 보물섬'이다. 서울시에서는 철새들의 신도시 이 밤섬에다 시민들을 위해 망원경도 여러 대 설치해 놓았다.

탐조의 즐거움은 새들의 이름과 그들의 생태를 알아보는 데 있다. 부리와 목의 길이와 모양, 몸 각 부분의 색깔과 형태를 살펴서 종류를 분류하고 날아갈 때의 모습, 먹이를 잡는 모습, 헤엄치는 모습 등으로 생태를 파악한다.

밤섬에 주민등록이 되어 있는 조류가족은 겉보기보다 매우 다양하다. 박새, 종달새, 참새, 딱새, 꿩 같은 토박이 텃새들뿐 아니라 여름철새로는 이젠 아주 텃새가 되어버린 백로와 왜가리, 해오라기, 개개비가 와서 노닌다.

그래도 밤섬 하면 겨울철새 도래지로 더 이름 높다. 밤섬 주위에는 물 속으로 잠수하여 먹이를 잡는 잠수성 겨울철새가 특히 많이 눈에 띈다. 철새 중 몸집이 가장 작은 논병아리, 부리는 길지만 잠수성이라 다리가 짧은 검은색의 민물가마우지, 이름과 달리 머리와 가슴은 붉은 갈색이고 몸은 잿빛인 흰죽지, 등과 부리는 검고 작지만 이름 그대로 하얀 뺨과 가슴이 특징인 흰뺨검둥오리 그리고 비오리 모두 잠수성 철새들이다.

수질에 따라 서식하는 철새의 종류가 다르다. 1급수에는 원앙새, 2급수에는 흰뺨검둥오리, 2~3급수에는 비오리 종류, 3~4급수에는 흰죽지 종류가 주로 서식하며 논병아리 같은 잠수성 조류는 수질오염이 심각한 곳에서는 거의 찾아볼 수 없다.

도시 속에서 펼쳐지는 신비의 세계

다시 차를 몰아 한강 북단 강변로를 따라 내려가면 절두산 성지와 망원정이 나온다.

구한말 이 망원정 앞에서 웃지 못할 희극이 벌어졌다. 병인양요를 당해 자존심이 상한 대원군은 프랑스 군함을 물리칠 새로운 전함(戰艦)을 만들라고 분부를 내렸다. 몇 달 동안 각고 끝에 마침내 학익선(鶴翼船)이 만들어졌다. 글자 그대로 수백 마리의 학을 잡아 그 깃털로 만든 가볍고 날렵한 배였다. 그러나 학익선은 강물로 진수하자마자 대원군이 바라보는 앞에서 가라앉고 말았다. 그때만 해도 한강 하구에는 백성들이 흔히 학이라고 부르는 백로, 왜가리, 두루미, 황새가 많았다고 한다.

망원정을 지나면 난지도이다. 옛날에는 꽃 피고 새 울던 아름다운 모래섬이었으나, 1978년 서울시가 쓰레기 매립지로 지정하면서 수십만 평의 쓰레기산이 되어버렸다. 최근 복토를 끝낸 쓰레기산에는 오만가지 야생화와 나무들이 뿌리를 내리고 까치, 꿩, 까마귀 등 텃새들이 둥지를 틀었다. 들쥐, 족제비, 오소리도 서식한다는 보고서가 나왔다. 정말 대단하다. 끈질긴 생명력의 경외로움에 절로 고개 숙여진다.

그런데 거기다가 골프장을 만든다는 것은 정말 말이 안 되는 만행이다.

난지도 골재채취장 앞에는 밤섬에서 본 것들말고도 머리에 뿔 같은 깃털이 나 있는 뿔논병아리, 흰 띠가 있는 날개를 제외하고는 온통 주황색인 황오리, 목이 짧고 몸이 자그마한 쇠오리, 흰뺨검둥오리, 고방오리, 잠수성 흰죽지 등이

한강변의 까마귀

끈질긴 생명력의 산 교육장이라 해도 과언이 아닌 난지도, 그 앞의 철새들(왼쪽)과 자유로의 철새무리(오른쪽)

환상적인 철새촌을 이루고 있다. 어림잡아 3천 마리는 족히 되는 것 같다. 게다가 시골에서나 볼 수 있는 까마귀무리까지 뭐라고 소리를 내며 머리 위를 지나간다.

그곳에서 행주산성을 돌아 자유로를 올라타면 차창 밖으로 신곡수중보 아래쪽 멀리 하중도 하나가 떠 있다. 상류에서 내려온 모래가 모여서 된 섬이다. 작년엔가 저어새가 날아왔다고 매스컴을 탄 적이 있는 섬이다. 도로변이라 탐조 장소가 마땅치 않다. 그러나 어찌 그냥 지나칠 수 있으랴 싶어서 잠시 차를 멈추고 망원경을 세웠다. 등은 검고 배는 하얗고 뒷머리 쪽 깃털이 댕기처럼 생긴 댕기흰죽지, 청둥오리, 흰뺨검둥오리, 넓적부리, 청머리오리, 알락오리, 홍머리오리, 재갈매기 그리고 하얀 몸에 검은색으로 줄무늬가 곱게 난 흰비오리가 보인다.

아산포를 지날 무렵 때마침 재두루미 한 무리가 머리 위를 지나간다. 모두 열두 마리다. 어디쯤 내려앉을까 하고 차를 세우고 유심히 보고 있는데, 일산 신도시가 보이는 자유로 아산포 길옆 논밭에 우아한 몸짓으로 내려앉는다.

지렁이 같은 무척추동물과 벼이삭을 먹고 사는
천연기념물 재두루미(위)
흰털발목수리(아래)는 몸통이 흰색과 황갈색이
며 부리와 발톱이 날카롭다.

논농사지역인 이곳은 오래 전부터 천연기념물 재두루미
의 월동지로 소문이 나 있었다. 최근 가까이에 일산 신도시
가 조성되면서 이곳을 떠나버리지 않을까 걱정들 했는데,
참으로 다행이다. 그러나 이 지역 논밭에 비닐하우스가 날
로 늘어나면 재두루미도 어쩔 수 없이 월동지를 옮겨가야
할 것이다. 재두루미는 암수의 생김새가 별 차이 없다. 어릴
때 갈색이던 머리와 목은 자라면서 잿빛으로 변하지만 목
뒤쪽은 하얗다.

새를 사랑하는 마음이 있다면 가까이 접근하면 안 된다.
사진을 찍더라도 멀리서 망원렌즈를 사용해야 한다. 이놈은
덩치가 커서 날고 뜨는 데 많은 에너지를 소비하기 때문이
다. 겨울 동안 에너지를 비축해 두어야 도중에 추락하지 않
고 천리만리 자기 고향땅 중국 우수리 지방으로 거뜬히 돌
아갈 수 있다.

떨어진 이삭을 쪼고 있는 재두루미 옆의 나무에 흰털발
목수리 한 마리가 날아와 앉았다. 흔치 않은 겨울철새다. 오
리나 기러기류, 들쥐를 공격하는 육식성 조류이지만, 재두
루미는 덩치가 커서 그의 밥은 아니다. 그래도 재두루미 가
족은 목을 길게 빼고 경계를 한다.

이놈말고도 흰꼬리수리, 말똥가리, 잿빛의 개구리매, 황
조롱이, 수리부엉이 같은 맹금류가 나타나기도 한다. 덩치
가 큰 흰꼬리수리는 노란 부리에 몸은 갈색이고 꼬리는 하
얗다. 수리보다 약간 작은 말똥가리 역시 몸은 갈색이고 발
은 노란색이다. 황조롱이는 꼬리가 길고 날개 끝이 뾰족하
며 덩치는 작은 편이다. 이들 맹금류는 더러 서울 도심의

공중에까지 나타난다. 언젠가는 약물에 중독된 수리부엉이
가 주택가에 내려앉기도 했다. 도시 주변에 아직도 약육강
식이 일어나고 있다는 것은 정말 '신비의 세계'이다.

철새들의 왕족 기러기

이곳을 지나 자유로를 계속 달리면 오두산 전망대가 저만
큼 보이고 북한땅도 아스라한 한강 최북단 하구에 이른다.
길가에는 철조망이 쳐진 광활한 갯벌이 펼쳐진다. 이름은
'자유로'이지만 '군사작전지역' '접근금지'라고 쓴 붉은 팻말
들이 철조망에 걸려 있다.

개리 수백 마리가 떼를 지어 갯벌을 뒤지고 있다. 갯벌에
머리를 처박고 풀뿌리며 무척추동물을 잡아먹느라고 정신
이 없다. 그래서 개리는 기러기 종류보다 목이 길다. 덩치는
쇠기러기보다 크고 기러기보다는 작은 편이다. 몸짓도 우스
꽝스럽지만 온통 흙범벅이 된 얼굴로 주위를 멀뚱히 살피
는 모습이 마치 찰리 채플린 같다. 그래도 먹이사냥이 끝나
면 맑은 물가로 가서 세수를 한다.

한강과 임진강이 합류하는 오두산을 돌아 판문점 쪽으로
나아가면 기러기가 떼를 지어 앉고 뜨는 장관이 펼쳐진다.
농경지와 갯벌의 임진강변은 민통선지역이라 사람들의 인
적이 드물어 오래 전부터 철새들의 천국으로 소문이 나 있
다. 북녘땅을 배경으로 기러기들이 비상하는 모습을 바라보
노라면 불현듯 신라 혜초스님의 『왕오천축국전』에 나오는
시 한 구절이 생각난다. "내 나라는 하늘 끝 북쪽에 있고 /
다른 나라는 땅끝 서쪽에 있네 / 더운 이곳에는 기러기가 없

천연기념물 제325호 개리. 현재 자유로와 금
강하구에서만 발견되는 귀한 철새이다. 멀리
시베리아 중남부와 캄차카 반도에서 날아든다.

임진강변에서는 기러기떼가 앉고 뜨는 장관을 어렵잖게 볼 수 있다.

시베리아 동부에서 날아온 큰기러기. 검은 부리 끝의 붉은 띠가 특징이다. 쇠기러기와 마찬가지로 하구의 작은 섬이나 농경지에서 벼이삭과 풀뿌리를 먹고 산다.

으니/누가 내 고향 계림으로 내 소식 전해 줄까.”

기러기는 이 철새왕국의 왕족이다. 개체수는 쇠기러기보다 큰기러기가 월등히 많다. 쇠기러기는 한때 흔한 철새로 기록되었으나, 최근 수가 크게 줄었다. 갈색 몸에 이마가 하얗고 부리가 주홍색이며 목이 짧은 쇠기러기는 큰기러기와 쉽게 구별이 된다. 우리나라에서는 큰기러기가 흔하지만 세계적으로는 귀한 새이다.

한때 임진각 지역은 강원도 철원지역과 함께 두루미(천연기념물 202호)의 월동지로 손꼽혀 왔는데, 몇 년째 두루미가 보이지 않는다고 한다. 며칠 전 문산의 한적한 농경지에 두루미떼가 왔다는 소식을 들었다. 그래서 행여나 하고 주위를 살펴보는데, 마침 독수리 한 마리가 하늘 높이 떴다. 보일락 말락 높이 떠서는 기러기떼의 흐름을 노려보고 있다. 하지만 기러기들은 자기들 머리 꼭대기 까마득한 곳에 독수리가 떠 있다는 것을 눈치채지 못하고 여기저기 날아 앉는다. 여차하면 독수리는 급강하하여 그중 약한 놈을 골라서 채갈 것이다. 그러나 삼십분을 기다려도 비상사태는 일어나지 않았다. 독수리는 임진강을 넘어 북쪽으로 사라졌다. 그러고 보니 이곳에서 독수리 여러 마리가 떼죽음을 당한 채 보초군인들에게 발견되었다는 뉴스를 얼마 전 본 것 같다. 농약 같은 독극물에 의해 죽은 것이다. 아마 그 독수리는 죽은 동료들을 위해 조문비행을 내려온 북녘의 독수리일지도 모르겠다.

독수리가 사라진 임진강 위로 낙조가 붉게 내린다. 강물 위로는 기러기의 울음소리가 메아리친다. 어디선가 초병들의 점호소리도 들린다. 이제 집으로 돌아갈 시간이다.

독수리는 몸통은 시커멓고 날개는 넓적하며 날개 끝이 갈라져 있는 것이 특징이다. 주로 죽은 동물이나 힘이 빠진 철새를 노린다.

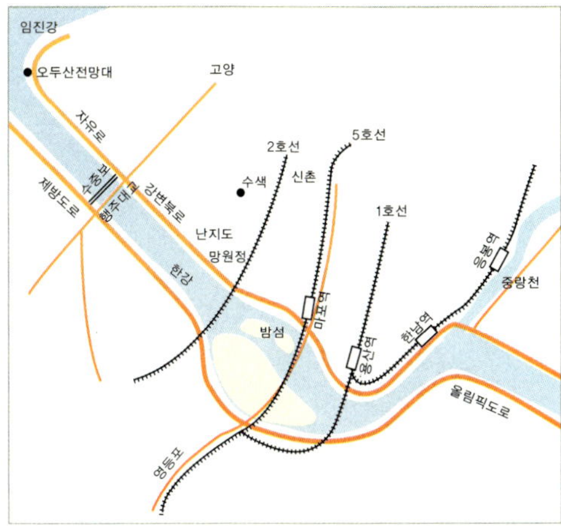

교통
대중교통은 불가능하다. 승용차로는 문산에서 출발하여 임진각-자유로-강변북로-중랑천 코스가 탐조하기에 좋다.

기타
오두산 전망대식당(031-945-2231)이나 반구정 나루터식당(752-3472)을 이용하면 된다.

서울시 도시생태현황도

그리스어의 bios(생명)와 topos(공간)를 그 어원으로 하는 비오톱(biotop)은 "공간적인 경계를 가지는 특정 생물군집의 서식지"를 뜻하며, 각각의 비오톱은 고유한 환경특성을 가지고 있다. 이런 비오톱의 특성을 바탕으로 해서 생태계 관리를 위해 만들어진 지도를 비오톱지도라고 하는데, 1985년 독일에서 처음으로 만들어졌다.

서울시의 비오톱지도 '도시생태현황도'는 1998년에 제작을 시작하여 2000년 9월 완성되었다. 총 6가지 도면(토지이용현황도, 토양포장현황도, 식생현황도, 비오톱유형도, 비오톱유형 평가도, 개별 비오톱 평가도)으로 이루어져 있으며, 수치지도로 제작되어서 컴퓨터를 통해 이용할 수 있다. 그리고 현재 서울시의 각종 도시계획 및 환경관리를 위한 기초자료로 활용되고 있다.

문의: 서울시청 도시계획과 도시생태팀 Tel: 731-6345
이메일: urban@metro.seoul.kr
홈페이지: http://urban.metro.seoul.kr